AF339139

ENTRETIENS

SUR

LA MINÉRALOGIE.

IMPRIMERIE DE HUZARD-COURCIER,
Rue du Jardinet, n° 12.

Haüy

ENTRETIENS

SUR

LA MINÉRALOGIE,

D'APRÈS LA MÉTHODE

DU CÉLÈBRE HAÜY;

ACCOMPAGNÉS DE SON PORTRAIT ET DE 23 PLANCHES,

PAR AMBROISE TARDIEU.

PARIS,

BOULLAND ET Cⁱᵉ, LIBRAIRES-ÉDITEURS,
PALAIS-ROYAL, GALERIES DE BOIS, Nº 254.

1825

TABLE DES MATIÈRES.

SEIZIÈME ENTRETIEN.

ENTRETIENS

LA MINÉRALOGIE.

PREMIER ENTRETIEN.

Introduction. — Définition de la Minéralogie. — Différence entre la Minéralogie et la Géologie. — Rapport entre la Géologie et l'Oryctognosie. — Rapport entre la Minéralogie et la Chimie. — Définition d'un minéral. — Croissance des minéraux. — Éléments des minéraux. — Terres. — Alcalis. — Métaux. — Bases des acides.

Mme DE BEAUMONT, CAROLINE, GUSTAVE.

Mme DE BEAUMONT. — Il y a une heure que je vous attends, mes enfants, et j'aime à croire que ce retard n'est pas l'effet d'un accident fâcheux.

GUSTAVE. — C'est tout le contraire, maman : nous avons été ce matin au Musée Britannique, et nous avons eu tant de plaisir à le parcourir, ma

sœur et moi, que nous avons eu toutes les peines
du monde à le quitter.

Mme DE BEAUMONT. — Je le crois très facilement ;
mais quels sont donc les objets qui ont plus particulièrement fixé votre attention ?

GUSTAVE. — Nos yeux se sont portés sur tant de
choses intéressantes, qu'il nous serait difficile de
répondre à votre question. Pour mon compte, je
ne savais d'abord à quoi m'arrêter.

CAROLINE. — Quant à moi, j'ai trouvé les minéraux plus curieux que tout le reste.

Mme DE BEAUMONT. — Pourquoi cela ?

CAROLINE. — Parce qu'on m'a dit que les minéraux étaient des productions naturelles ; et d'ailleurs ils sont d'une beauté si parfaite !

Mme DE BEAUMONT. — Vous avez raison, plusieurs
minéraux sont des productions de la nature ; mais
parmi ceux que vous avez admirés, en est-il dont
vous ayez retenu le nom ?

CAROLINE. — Oui, il y a deux piédestaux d'une
pierre verte appelée *malachite*, qui auront peut-
être aussi attiré vos regards ; mais j'ai de la peine
à croire que ces pierres soient des productions de
la nature.

Mme DE BEAUMONT. — C'est pourtant la vérité ;
car je me rappelle à présent la substance dont
vous voulez parler. L'art n'a fait que polir ces
pierres, et les tailler en piédestal. Vous seriez
même bien étonnés d'apprendre que la plus grande
partie de ces blocs n'est autre chose que du cuivre.

GUSTAVE. — Comment, du cuivre? voilà qui est bien étrange!

Mme DE BEAUMONT. — J'ose vous dire que la plupart des objets relatifs à la Minéralogie, sont encore plus étranges. N'avez-vous pas aussi remarqué des diamants?

CAROLINE. — Oui, de jolis petits minéraux, fort brillants et très variés dans leurs formes.

Mme DE BEAUMONT. — Hé bien, me croirez-vous si je vous dis que ces diamants ne sont pas autre chose que du charbon?

GUSTAVE. — Cela est impossible; les diamants sont fort rares, le prix en est considérable; mais le charbon n'a point de valeur, c'est du *bois brûlé*.

Mme DE BEAUMONT. — J'en conviens, et j'avoue même qu'il nous est impossible de faire des diamants avec du *bois brûlé*, ou autrement. Malgré cela, il est prouvé que les diamants sont du charbon, bien que cette dernière substance ne soit pas alors dans l'état où nous la voyons ordinairement.

GUSTAVE. — Je ne vous comprends pas encore.

Mme DE BEAUMONT. — Je vais tâcher d'expliquer la chose par une comparaison. Avec de la farine, du levain, du sel et de l'eau, on fait du pain; cependant il nous est impossible de convertir un pain en ces mêmes ingrédients. Ainsi les expériences chimiques démontrent que les diamants et le charbon sont essentiellement composés d'une

substance appelée *carbone*, mais la science n'a
pas encore découvert un procédé pour purifier et
cristalliser le charbon. Les chimistes supposent
que le diamant est le carbone dans sa plus grande
pureté, et que le charbon peut être considéré
comme une substance carbonique altérée dans
ses apparences et dans ses propriétés par la présence d'un ingrédient étranger qui s'y trouve
mêlé en très petite quantité, et qu'on n'a pu déterminer jusqu'à ce jour.

CAROLINE. — Je vous comprends parfaitement ;
mais pourriez-vous me dire pourquoi les diamants
du Musée Britannique présentent de si étranges
variétés dans leurs formes? Ils sont tous différents
de celui que vous portez au doigt.

Mme DE BEAUMONT. — Cette question est naturelle. Tous les diamants que vous avez vus sont
dans leur état primitif. Quand les minéraux se
présentent sous des formes régulières, géométriques ou symétriques, on les appelle cristaux. La
plupart de ceux que vous avez vus sont cristallisés.

GUSTAVE. — Je croyais avoir ouï dire que le
cristal était une espèce de caillou. Vous dites
maintenant que les diamants sont des cristaux.

Mme DE BEAUMONT. — Ce qu'on nomme communément *cristal* ou cristal de roche, est bien,
comme on vous l'a dit, une espèce de caillou ;
c'est probablement la première substance de forme
régulière que les hommes aient remarquée. Les

anciens, frappés de sa transparence, la regardaient comme une eau tenue, par l'action du froid, dans un état permanent de congélation; ils l'appelèrent *crystallos* (κρυςαλλος), d'un mot qui signifie *glace*. Mais, avec le temps, on a étendu l'acception du mot bien au-delà de la signification primitive, en l'appliquant à toutes les formes régulières observées dans les minéraux. Aujourd'hui on entend par cristal un *solide* régulier et symétrique produit par la nature ou par des procédés chimiques.

CAROLINE. — Le verre est-il une substance cristallisée? Il a beaucoup de ressemblance avec le cristal de roche.

Mme DE BEAUMONT. — Je crains que vous n'ayez de la peine à saisir la différence qui existe entre la cristallisation du verre et celle du diamant. Les parcelles ou molécules des substances qui se cristallisent, sont arrangées dans un état de régularité parfaite; et c'est ce qui doit avoir lieu pour le verre comme pour le diamant: autrement ces minéraux n'auraient pas la même dureté ni la même transparence dans toutes leurs parties. Le verre commun n'a pas cette régularité de forme qui caractérise la cristallisation; mais quelques espèces particulières, pourvu qu'on les fasse refroidir très lentement, cristallisent en forme de cubes.

GUSTAVE. — Tous les minéraux ont-ils la propriété de cristalliser?

Mme DE BEAUMONT. — Non, je pourrais vous en citer un grand nombre qui n'ont pas cette propriété;

mais il ne vous servirait de rien d'en savoir le nom, puisque vous ignorez les principes de Minéralogie. Si vous avez l'intention de l'apprendre, je serai trop heureuse de vous en aplanir le chemin.

Caroline. — Puisque vous avez cette bonté, j'en serai infiniment reconnaissante. Si j'avais eu ce matin quelques notions sur la nature des minéraux, j'aurais éprouvé un plaisir bien plus vif à les considérer.

Gustave. — Y a-t-il une différence entre la Minéralogie et la Géologie?

Mme de Beaumont. — Oui, et gardez-vous bien de les confondre. La Minéralogie, à prendre le mot dans son acception la plus étendue, est *la science qui fait connaître tous les corps de nature inorganique du globe terrestre*. On la divise en

1°. Oryctognosie, ou la connaissance des minéraux par leurs caractères extérieurs;

2°. Minéralogie chimique, qui apprend à distinguer les minéraux par les éléments qui les composent;

3°. Géologie ou Géognosie, qui explique les rapports qu'ont entre elles les substances minérales dont se compose ce que nous appelons la *croûte de la terre*.

Caroline. — Pensez-vous que la terre soit intérieurement creuse ou remplie d'eau?

Mme de Beaumont. — Non. D'ailleurs la structure intérieure de la terre nous est à peu près inconnue au-delà d'un mille de distance, ce qui est la mesure perpendiculaire des mines les plus profondes ; et, comparée au diamètre de la terre, cette épaisseur d'un mille est comme la pelure d'une pomme comparée à la dimension de ce fruit. Le mot *croûte*, quoique peu scientifique, a été généralement adopté par les géologistes pour désigner cette enveloppe de la terre qui nous est connue.

GUSTAVE. — Ainsi donc l'Oryctognosie (que j'avais en vue en parlant de la Minéralogie) et la Géologie sont deux sciences indépendantes l'une de l'autre ?

Mme DE BEAUMONT. — Point du tout : on ne saurait comprendre la Géologie sans l'assistance de la Minéralogie. En effet, comment décrire le granit, l'ardoise, les roches calcaires, sans une connaissance préalable de ces substances ? L'Oryctognosie a été appelée l'alphabet de la Géologie, et l'expression me semble bien trouvée.

CAROLINE. — J'entrevois maintenant la liaison des deux sciences. Quand vous avez acquis la connaissance des différents minéraux, vous explorez les mines et les rochers qui les renferment, pour étudier leurs apparences et les relations qu'ils ont entre eux.

Mme DE BEAUMONT. — C'est cela même.

GUSTAVE. — Il est également nécessaire de connaître la Chimie pour devenir minéralogiste, n'est-il pas vrai ?

Mme DE BEAUMONT. — Certainement ; puisque c'est

la Chimie qui nous démontre la différence *essentielle* entre tels et tels minéraux, c'est-à-dire la différence de leur composition : sans elle la Minéralogie ne serait qu'une série de noms, qui donnerait lieu à de fréquentes méprises. Deux minéraux, et même un plus grand nombre, quoique très différents par leur nature, peuvent recevoir la même dénomination, quand leur apparence est la même ; comme aussi la même substance peut porter des noms différents, en revêtant différentes formes ; nous en avons vu plus d'un exemple.

CAROLINE. — Il suit de là que pour classer convenablement un objet, il faut commencer par le soumettre à l'analyse.

Mme DE BEAUMONT. — Cela n'est pas nécessaire dans l'état actuel de la Minéralogie ; car la plupart des substances déjà classées et analysées par les savants, peuvent se distinguer les unes des autres par des caractères extérieurs et physiques. Par exemple, vous ne confondrez jamais une émeraude avec un morceau de marbre, ni une topaze avec la malachite que vous avez vue aujourd'hui. Mais une personne étrangère à l'Oryctognosie aurait quelques difficultés à distinguer un fragment de fluor vert parmi des émeraudes, la couleur de ces dernières étant presque la même.

GUSTAVE. — Comment donc en feriez-vous la différence ?

Mme DE BEAUMONT. — Par la cristallisation, si elle était sensible, ou par la dureté, s'il m'était permis de frotter les deux substances l'une contre l'autre. L'émeraude est beaucoup plus dure et moins pesante que le fluor. En un mot, j'examinerais d'abord les caractères extérieurs, ce qui est infiniment plus aisé que d'analyser un minéral.

CAROLINE. — Qu'entendez-vous donc par les *caractères extérieurs* des minéraux?

Mme DE BEAUMONT. — Ce sont les apparences ou les propriétés que nous connaissons sans le secours de la Chimie, et dont quelques-unes tombent immédiatement sous nos sens, comme la couleur, le brillant, la transparence, le poids, la saveur, la flexibilité, etc.

GUSTAVE. — Je suppose qu'on a classé les minéraux d'après l'analyse de leur composition, bien qu'on les distingue souvent par leurs caractères extérieurs?

Mme DE BEAUMONT. — Le système de l'analyse, s'il était complet, serait bien le meilleur de tous, et le plus scientifique. Aussi les savants ont-ils entrepris plus d'une fois de l'établir ; mais ils ont été arrêtés par la difficulté d'analyser les minéraux avec une exactitude rigoureuse, et par d'autres obstacles résultant de l'imperfection de nos connaissances en Chimie. Peut-être même ce système ne remplacerait pas avantageusement quelques autres méthodes, parce que peu de personnes se donneraient la peine d'acquérir les connaissances chimiques qui lui serviraient de base. Il est à souhaiter cependant qu'on vienne à bout de le compléter.

Caroline. —Expliquez-nous donc sur quoi repose la classification générale des minéraux.

Mme de Beaumont. — Pour bien comprendre la nature de cette classification, il est bon que vous ayez quelques notions sur les substances dont se composent les minéraux.

Caroline. — Oui, c'est vrai. J'oubliais que je suis dans une ignorance complète sur ce point.

Mme de Beaumont. — Nous allons donc procéder méthodiquement. Pourriez-vous me définir un minéral, me dire l'idée que votre esprit s'en est formée?

Caroline. —Un minéral est une pierre, n'est-ce pas? Ou bien c'est une chose qu'on tire du sein de la terre?

Mme de Beaumont. — Votre première définition est correcte jusqu'à un certain point; mais la seconde est beaucoup trop générale, car elle n'exclut pas même les pommes de terre et les carottes.

Gustave. —C'est donc à vous, maman, de nous donner cette définition.

Mme de Beaumont. —Il est assez difficile de définir rigoureusement une chose. On prend alors le parti plus commode de dire ce qu'elle n'est pas. Votre sœur vient de trouver une définition plus concise que toutes celles que je pourrais donner. Les minéraux diffèrent des animaux et des substances végétales, en ce qu'ils sont absolument inorganisés et sans vie, c'est-à-dire dépourvus des organes nécessaires pour soutenir une espèce d'existence et de reproduction.

CAROLINE. — Les minéraux ne sont-ils pas susceptibles de croissance comme les animaux et les plantes?

Mme DE BEAUMONT. — La croissance des minéraux est un point contesté parmi les naturalistes; M. Knight, dans sa *Théorie de la Terre*, a publié des détails sur la formation des cristaux en basalte, par l'action de l'air; M. Methuon a écrit sur la croissance des cristaux de quartz et de plusieurs autres substances. Mais les faits de cette nature, recueillis jusqu'à ce jour, sont en trop petit nombre pour servir de fondement à une théorie. Dans les exemples que l'on cite, la présence de l'eau paraît avoir été nécessaire pour produire dans les molécules une nouvelle combinaison qui n'aurait pas eu lieu sans ce secours. Au reste, vous comprendrez mieux tout ceci lorsque vous aurez pris une idée de la Cristallographie; il s'agit, pour le moment, d'expliquer la nature et les propriétés des diverses substances qui entrent comme éléments, et suivant diverses proportions, dans la composition de tous les minéraux connus.

GUSTAVE. — Ces substances élémentaires sont-elles nombreuses?

Mme DE BEAUMONT. — Elles sont en très petit nombre, si on les compare à la multitude de minéraux qui résultent de leurs combinaisons.

CAROLINE. — L'eau n'est-elle qu'une substance simple ou un élément?

Mme DE BEAUMONT. — Non, elle est composée de deux substances, l'oxygène et l'hydrogène; ces substances, avec le carbone dont j'ai déjà parlé, le soufre, le phosphore, les terres, les alcalis, les métaux et les bases de quelques acides, sont les éléments constitutifs de tous les minéraux. Depuis quelques années, on a découvert que les terres et les alcalis étaient composés d'oxygène uni à différents métaux. Cependant, comme on ne les a jamais trouvés dans un état purement métallique, les minéralogistes considèrent toujours les terres comme des substances *simples*.

GUSTAVE. — Je ne savais pas que l'on distinguât plusieurs espèces de terres.

Mme DE BEAUMONT. — On compte aujourd'hui dix espèces de terres, quatre alcalis et trente métaux. En voici les noms classés dans une liste où j'ai inséré aussi les bases des acides qui entrent dans la composition des minéraux. Tâchez de graver ces noms dans votre mémoire, afin que nous puissions en faire le sujet de notre prochain entretien.

Terres.		*Alcalis.*
Silice.	Glucine.	Soude.
Alumine.	Yttria.	Potasse.
Chaux.	Baryte.	Ammoniaque.
Magnésie.	Strontiane.	Lithine.
Zircone.	Thorine.	

Métaux malléables.

Platine.	Argent.	Etain.
Or.	Cuivre.	Zinc.
Mercure.	Nickel.	Cadmium.
Palladium.	Fer.	Wodanium.
Plomb.		

Métaux frangibles.

Tungstène.	Molybdène.	Arsenic.
Iridium.	Urane.	Titane.
Rhodium.	Cérium.	Tellure.
Bismuth.	Antimoine.	Osmium.
Cobalt.	Chrome.	Sélénium.
Manganèse.	Columbium.	

Bases des acides.

Fluor, chlore, nitrogène ou azote.
Bore, base de l'acide mellitique.
Soufre, phosphore, carbone.

DEUXIÈME ENTRETIEN.

Éléments des minéraux. — Oxygène. — Hydrogène. — Fluor. — Chlore. — Acide boracique. — Bore — Acide mellitique. — Acide sulfurique. — Soufre. — Phosphore. — Silice. — Alumine. — Chaux. — Magnésie. — Baryte. — Strontiane. — Zircone. — Glucine. — Yttria. — Thorine. — Bases des terres et des alcalis. — Ammoniaque. — Nitrogène.

Mme DE BEAUMONT, CAROLINE, GUSTAVE.

Mme DE BEAUMONT. — Hé bien! j'espère que vous n'avez pas eu beaucoup de peine à retenir les noms des substances minérales que je vous ai énoncées hier?

GUSTAVE. — En effet, je ne croyais pas la chose si facile.

Mme DE BEAUMONT. — La plupart de ces noms sont probablement tout-à-fait nouveaux pour vous; mais en peu de temps, ils vous deviendront aussi familiers que ceux de l'argent, du fer et du cuivre. Je vous ai dit précédemment que l'eau était un composé d'oxygène et d'hydrogène. L'oxygène est peut-être la substance la plus abondante dans la nature, puisque c'est le principal élément de l'eau qui couvre les trois quarts de notre globe, et qu'on le trouve aussi dans les terres, dans les alcalis et dans une foule de minéraux.

GUSTAVE. — Ce marbre contient-il de l'eau ?

Mme DE BEAUMONT. — Non ; mais la malachite, qui a été hier l'objet de vos préférences, contient un volume d'eau égal au dixième de sa masse. L'oxygène, dans son état le plus simple, est un gaz ou une espèce d'air. Sous cette forme, il constitue une partie de l'atmosphère, qui, sans la présence de ce gaz, ne serait pas propre à la respiration. La plupart des métaux se trouvent naturellement combinés avec l'oxygène, et prennent alors le nom d'*oxydes*. Ce qu'on appelle communément *rouille de fer* n'est autre chose que l'oxyde de ce métal.

GUSTAVE. — Comment l'oxygène peut-il s'unir au fer ?

Mme DE BEAUMONT. — La rouille, ou oxydation du fer, provient généralement de l'humidité de l'atmosphère. Les parcelles d'eau suspendues dans la région de l'air, sont décomposées par le fer, qui attire l'oxygène ; et l'hydrogène ainsi dégagé, reste sous la forme d'un gaz.

CAROLINE. — L'eau est-elle la seule substance qui contienne l'hydrogène ?

Mme DE BEAUMONT. — Non ; ce gaz combiné avec le fluor produit l'acide fluorique qui domine dans la composition de ce beau vase en spath du

Derbyshire, ou spath fluor, qui donne son nom au gaz fluor. De l'hydrogène uni avec le chlore, résulte l'acide muriatique, qui abonde dans plusieurs minéraux métalliques. Le chlore a été d'abord appelé *acide oxymuriatique*, parce qu'on le supposait mêlé d'oxygène; sa couleur verte lui a fait donner le nom de *chlore*, qui dérive du grec χλωρος.

GUSTAVE. —Quels sont les autres acides qui se rencontrent dans les minéraux ?

Mme DE BEAUMONT. — L'acide borique est de ce nombre. C'est un composé d'oxygène et d'une substance appelée *bore*, dont la nature n'a pas encore été parfaitement analysée. Le bore est fort rare, on ne l'a aperçu que dans trois minéraux peu communs, et rarement dans son état le plus pur. L'acide mellitique, dont la base n'est pas fixée, n'a été aperçu que dans une substance également très rare, où sa présence forme avec l'alumine un minéral combustible.

CAROLINE. — Ne m'avez-vous pas dit autrefois que l'huile de vitriol était un acide ?

Mme DE BEAUMONT. —Oui; c'est le terme vulgaire employé pour désigner l'acide sulfurique, qui est un mélange de soufre et d'oxygène, et qui abonde dans le règne minéral. La plupart des terres, et accidentellement quelques-uns des alcalis et des métaux, se trouvent unis à cet acide. Le soufre lui-même se combine fréquemment avec les métaux dans une proportion considérable. Plusieurs mines

de cuivre du Cornouaille, abondent en sulfures
de cuivre.

GUSTAVE. — Par *sulfure* vous entendez apparemment une matière unie avec le soufre, comme l'oxyde désigne une substance imprégnée d'oxygène?

Mme DE BEAUMONT. Oui, c'est cela même. Ces mots *sulfate*, *fluate*, *carbonate* et autres de même terminaison, expriment une substance composée de la terre, de l'alcali, du métal ou de l'acide que ces dénominations rappellent. On a long-temps regardé le soufre comme une substance simple, mais on commence à soupçonner qu'il est composé d'hydrogène combiné avec un autre élément encore imparfaitement connu. Je n'ai pas besoin de vous dire que le soufre est inflammable; on peut, à l'aide d'une allumette, se convaincre qu'il possède éminemment cette qualité. Tous les minéraux inflammables dont nous avons connaissance, sont composés de soufre, de carbone et d'hydrogène, unis en différentes proportions.

CAROLINE. — Dites-moi, je vous prie, ce que c'est que le phosphore.

Mme DE BEAUMONT. — C'est une matière encore plus inflammable que le soufre. On le tient généralement dans l'eau, parce qu'il est susceptible de s'enflammer par le contact de l'air.

GUSTAVE. — Je ne me souviens pas d'en avoir vu au Musée.

Mme DE BEAUMONT. — On ne le trouve point dans un état pur. C'est par des procédés artificiels qu'on

l'extrait des os et de quelques autres matières animales. Il ressemble à la cire par la contexture de
ses parties; mais on le voit brunir ou rougir en peu
de temps, parce qu'il absorbe l'oxygène de l'atmosphère ou de l'eau dans laquelle il est plongé.
Dissous par l'oxygène, il forme l'acide phosphorique, dont on reconnaît la présence dans quelques
terres et dans quelques métaux.

CAROLINE. — C'est apparemment ce qui constitue
les phosphates?

Mme DE BEAUMONT. — Assurément. Mais le phosphate n'est pas abondant dans le règne minéral, et il
n'a été aperçu dans aucun métal inflammable. Parlons maintenant des terres. Vous connaissez déjà
celle qui est la plus abondante de toutes, je veux
dire la silice, qui, sous la forme de caillou et de
cristal de roche, compose au moins le quart de la
croûte du globe. Elle entre comme élément principal dans le granit, le porphyre, la pierre à sablon;
et plusieurs montagnes sont entièrement composées
de quartz ou caillou blanc, dans lequel se trouvent
souvent mêlés les cristaux de roche. La silice n'a
jamais été aperçue en combinaison avec aucun
acide. L'alumine est la base de toutes les roches
d'argile, et même de l'ardoise, qui est un minéral
abondant. Elle entre aussi dans le granit et le porphyre, mais en moindre proportion que le silex.
Elle tire son nom de l'alun, dont elle est un élément constitutif.

GUSTAVE. — Ne devez-vous pas aussi nous parler de la chaux?

Mme DE BEAUMONT. — Cette terre primitive tire son nom du latin *calx*; de là vient aussi qu'on appelle minéraux calcaires ceux qui admettent cette substance comme principal élément, comme le marbre et la pierre à chaux, qui sont presque entièrement composés de chaux et d'acide carbonique.

CAROLINE. — Cette pièce de marbre vert est donc à peu près la même substance que la pierre à chaux qui sert à bâtir les maisons?

Mme DE BEAUMONT. — Ce n'est pas là une pièce de marbre, mais un minéral appelé *serpentine*. Il contient une quantité considérable de magnésie combinée avec le silex, mais rarement de la chaux, si ce n'est dans les taches de marbre blanc, dont il est nuancé; ces taches n'appartiennent pas à la serpentine en général, mais seulement à l'espèce connue sous le nom de *vert-antique*.

GUSTAVE. — La magnésie n'est-elle pas employée en médecine?

Mme DE BEAUMONT. — Oui, et c'est même la seule utilité que je lui connaisse.

CAROLINE. — Les autres terres sont-elles d'une grande importance?

Mme DE BEAUMONT. — Non, bien loin de là. La baryte, qui est la plus abondante de ces terres après celles dont j'ai parlé plus haut, entre comme couleur blanche dans certaines préparations de

peinture ; elle est aussi de quelque usage dans les
opérations chimiques. La strontiane, tire son
nom d'une ville d'Écosse ou elle a été trouvée
d'abord ; les chimistes s'en servent pour découvrir dans d'autres substances la présence de l'acide
carbonique. Mêlée avec d'autres ingrédients dans
les feux d'artifices, elle produit une lumière cramoisie. La zircone, qui est la plus pesante des
terres primitives, est une substance assez rare ;
on ne l'a encore aperçue que dans l'hyacinthe,
qui est une pierre précieuse, et dans le zircon.

GUSTAVE. — Les hyacinthes doivent être par
conséquent rares et d'un grand prix?

Mme DE BEAUMONT. — Ils ne sont pas très rares
pour des pierres précieuses. L'île de Ceylan en
fournit considérablement ; mais la terre qui leur
sert de base se trouve dans une très petite proportion, comparativement avec le silex, la chaux
ou la baryte. Le zircon tire son nom d'un mot
qui signifie *quadrangulaire*. C'est le nom donné
par les habitants de Ceylan aux petits cristaux
d'hyacinthe à quatre faces qui se trouvent dans
l'île. La glucine fut d'abord aperçue dans l'é-
meraude et dans le béril, ou aigue-marine ;
on l'a retrouvée plus tard dans deux ou trois
autres minéraux assez rares.

CAROLINE. — Son nom a-t-il quelque signification particulière?

Mme DE BEAUMONT. — Oui, il dérive du grec
γλυκυς, *doux*, parce que la glucine, réduite en

dissolution dans les acides, produit des sels doux.

GUSTAVE. — Peut-il exister des sels doux?

Mme DE BEAUMONT. — Les chimistes appellent *sel* un composé de matière acide avec un alcali, une terre ou un métal, et soluble dans l'eau, quelle qu'en puisse être la saveur. L'alun, dont vous connaissez l'âcreté, est un sel comme le sel qu'on vous sert à dîner. L'yttria, découverte dans le canton d'Yterby, en Suède, existe dans un minéral particulier appelé *gadolinite*; plus tard, d'autres minéraux, également rares, se sont trouvés mélangés d'yttria, en combinaison avec l'acide fluorique.

CAROLINE. — Vous n'avez encore rien dit de la thorine.

Mme DE BEAUMONT. — Cette substance est connue depuis très peu de temps, et l'on ne sait rien de positif sur ses propriétés; elle paraît différer, sous quelques rapports, de toutes les autres pierres, mais elle a beaucoup d'affinité avec la zircone.

GUSTAVE. — Les terres se ressemblent-elles beaucoup par l'apparence extérieure?

Mme DE BEAUMONT. — Oui, dans leur pureté native, elles apparaissent toutes comme une poudre parfaitement blanche; mais quelques-unes se distinguent facilement par leurs différentes propriétés. La chaux, la baryte et la strontiane ont un goût âcre et caustique, et participent, comme la magnésie, à la nature des alcalis; aussi, quelques chimistes les ont-ils appelées terres alcalines. Vous rappelez-vous maintenant si les terres sont des substances simples?

CAROLINE. — Vous avez établi, si je ne me trompe, que les terres sont composées d'oxygène et de différents métaux qu'on n'a jamais trouvés dans un état pur.

Mme DE BEAUMONT. — Votre réponse est exacte. Ces métaux sont tellement sous la dépendance de l'oxygène, qu'étant exposés à l'air ils prennent feu et se convertissent en terres ou en alcalis. Pour les conserver, on les plonge dans la naphte, espèce d'huile minérale qui ne contient point d'oxygène. Le silicium, base du silex, paraît avoir moins d'affinité avec les métaux qu'avec le bore et le carbone. On est venu à bout d'extraire le calcium, qui est la base des substances calcaires; mais il s'enflamme promptement à l'air, et produit une lumière d'une blancheur éclatante. Cet obstacle n'a pas permis d'analyser le calcium. Quant aux bases des autres terres, elles sont très peu connues, et on les classe en général parmi les métaux. Regardez cette fiole, vous y verrez quelques parcelles de potassium, substance métallique qui sert de base à la potasse.

GUSTAVE. — Je la vois parfaitement; elle ressemble à l'argent.

Mme DE BEAUMONT. — Tirez-en un peu avec une plume, et jetez-le dans ce bassin d'eau.

GUSTAVE. — Quelle éclatante lumière !

CAROLINE. —Est-il rien de plus curieux que de voir une chose brûler dans l'eau?

Mme DE BEAUMONT. — Buvez maintenant de cette eau, et vous sentirez le goût de la potasse que l'eau a mise en dissolution. Le sodium et le lithium, bases de la soude et de la lithine, sont aussi trop inflammables pour être soumis à une analyse rigoureuse. On a trouvé la potasse dans une quinzaine de minéraux terreux, dont quelques-uns non métalliques. Douze minéraux seulement contiennent la soude; et la lithine n'existe que dans deux ou trois substances rares. L'ammoniaque, dans son état le plus pur, est un gaz délayé dans l'eau, avec laquelle il s'unit facilement; il forme ce qu'on appelle communément *esprit de corne de cerf*. Sa nature n'est pas encore fixée avec précision, mais on suppose que c'est un composé d'hydrogène, d'oxygène et de nitrogène.

GUSTAVE. —Le nitrogène est-il un gaz?

Mme DE BEAUMONT. —Oui; le nitrogène et l'oxygène sont les éléments de notre atmosphère; le premier, combiné avec une forte dose d'oxygène, produit l'acide nitrique qu'on rencontre dans le salpêtre, ou le nitrate de potasse.

CAROLINE. — N'y a-t-il pas aussi un alcali végétal?

Mme DE BEAUMONT. —La potasse fut d'abord appelée *alcali végétal*, parce qu'elle s'obtient par l'incinération des végétaux qui sont abondamment pourvus de cette substance. La découverte de sa présence dans les minéraux est très récente. L'ammoniaque s'appelait aussi *alcali animal*, parce qu'on la tire des matières animales, et primitivement de la corne du cerf, d'où lui vient aussi cette dénomination, *esprit de corne de cerf*.

GUSTAVE. — J'espère retenir facilement ce que vous m'avez dit des terres et des alcalis; plusieurs de ces mots ne sont pas nouveaux pour moi.

CAROLINE. — C'est une chose fort heureuse, que les substances les plus utiles soient en même temps les plus abondantes.

Mme DE BEAUMONT. — Votre remarque prouve l'attention que vous avez donnée à cet entretien. Je suis sûre qu'en peu de temps vous deviendrez passionnée pour la Minéralogie; car nous n'avons encore traité que la partie la moins intéressante de cette science. Quand j'aurai le plaisir de vous revoir, nous aurons un entretien sur les métaux, et je vous montrerai ensuite mon cabinet.

TROISIÈME ENTRETIEN.

Pesanteur spécifique. — Méthode pour la déterminer. — Description de la balance hydrostatique. — Or. — Mercure. — Plomb. — Argent. — Cuivre. — Nickel. — Fer. — Étain. — Zinc. — Cadmium. — Wodanium. — Iridium. — Chrôme. — Cobalt. — Antimoine. — Arsenic. — Tunsgtène. — Acides métalliques. — Molybdène. — Rhodium. — Osmium. — Manganèse. — Tellure. — Titane. — Cérium. — Colnubium. — Urane. — Bismuth. — Utilité comparative des métaux. — Caractères extérieurs et physiques des minéraux.

Mme DE BEAUMONT, CAROLINE, GUSTAVE.

CAROLINE. — J'avais toujours pensé que l'or était le plus pesant des métaux ; mais mon oncle m'a dit ce matin que le platine est beaucoup plus pesant ; est-ce la vérité ?

Mme DE BEAUMONT. — Certainement ; l'or est dix-neuf fois aussi pesant que l'eau, et le platine vingt-une fois. Le poids des substances comparé avec le poids d'un pareil volume d'eau, est ce qu'on appelle leur *pesanteur spécifique*, et ce caractère est d'un grand usage pour distinguer les minéraux. Dans l'exemple qui nous occupe, on dirait que la pesanteur spécifique de l'or est dix-neuf, et celle du platine vingt-un.

GUSTAVE. — Comment déterminer la pesanteur spécifique ?

Mme DE BEAUMONT. — Par une opération très simple dont voici l'explication. La substance dont on veut connaître la pesanteur spécifique, doit d'abord être pesée soigneusement dans l'air, au moyen d'une balance bien juste, comme celle-ci (*pl.* 1, *fig.* 1); vous pèserez ensuite la même substance dans l'eau, vous soustrairez le second poids du premier, et vous diviserez le premier poids par la différence; le quotient vous donnera la pesanteur spécifique. La règle consiste donc à diviser le poids total du corps par la *perte* de poids qu'il éprouve dans l'eau.

CAROLINE. — Je serais curieuse de peser un corps solide dans votre balance pour découvrir sa pesanteur spécifique. En faisant cet essai sur une substance que vous connaissiez déjà, nous verrons si nous aurons bien opéré.

Mme DE BEAUMONT. — Je le veux bien; voici un morceau de topaze; vous trouverez les poids dans le tiroir de la balance (A, B), avec une paire de pincettes pour prendre les plus petits. Les pieds étant à vis (*a*, *b*, *c*, *d*), vous pourrez, à l'aide du niveau (C, D), la fixer dans une position parfaitement horizontale.

Gustave. — La voilà solidement fixée; je vais maintenant prendre les poids.

Caroline. — La topaze pèse 117 grains.

Mme de Beaumont. — Il faut à présent la peser dans l'eau.

Gustave. — Mettrons-nous les balances dans l'eau?

Mme de Beaumont. — Non; ce serait gâter l'instrument sans aucune utilité; détachez le bassin dans lequel vous avez pesé la topaze, suspendez à sa place ce réseau en fil d'argent, qui doit, avec la topaze, être plongé dans une jarre d'eau (*fig.* 2).

Gustave. — Comment? cela vaut-il mieux que le bassin de cuivre?

Mme de Beaumont. Il y a plusieurs raisons qui font préférer ce moyen; d'abord, le cuivre se dissout facilement, et son poids peut, à la longue, éprouver quelque altération. Le réseau d'argent étant moins solide que les bassins de cuivre, monte et descend plus facilement dans l'eau; et s'il n'était pas disposé en cette forme, la moindre agitation de l'eau pourrait altérer la topaze.

Caroline. — Elle pèse moins maintenant qu'elle est dans l'eau; quelle en est la raison?

Mme de Beaumont. — C'est que l'eau étant beaucoup plus pesante que l'air, *supporte* en partie la topaze. Vous voyez qu'à présent elle ne pèse plus que 84 grains. Retranchez ce poids du premier, divisez le premier par la différence 33, et le quotient sera la pesanteur spécifique.

GUSTAVE. — Le quotient est trois et demi.

Mme DE BEAUMONT. — Vous trouverez donc que la topaze est trois fois et demie aussi pesante que l'eau.

CAROLINE. — Je ne comprends pas la raison de cette opération.

Mme DE BEAUMONT. — Je vais vous la démontrer. Vous avez vu que la topaze, plongée dans l'eau, pesait moins que dans l'air, ou, ce qui revient au même, qu'elle perdait une partie de son poids ; or, cette perte de poids qu'éprouve une substance quelconque par l'effet de cette immersion, est toujours égale au poids d'une masse d'eau ayant même volume que la substance dont il s'agit. Cela posé, quand nous pesons un corps dans l'air, nous avons son poids absolu, et quand nous retranchons de ce poids la pesanteur qui lui reste dans l'eau, nous obtenons le poids absolu d'un pareil volume d'eau; donc, en comparant ces deux *poids absolus*, nous trouvons la pesanteur spécifique de la substance proposée. En un mot, lorsque deux corps ont un même volume, le poids réel de l'un et de l'autre est dans le même *rapport* que leur pesanteur spécifique.

GUSTAVE. — Et le rapport de la pesanteur spécifique s'obtient en divisant le poids réel d'un corps par le poids d'un pareil volume d'eau?

Mme DE BEAUMONT. — C'est justement cela ; la pesanteur spécifique de l'eau est à la pesanteur spécifique de la topaze, comme la différence du poids de la topaze dans l'air et dans l'eau, est au poids de la topaze dans l'air. Toutes les fois qu'on parle de la pesanteur spécifique d'un minéral, il est entendu qu'on prend pour terme de comparaison le pesanteur spécifique de l'eau distillée à la température de 60 degrés du thermomètre de Farheinheit. Un pouce cube d'or est dix-neuf fois aussi pesant qu'un pouce cube d'eau distillée à 60 degrés.

CAROLINE. — Il me semble que ce moyen doit être fort commode pour apprécier un minéral.

Mme DE BEAUMONT. —Cette méthode est facile, et offre de grands avantages, surtout pour déterminer les pierres précieuses qu'on aurait regret de *gratter* pour essayer leur dureté, lorsque ces pierres ont une couleur et des propriétés qui appartiennent aussi à d'autres substances. Mais revenons aux métaux. Le platine, qui est la plus pesante des substances naturelles, est, malgré sa rareté, d'une grande utilité dans les arts; comme il n'est pas sujet à s'oxyder dans l'atmosphère, et qu'il résiste à la chaleur intense du fourneau, on en fait des creusets et d'autres appareils chimiques.

GUSTAVE. — Mon oncle m'a dit que le bassinet de son fusil était en platine, ce qui le préserve de la rouille; mais l'or n'aurait-il pas le même avantage, puisqu'il ne se rouille jamais?

Mme DE BEAUMONT. — Il n'y a pas lieu d'en douter; mais on préfère le platine, parce qu'il est moins cher. On ne trouve pas ce métal en combinaison avec le soufre, le phosphore, le carbone, ou avec les acides minéraux; mais il contient un faible alliage de palladium, d'iridium, de rhodium et d'osmium : telle est son extrême ductilité, que le docteur Wollaston est parvenu à faire des fils de platine qui n'avaient que $\frac{1}{18750}$ de pouce de diamètre.

CAROLINE. — Comment pourrait-on mesurer le diamètre d'un fil aussi mince?

Mme DE BEAUMONT. — C'est ce que je vous expliquerai quand nous parlerons du procédé qu'on a employé pour le réduire à cette extrême ténuité. L'or est un très beau métal; on le trouve toujours, ainsi que le platine, dans un état métallique, soit pur, soit avec un alliage d'autres métaux. L'or natif contient généralement une portion d'argent; et quelquefois de tellure.

GUSTAVE. — Qu'est-ce qu'un métal natif?

Mme DE BEAUMONT. — On appelle ainsi les substances qui se trouvent naturellement dans un état métallique. La mine de platine, malgré son alliage, est toujours métallique; et c'est pour cette raison qu'on l'appelle native. Au contraire, le mercure, le cuivre, l'argent, et plusieurs autres métaux, se trouvent fréquemment dans la nature combinés avec le soufre, avec les acides carbonique, muriatique, phosphorique, ou avec l'oxygène, et n'ont pas en cet état le poli et le brillant des substances métalliques. On appelle aussi terres natives celles qui se trouvent dans un état de pureté. L'or et le platine ne sont pas solubles dans les acides minéraux; ils ne cèdent qu'à l'action de l'acide nitrique combiné avec l'acide muriatique.

CAROLINE. — J'ai été fort étonnée de voir le mercure classé parmi les métaux malléables. A quel titre y tient-il une place?

Mme DE BEAUMONT. — Dans l'état fluide où vous le voyez généralement, le mercure n'est ni malléable, ni fragile; mais, rendu à l'état solide par la congélation, il peut, comme l'or et l'argent, s'aplatir ou s'étendre sous le marteau. La pesanteur spécifique du mercure est d'environ 14; celle du palladium, un peu moins de 12. Le plomb est plus abondant qu'aucun de ces métaux, et vous savez qu'il est d'un grand usage.

GUSTAVE. — Oui; je sais qu'on en fait des tuyaux pour conduire les eaux, et des châssis pour les fenêtres.

Mme DE BEAUMONT. — La consommation du plomb ne serait pas considérable si elle était bornée à ces deux objets, mais il est d'un grand usage dans la fabrication du verre, des couleurs pour la peinture, et de plusieurs autres articles de commerce. La pesanteur spécifique du plomb, quand il est pur, est de 11,3.

CAROLINE. — C'est peu, par comparaison avec la pesanteur spécifique du platine, ou même de l'or; cependant on dit vulgairement en parlant d'une chose très pesante : *c'est lourd comme du plomb.*

Mme DE BEAUMONT. — Quand on a commencé à

faire usage de cette comparaison, le platine n'était pas connu, et l'or était probablement moins commun qu'il ne l'est à présent; le plomb était, selon toute apparence, le plus pesant des métaux généralement connus du vulgaire.

GUSTAVE. — Le plomb natif est-il abondant dans le règne minéral?

Mme DE BEAUMONT. — La mine de plomb est rarement pure; on trouve ce métal dans un grand nombre de pays, mais presque toujours minéralisé par le soufre, l'oxygène, ou quelque acide minéral. L'argent, dont la pesanteur spécifique est 10, se trouve en grande abondance, soit natif, soit combiné, avec les substances qui minéralisent le mercure et le plomb. Quoique ductile et tenace, il n'a pas ces qualités au même degré que l'or ou le fer.

CAROLINE. — Il n'est pas, ce me semble, d'un usage aussi universel que le plomb?

Mme DE BEAUMONT. — Cela vient de ce qu'il est moins abondant, et conséquemment beaucoup plus cher; car, à l'exception des opérations où le plomb est indispensablement nécessaire, l'argent aura toujours la préférence. Il peut aussi remplacer le cuivre, surtout pour les vases employés dans la cuisine, parce que le cuivre s'oxyde facilement dans les liquides et devient alors un poison violent.

GUSTAVE. — Comment se fait-il donc qu'ayant une théière et des casseroles en cuivre, nous ne soyons pas tous empoisonnés?

Mme DE BEAUMONT. — Parce que l'action des liquides ne dissout chaque fois qu'une très petite quantité de cuivre, qui se trouve neutralisée par le mélange bien plus considérable des aliments. Au reste, il est arrivé plus d'une fois que des personnes se sont trouvées mal quelques instants après avoir mangé de la marinade verte, ce qui était l'effet du cuivre contenu dans cette espèce de sauce.

CAROLINE. — Pourquoi citez-vous en particulier la marinade verte?

Mme DE BEAUMONT. — Parce que c'est un usage assez commun (et même recommandé dans quelques traités sur la cuisine) de laisser refroidir la marinade dans un vase de cuivre pendant plusieurs heures, afin qu'elle soit d'un beau vert. Or, le cuivre ne peut se dissoudre dans le vinaigre sans engendrer le vert-de-gris.

GUSTAVE. — Quel dommage que l'argent soit aussi cher, et le cuivre aussi soluble!

Mme DE BEAUMONT. — Cependant le cuivre a bien aussi quelques avantages sur l'argent; il est plus dur, plus tenace et plus élastique; il est aussi plus léger, ce qui le rend fort convenable pour les ustensiles d'un commun usage; sa pesanteur spécifique n'excède pas 8.

CAROLINE. — Pourriez-vous me dire ce que c'est que le nickel? Je n'en connaissais pas même le nom, avant de l'avoir vu dans la liste des métaux que vous nous avez donnée.

Mme DE BEAUMONT. — Le nickel a, comme le fer et le cobalt, la propriété singulière d'être attiré par l'aimant.

GUSTAVE. —Est-ce que les pierres d'aimant sont faites de ce métal?

Mme DE BEAUMONT. — Non. D'habiles chimistes ont prétendu que le nickel était susceptible de conserver long-temps la puissance magnétique, et de se diriger vers le nord ; mais d'autres affirment qu'à l'exemple du fer, il perd en peu de temps cette propriété.

GUSTAVE. — Pourquoi les pièces d'aimant sontelles en fer, puisque ce métal perd si facilement les propriétés magnétiques?

Mme DE BEAUMONT. — Elles ne sont pas en fer, mais en acier, espèce de métal qui retient le fluide magnétique pendant un temps assez long, et qui a la propriété de le communiquer aux aiguilles et à d'autres corps métalliques.

CAROLINE. —Mais l'acier n'est-ilpas une espèce de fer, remarquable seulement par plus de dureté ?

Mme DE BEAUMONT. —L'acier est un fer durci par un procédé particulier. C'est un composé de fer et de carbone, ou un carbure de fer ; mais comme il résulte d'une préparation artificielle, et qu'on ne l'a jamais trouvé dans la nature, il n'est pas proprement du domaine de la Minéralogie. Le fer, qui est le plus utile des métaux, est aussi le plus abondant ; il n'a cependant été découvert que postérieurement au cuivre, à l'or et à l'argent.

Gustave. — Quelle peut en être la raison ?

Mme de Beaumont. — Cela a tenu probablement à la difficulté d'obtenir le fer dans un état pur. Ce n'est que plus tard qu'on a trouvé cette substance dans un état métallique, et maintenant la rencontre en est rare, et toujours par petite quantité. L'or, au contraire, a été trouvé même dans ces derniers temps, dans un état de pureté, ou combiné avec un alliage peu considérable d'autres métaux. On trouve aussi fréquemment des mines d'argent et de cuivre natifs qui sont d'une exploitation facile. L'utilité du fer, soit à l'état naturel, soit converti en acier, est tellement connue, on en fait des applications si multipliées, qu'il serait impossible et superflu de les exposer en détail. Une de ses qualités les plus précieuses, est son extrême ténacité ; un fil de fer qui n'a qu'un dixième de pouce d'épaisseur, supportera 705 livres sans se casser. Il a encore l'avantage d'être assez léger, puisque sa pesanteur spécifique varie de 7, 6, à 7, 8. L'étain est un métal fort utile ; il est un peu plus léger que le fer ; sa pesanteur spécifique est de 7, 2.

Caroline. — Il me semble aussi que l'étain est fort tendre ?

Mme de Beaumont. — Oui ; il est cependant un peu plus dur que le plomb, que l'on regarde comme le plus tendre des métaux, à l'exception de ceux qui servent de *base* aux terres et aux alcalis. On n'a jamais trouvé d'étain natif, il se présente toujours à l'état d'oxyde ou de sulfure. Il y a peu de temps qu'on a commencé à compter le zinc parmi les métaux malléables ; pour lui faire perdre sa frangibilité, il faut le chauffer à un certain degré de température ; il peut alors s'étendre sous le marteau et se rouler en feuilles minces. Ce qu'il y a de remarquable, c'est que le zinc devient malléable au même degré de chaleur qui rend l'airain extrêmement frangible ; l'airain est une combinaison de zinc et de cuivre.

Gustave. — J'ai été surpris de ne pas trouver l'airain dans l'énumération des métaux ; j'ai pensé que c'était un oubli, ou que cette substance étant le résultat d'une préparation artificielle, ne se rencontrait point dans le règne minéral.

Mme de Beaumont. — Il est vrai que jusqu'à ce jour on n'a pas trouvé de mine d'airain ; mais il peut se faire qu'il en existe. Les mines de zinc sont des sulfures et des carbonates ; on a reconnu dans le carbonate de zinc du Derbyshire, la présence du cadmium qui fut aperçu pour la première fois dans une mine de zinc de Silésie. Les propriétés de ce métal sont très peu connues. Le wodamium a été découvert récemment en Hongrie, dans un minéral qu'on avait pris d'abord pour du cobalt. Ce métal est d'un jaune de bronze, il est attirable à l'aimant. Il tire son nom de Woden ou Wodan, ancienne divinité gothique. Tous les métaux dont nous avons parlé ont le grand avantage d'être malléables. L'or jouit, au plus haut degré, de cette propriété ; un grain de ce métal aplati sous le marteau dans sa plus grande extension, pourra couvrir une surface de 56 pouces carrés. C'est pour cela qu'on l'appelle *or en feuille*, ou *feuille d'or*.

CAROLINE. — Cette feuille doit être extraordinairement mince ; mais peut-on réduire l'or à un degré de ténuité qui le rende transparent ?

Mme DE BEAUMONT. — Si vous regardez une feuille d'or devant une forte lumière, elle paraît verte ; la feuille d'argent transmet une lumière blanche ; et tous les autres métaux obtiendraient probablement une certaine transparence, s'ils étaient réduits à une ténuité suffisante. L'iridium, qui est le plus pesant des métaux frangibles, a, pour l'apparence, beaucoup de ressemblance avec le platine ; c'est un des quatre métaux qui accompagnent le platine comme alliage. Sa pesanteur spécifique est de 18,6.

GUSTAVE. — Cela approche beaucoup de la pesanteur spécique de l'or. Tous les métaux frangibles sont-ils d'un poids considérable ?

Mme DE BEAUMONT. — Non ; il en est un, le chrôme, qui est plus léger qu'aucun des métaux malléables. Sa pesanteur spécifique n'est que de 5,9.

CAROLINE. — Les substances frangibles doivent être, ce me semble, d'une bien légère importance, par comparaison avec les métaux malléables.

Mme DE BEAUMONT. — Ils ne sont pas généralement d'une utilité aussi positive ; cependant quelques-uns présentent un avantage réel, et plusieurs servent pour l'agrément. Le chrôme, par exemple, s'emploie dans la préparation d'une belle couleur jaune très précieuse pour les arts. On en tire aussi la couleur verte employée, en France, dans les fabriques de porcelaine. Le cobalt sert à faire la belle couleur appelée *bleu d'azur*, ainsi que le bleu qui entre dans la peinture sur porcelaine. L'antimoine a des propriétés encore plus précieuses. La Médecine lui doit des remèdes très efficaces; il entre dans la composition du type-métal (caractères d'imprimerie), et sert de base au jaune de Naples.

CAROLINE. — Mais dites-moi, je vous prie, comment se font toutes ces préparations; j'ai la plus grande envie de les connaître, car je m'aperçois maintenant que j'étais dans une ignorance complète au sujet d'un grand nombre de substances dont il est bon, en général, de connaître les propriétés.

Mme DE BEAUMONT. — Votre curiosité, ma chère Caroline, n'a rien qui me surprenne, et je m'attendais à cette question; mais il faut, pour le moment, me dispenser d'y répondre. Je désire vous donner un aperçu des corps qui entrent dans la composition des minéraux, pour vous servir d'introduction à l'étude de l'Oryctognosie; mais si vous êtes impatiente de connaître leurs propriétés, leurs combinaisons et les applications qu'on en fait, il vous faut étudier la Chimie.

Caroline. — Je voudrais, sans plus tarder, commencer cette étude.

Gustave. — Ce serait aussi mon projet, si vous m'assuriez que cette étude ne nuirait pas à nos progrès dans la Minéralogie.

Mme de Beaumont. — La Chimie vous sera au contraire d'un très grand secours dans l'étude que vous avez entreprise. Je suis fâchée que mes occupations ne me permettent pas de vous donner moi-même quelques leçons de Chimie ; mais si vous avez un livre et quelques petits appareils, votre frère, je n'en doute pas, se fera un plaisir de vous aplanir les difficultés.

Gustave. — Quel est le livre que vous nous conseillez de nous procurer?

Mme de Beaumont. — Le meilleur ouvrage que je connaisse pour servir d'introduction à cette science, est intitulé *Entretiens sur la Chimie.* C'est un livre composé spécialement pour les jeunes personnes, avec tant de clarté et de méthode, que vous le comprendrez sans la moindre difficulté. Mais, pour aujourd'hui, je réclame toute votre attention pour les métaux, afin que nous n'ayons pas à y revenir demain. Le cobalt, dont je parlais tout à l'heure, est d'une couleur grise avec une teinte de rouge ; il a peu de dureté, quoique frangible. Sa pesanteur spécifique est de 8,5. Il attire l'aimant, et peut, comme l'acier, être converti en corps aimanté ; sa mine n'est point pure, mais presque toujours mêlée de soufre et d'arsenic.

Caroline. — N'est-ce pas un poison que l'arsenic?

Mme de Beaumont. — C'est un poison si actif, que s'il en tombe une parcelle sur des charbons ardents, la seule fumée qui s'en exhale n'est pas sans quelque danger. Ce métal se trouve souvent à l'état natif et presque pur; il est, comme l'antimoine, d'une teinte bleuâtre tirant sur le blanc, mais, exposé à l'air, il se ternit en très peu de temps. Le tungstène ne se trouve pas à l'état natif, mais, lorsqu'il est purifié par les procédés chimiques, il a le brillant de l'acier avec une couleur grisâtre; il se présente dans l'état d'un acide uni avec du fer ou de la chaux.

Gustave. — Je ne comprends pas comment un métal peut exister dans l'état d'un acide.

Mme de Beaumont. — L'union du soufre avec une quantité suffisante d'oxygène, produit l'acide sulfurique; la même cause peut convertir en acides le tungstène, l'arsenic, le chrôme et le molybdène. En cet état, on les trouve combinés avec divers autres métaux, et formant des tungstates, des arseniates, des chromates et des molybdates : ces quatre substances ont été appelées quelquefois *semi-métaux*. Le rhodium est un des quatre métaux qui existent dans la mine de platine. Sa pesanteur spécifique est de 11, et approche par conséquent de celle du plomb; il tire son nom du mot ρόδον (*une rose*), à cause de la couleur rouge de ses sels. L'osmium est encore un métal nouvellement découvert, ainsi appelé du mot οσμη (*odeur*), parce que ses sels ont une odeur aromatique. Il n'est aucun de ces derniers métaux dont on ait tiré parti pour des applications utiles, et il n'est pas vraisemblable qu'on parvienne à les employer, parce qu'ils sont fort rares et très cassans. Le manganèse à l'état métallique ne peut être d'aucun usage, l'action de l'air lui faisant éprouver une oxydation spontanée; mais la mine de manganèse sert à donner au verre une teinte pourprée.

CAROLINE. — J'ai souvent remarqué des vitres qui paraissaient de couleur lilas, quand je les voyais placées devant un volet ou un rideau blanc; faut-il attribuer cela au manganèse?

Mme DE BEAUMONT. — Oui, telle est la cause de ce phénomène. La pesanteur spécifique de ce métal est de 8.

CAROLINE. — Le tellure est-il un métal natif?

Mme de BEAUMONT. — Oui; mais il contient en général de l'or dans la proportion de 1 à 30 pour cent. Le titane est un métal rare dont on n'a trouvé jusqu'à présent que des oxydes et un silicate ordinairement mélangés de fer; on l'a aperçu dans quelques mines de fer. Sa pesanteur spécifique est inconnue, parce qu'il est très difficile et peut-être impossible de le réduire à l'état métallique. Le cérium et le columbium sont encore plus rares, et, par là même raison, la chimie n'a pas encore déterminé leur pesanteur spécifique. L'urane se trouve à l'état d'oxyde : on est parvenu, quoique très difficilement, à l'amener à l'état métallique ; mais il est alors très cassant et granulaire dans sa texture. Sa pesanteur spécifique est d'environ 6. Le bismuth s'est quelquefois rencontré à l'état natif ; ce n'est pas un métal abondant, mais sa combinaison avec le plomb et l'étain sert à composer le *métal fusible*.

GUSTAVE. — Est-ce que les métaux ne sont pas fusibles, plus ou moins ?

Mme DE BEAUMONT. — Oui ; mais on donne spécialement ce nom à l'alliage dont nous parlons, parce que sa fusion s'opère très facilement, et par une chaleur moindre que celle de l'eau bouillante. Les lapidaires s'en servent, pour fixer leurs diamants, comme d'une excellente soudure. Je crois que le bismuth entre dans quelques préparations médicinales, mais ce ne peut être que par très petites doses. Vous avez maintenant une idée de toutes ces substances simples dans leur état pur et natif. Vous les verrez bientôt combinées ensemble en différentes proportions, et produisant ainsi dans les corps une grande variété de formes. La plupart des métaux sont nécessaires au genre humain ; d'autres sont utiles et agréables ; quelques-uns ont été considérés jusqu'à ce jour comme un pur objet de curiosité.

CAROLINE. — Le fer tient le premier rang parmi

les métaux utiles et nécessaires ; mais à quel métal donneriez-vous la seconde place ?

Mme DE BEAUMONT. — En Angleterre, le cuivre doit, à raison de son utilité, venir immédiatement après le fer ; mais l'argent aurait probablement le pas sur lui, si tous les métaux s'obtenaient au même prix et avec la même abondance.

GUSTAVE. — Pourquoi ne préférerait-on pas l'or ou le platine, puisqu'ils sont encore moins susceptibles d'être altérés par l'action des liquides ?

Mme DE BEAUMONT. — Cet avantage serait contrebalancé par leur grande pesanteur qui rendrait fort incommode l'usage de certains ustensiles. Quand même l'argent serait aussi commun que l'étain, on préférerait encore l'étain pour certains usages, parce qu'il est beaucoup plus léger. Si le palladium était abondant, il pourrait être à quelques égards préféré au plomb, parce qu'il n'est pas plus pesant, et qu'il est un peu plus dur même que le fer. Mais je veux vous composer une liste des métaux classés dans l'ordre de leur utilité en Angleterre. Je vous préviens qu'un habitant de l'Inde ou du Pérou les classerait tout différemment. Maintenant je me propose de vous faire connaître quelques-uns des caractères extérieurs qui distinguent les minéraux, avant de vous montrer ma collection. Puisque je n'ai pas l'intention de vous enseigner la Minéralogie chimique, je veux au moins que vous entendiez parfaitement l'Oryctognosie ; et même, parmi les caractères chimiques, il en est quelques-uns dont je vous entretiendrai, parce qu'ils sont faciles à reconnaître par l'action des acides, ou à l'aide du chalumeau.

GUSTAVE. — Malgré la déférence que j'ai pour les conseils que vous nous donnez, il m'en coûte beaucoup de différer même d'un seul jour, le plaisir de voir votre cabinet. M'assurez-vous que l'étude de ces caractères extérieurs ne sera pas longue ?

Mme DE BEAUMONT. — Vous auriez tort de vous en effrayer. Ce travail n'a rien d'ennuyeux, et, si je ne me trompe, la Cristallographie vous intéressera autant qu'elle est utile ; vous verrez dans mon cabinet plusieurs échantillons des substances minérales dans lesquels je vous ferai remarquer les caractères particuliers qui distinguent les minéraux, soit entre eux, soit par rapport aux autres substances. Tous ces *accidents* sont, à proprement parler, des *caractères physiques*. Mais cette dénomination s'applique seulement à trois propriétés qu'on ne peut rigoureusement appeler extérieurs, savoir : le magnétisme, l'électricité et la phosphorescence. Voici une liste des principaux accidents ou caractères physiques des minéraux ; nous ne suivrons pas quelques minéralogistes dans les nombreuses subdivisions qu'ils en ont faites ; je veux vous épargner l'ennui de tous les détails minutieux qui fatiguent l'élève sans l'éclairer.

La couleur.	Le poids.
La forme.	Le goût.
L'éclat.	L'odeur.
La transparence.	———
La dureté.	Le magnétisme.
La flexibilité.	L'électricité.
La frangibilité.	La phosphorescence.

QUATRIÈME ENTRETIEN.

Caractères extérieurs des minéraux. — Couleur. — Forme. — Forme régulière ou cristalline. — Cristallographie. — Forme primitive. — Décroissements. — Troncature. — Accumination. — Biseau ou biaisement.

Mme DE BEAUMONT, CAROLINE, GUSTAVE.

CAROLINE. — Il faut que la couleur soit le plus important des caractères extérieurs, puisque vous l'avez placée au premier rang.

Mme DE BEAUMONT. — Non; elle figure à la tête de la liste parce que c'est le caractère le plus frappant; mais il ne faut pas en conclure qu'elle soit supérieure aux autres caractères, comme signe distinctif des minéraux.

GUSTAVE. — Elle doit être cependant d'un grand usage; car je pourrais, à l'aide de ce signe seul, distinguer bien des substances les unes des autres.

Mme DE BEAUMONT. — Il est peu de minéraux qu'on puisse déterminer par un seul de leurs caractères extérieurs; dites-moi, par exemple, dans quel cas la couleur vous suffirait pour distinguer plusieurs substances.

Gustave. —Ne suffit-il pas d'avoir des yeux pour ne pas confondre un saphir avec un rubis ou une topaze?

Mme de Beaumont. —Et comment cela?

Gustave. — Parce que le saphir est bleu, le rubis rouge, et la topaze jaune; il serait étonnant que vous n'eussiez pas songé à cela.

Mme de Beaumont. —Mais si je vous montrais des saphirs rouges et jaunes, comment les distingue-riez-vous du rubis et de la topaze?

Gustave. — Je serais fort embarrassé pour en faire la différence; mais j'avais cru que tous les saphirs étaient bleus.

Mme de Beaumont. —Vous ne pouviez pas choisir plus mal votre exemple pour appuyer votre asser-tion; on trouve des saphirs bleus, blancs, pour-prés, rouges, verts, jaunes et gris. La topaze n'admet pas moins de variétés dans sa couleur; vous en avez vu de blanches aussi bien que de jaunes. Les premières sont connues et se vendent sous le nom de *Nuova mina*; il y en a de bleues et de vertes; on en trouve quelquefois qui sont nuan-cées d'un très beau rouge.

Caroline. —Je suis tout-à-fait désappointée d'ap-prendre que la couleur est un signe si incertain et si variable. Désormais j'ajouterai plus de foi aux autres caractères qu'à celui-là.

Mme de Beaumont. — En cela, vous aurez raison;

mais il ne s'ensuit pas qu'il soit inutile de faire attention à la couleur des minéraux. J'ai voulu vous montrer que la couleur seule n'était pas un indice suffisant pour distinguer une substance d'avec une autre ; mais ce caractère n'est point à négliger lorsqu'on est capable d'apercevoir les nuances de couleurs qui constituent souvent la seule différence apparente entre deux corps. Voici deux pierres que vous prendriez peut-être pour la même substance.

Caroline. — En vérité, je m'y tromperais.

Gustave. — Du moins, elles sont toutes deux vertes.

Mme de Beaumont. — Et toutes deux fibreuses ; mais n'apercevez-vous pas une différence dans la couleur ?

Caroline. — Il me semble que celle-ci est d'un jaune plus prononcé que l'autre, mais la nuance est presque imperceptible.

Mme de Beaumont. — Cette nuance vous semble peu de chose, mais elle n'est pas imperceptible pour moi ; elle suffit pour m'assurer que l'une de ces pierres est un épidote, et l'autre une actinote. Les connaissances sont le fruit de l'exercice ; vous ne saviez pas filer la première fois que vous avez manié le fuseau, parce que vos doigts n'étaient pas exercés à ce genre d'ouvrage. C'est ainsi que votre œil a besoin d'être exercé, avant de pouvoir saisir une légère différence entre les couleurs. D'après cela, donnez votre attention à la couleur des minéraux, sans trop vous fier d'abord à ce caractère ; je vous dirai ensuite dans quelle circonstance il devient signe caractéristique pour distinguer un minéral. Quelques minéraux présentent à l'œil des teintes variables qu'ils ne possèdent qu'accidentellement, et qu'il ne faut pas compter parmi les caractères essentiels ; tels sont les étincelles et les reflets de lumière que nous voyons dans l'*opale-noble* et dans l'*opale-feu*.

GUSTAVE. — Est-ce que ces jeux de lumière ne sont pas la couleur réelle de l'opale? Je n'en ai jamais vu qui fût privée de cette propriété.

Mme DE BEAUMONT. — C'est que probablement vous n'avez vu que l'opale *précieuse,* la seule espèce qui possède ces brillants reflets, et dont on fait, pour cette raison, un objet de parure. Ces effets de lumière proviennent de plusieurs inégalités imperceptibles qui existent sur la surface de l'opale précieuse; sa couleur réelle est en général bleuâtre, ou d'un blanc jaunâtre. Les teintes *iridescentes* qui affectent la surface de plusieurs autres minéraux, et notamment le sulfure d'antimoine, sont dues pareillement à des causes accidentelles.

CAROLINE. — Qu'entendez-vous par couleur *iridescente?*

Mme DE BEAUMONT. — Une combinaison de plusieurs nuances qui ressemble à l'effet de lumière produit par les bandes circulaires concentriques de l'arc-en-ciel ; ce mot dérive du latin *iris* (arc-en-ciel). Mais il serait superflu de nous arrêter plus long-temps sur cet objet. L'examen et la comparaison des corps eux-mêmes achèveront de faire comprendre ce que ces notions pourraient avoir d'obscur. Parlons maintenant de la forme ou configuration des minéraux, le second des caractères extérieurs, et peut-être le plus important de tous, quoiqu'il ne frappe pas aussi immédiatement la vue que la couleur.

GUSTAVE. — J'aime à croire que les minéraux n'admettent pas autant de variété dans les formes que dans les couleurs ; autrement je désespère d'apprendre la Minéralogie.

Mme DE BEAUMONT. — Je suis fâchée, mon cher Gustave, de vous voir ainsi disposé à vous forger par avance des difficultés. Ne vous représentez pas la Cristallographie comme une science difficile, avant d'en avoir fait l'épreuve ; je suis persuadée que l'expérience aura bientôt dissipé vos craintes ; car la cristallisation des minéraux est un de leurs caractères les plus constants et les plus invariables.

CAROLINE. — Chacun des minéraux cristallise-t-il sous une forme différente ?

Mme DE BEAUMONT. — Non, ce n'est pas précisément cela ; il existe un petit nombre de formes régulières qui sont communes à plusieurs substances, ce qui n'empêche pas qu'un grand nombre de minéraux ne présentent beaucoup de variété dans leur cristallisation. J'ai choisi quelques modèles en bois et un certain nombre de cristaux naturels, au moyen desquels je vous ferai toucher au doigt tout ce que j'ai à vous dire sur ce sujet; les gravures ou le raisonnement tout seul n'auraient pas cet avantage. Voici le moment de faire usage de vos connaissances en Géométrie, puisque tous les cristaux, même les plus complexes, sont dérivés des *solides* géométriques simples.

GUSTAVE. — Je ne suis pas certain de comprendre parfaitement ce que signifie une forme qui *dérive* d'une autre.

Mme DE BEAUMONT. — Je vais vous l'expliquer par des exemples. Regardez ces cristaux de carbonate de chaux, ils sont en grand nombre, et très différents en apparence; cependant ils ont tous quelque relation avec une figure particulière de laquelle on dit qu'ils sont *dérivés*. Cette figure s'appelle *forme primitive*.

CAROLINE. — Je n'aperçois pas beaucoup de ressemblance entre ces cristaux; ceux qui ont quelque analogie dans la configuration sont en petit nombre. En voici un (*fig*. 3) qui ressemble tant soit peu au *sommet* de cet autre que vous tenez à la main.

Mme DE BEAUMONT. — Mais en voici un troisième (*fig*. 11) tout-à-fait différent des deux premiers.

CAROLINE. — Je n'aurais jamais supposé que la même substance pût revêtir des formes si différentes; je ne vois pas la moindre similitude entre ces solides.

Mme DE BEAUMONT. — Considérons les modèles. Reprenons celui qui a d'abord attiré votre attention (*fig.* 3) ; ce solide est un rhomboïde obtus, *forme primitive* du carbonate de chaux.

GUSTAVE. — N'est-ce pas plutôt un parallélépipède?

Mme DE BEAUMONT. — Oui ; mais lorsque toutes les faces du parallélépipède sont des losanges semblables et égaux, on l'appelle *rhomboïde*. Outre cela, pour considérer un parallélépipède, on le pose sur une de ses faces qui lui sert de base, au lieu que le rhomboïde paraît exactement symétrique lorsqu'on le fixe sur un de ses angles ou *sommets* ; et c'est pour cela qu'on lui donne de préférence cette position, en ayant soin que l'axe se trouve dans une direction verticale. Vous voyez que les sommets A et S diffèrent des autres angles du solide, en ce qu'ils sont formés par la rencontre de trois angles plans égaux, tandis que les autres comprennent deux angles plans aigus et un angle obtus. Maintenant nous supposerons qu'un pareil rhomboïde de carbonate de chaux se compose de parties rhomboïdales, c'est-à-dire qu'il est formé par la réunion de plusieurs petits rhomboïdes semblables à lui même. Vous comprendrez cela en examinant le modèle (*fig.* 3). Si vous le divisez par une suite de plans parallèles à la face ADEF, vous le décomposerez en un certain nombre de plaques rhomboïdales (*fig.* 4). Si vous le divisez ensuite parallèlement à la face CDES, vous obtiendrez des prismes longs et minces, également de forme rhomboïdale (*fig.* 5) ; enfin par une troisième division faite parallèlement à la face ABCD, ces prismes se trouveront subdivisés en petits rhomboïdes (*fig.* 6) exactement semblables au solide total.

CAROLINE. — Le résultat de ces opérations me paraît évident pour un rhomboïde *en bois* ; mais comment nous assurer que nous diviserions avec le même succès un cristal de carbonate de chaux ?

Mme DE BEAUMONT. — Fendez ou brisez un morceau de carbonate de chaux, vous verrez que tous les fragments sont des rhomboïdes, ou des prismes et des lames de formes rhomboïdales ; tous les cristaux de cette substance ont uniformément cette cassure. Si vous détachez une lame d'épaisseur égale de chaque face du rhomboïde, vous diminuerez son volume sans altérer sa forme ; c'est là le plus simple des cristaux que produit le carbonate de chaux ; aussi le considère-t-on comme la forme primitive. Si vous examinez cet autre modèle (*fig.* 8), vous verrez comment il dérive de la forme primitive par la déposition de plusieurs couches ou lames sur les plans de sa surface. En détachant ces espèces d'écailles ou de revêtements, vous retrouverez le rhomboïde primitif.

GUSTAVE. — La découverte est tout-à-fait curieuse.

CAROLINE. — Est-ce de cette manière que les cristaux passent d'une forme à une autre, dans leur formation naturelle ?

Mme DE BEAUMONT. — Nous ne pouvons en avoir la certitude ; mais on le suppose, et bien que cette hypothèse n'explique pas entièrement la production des cristaux, elle répand un grand jour sur la théorie de leur structure. Vous devez remarquer que les lames superposées sur le rhomboïde, n'atteignent pas jusqu'à son *arête*.

GUSTAVE. — Non, on dirait qu'il manque une rangée de petits rhomboïdes.

Mme DE BEAUMONT. — La même chose a lieu par rapport aux autres lames ; car vous voyez qu'aucune d'elles n'atteint jusqu'aux arêtes de la lame sur laquelle elle repose : une rangée de molécules en a été soustraite. Cette propriété *apparente* qu'ont les *lames de superposition* d'aller toujours en se rétrécissant, s'appelle *décroissement*. Nous avons ici un exemple de décroissement sur ce qu'on nomme les *arêtes inférieures du rhomboïde*.

CAROLINE. — Pourquoi appelez-vous le décroissement une propriété apparente ?

Mme DE BEAUMONT. — Parce que, dans la réalité, il n'y a point de décroissement. La lame qui touche le rhomboïde n'est pas plus large que celles qui en sont plus éloignées ; et le cristal *s'accroît* évidemment par l'addition de chaque lame superposée. Dans le solide (*fig.* 9) les lames dépassent les arêtes *ab*, *bc*, *cd*, etc., tandis qu'un décroissement a lieu sur les côtés supérieurs A*a*, A*c*, A*c*. Ces décroissements successifs des lames qui enveloppent le rhomboïde donnent naissance à de nouveaux cristaux qu'on nomme *secondaires* ou *dérivés* de la forme primitive. Dans les deux exemples qui nous occupent, on suppose que les lames ont l'épaisseur d'une molécule, et qu'à chaque superposition elles décroissent d'une bande qui a la largeur d'une molécule; c'est ce qu'on appelle décroissement *simple*.

GUSTAVE. — Vous admettez donc plusieurs espèces de décroissements?

Mme DE BEAUMONT. — Oui; il est des cas où les lames n'ayant que l'épaisseur d'une molécule, perdent en largeur, deux, trois, etc. rangées de molécules; d'autres fois une lame ayant en hauteur deux, trois, etc. rangées de molécules, n'en perd qu'une seule dans le sens de la largeur. Ces deux combinaisons s'appellent décroissements *mixtes*, et on les distingue par les mots *décroissements en largeur* et *décroissements en hauteur*. Je demanderai à Caroline si elle se représente l'effet que produirait un décroissement en largeur, au lieu du décroissement simple sur les côtés inférieurs du rhomboïde.

CAROLINE. — Voyons; les plans formés par les arêtes de ces lames sont dans une direction verticale, c'est-à-dire parallèles à l'axe du rhomboïde (*fig.* 8). Les plans déterminés sur les côtés opposés par le prolongement de chaque arête, ne forment alors qu'un seul et même plan; mais si ces plans s'éloignent des arêtes du rhomboïde par un

décroissement en largeur, ils inclineront vers l'axe
et on pourra faire passer par les arêtes des lames
deux plans non parallèles qui tendront à se rencontrer suivant un angle proportionnel au décroissement.

Mme DE BEAUMONT. — Vous avez très bien démontré cela; maintenant parmi les cristaux de mon
cabinet, tâchez d'en trouver un qui ait été produit
par le décroissement en largeur. Je verrai par là si
vous avez bien compris votre propre raisonnement.

GUSTAVE. — En voici un (*fig.* 10) qui me paraît
formé par des lames décroissantes en largeur.

Mme DE BEAUMONT. — Vous avez raison; ce solide
est composé de lames qui perdent deux rangées
de molécules dans le sens de la largeur; c'est un
dodécaèdre triangulaire, forme communément affectée au carbonate de chaux. L'autre cristal
(*fig.* 9) est appelé rhomboïde *équiaxe*, parce que
son axe conserve la même longueur, quoiqu'il soit
plus large que le rhomboïde primitif. Il existe encore d'autres dodécaèdres produits par des décroissements mixtes; l'un de ces solides est le résultat d'un décroissement par trois rangées en largeur
sur deux en hauteur.

GUSTAVE. — Cette circonstance doit le rendre
plus *obtus*.

Mme DE BEAUMONT. — Au contraire; il doit être
plus *aigu* que celui-ci (*fig.* 10); quand les lames
décroissent d'une seule rangée (en largeur comme

en hauteur), il en résulte un prisme, ou, si vous l'aimez mieux, une pyramide dont l'axe est infini; en faisant l'axe plus court, la pyramide devient plus obtuse; or, l'axe de la pyramide sera plus court, quand les lames perdront deux rangées en largeur sur une de hauteur, que lorsqu'elles décroîtront de trois rangées en largeur sur deux de hauteur, parce que le rapport de 3 à 2 ne diffère pas autant du rapport de 1 à 1, que le rapport de 2 à 1 qui est précisément le décroissement d'où résulte ce dodécaèdre particulier (*fig.* 10) appelé par Haüy, dodécaèdre *métastatique*.

GUSTAVE. — Je le vois maintenant; si le décroissement est extrêmement rapide par la suppression de plusieurs rangées en largeur, les deux nouveaux plans (déterminés par les arêtes des lames) seront près de coïncider avec les faces du solide primitif.

Mme DE BEAUMONT. — Cela est certain. Examinons maintenant l'effet que produirait un décroissement en largeur sur les côtés supérieurs, Aa, Ac, Ae (*fig.* 9) au lieu du décroissement simple qui a donné le rhomboïde équiaxe.

GUSTAVE. — Les deux plans triangulaires, Axy, Ayz, qui ne forment qu'un seul côté continu dans le rhomboïde équiaxe, seront alors plus inclinés sur la face Aabc, et sur la face Acde; ils formeront un angle sur l'arête Ac, etc., et nous aurons par conséquent six plans, au lieu de trois.

Mme DE BEAUMONT. — Ou douze au lieu de six; le

nouveau cristal sera donc un dodécaèdre *scalène* obtus.

CAROLINE. — Je ne connaissais que deux espèces de dodécaèdres, le pentagonal et le rhomboïdal.

Mme DE BEAUMONT. — On appelle en général dodécaèdre tout solide qui est terminé par douze surfaces planes ; celui dont je vous parle serait triangulaire.

Je veux vous montrer encore un exemple de décroissement dans un cristal qui n'est pas un rhomboïde ; c'est un dodécaèdre rhomboïdal dérivé d'un cube.

GUSTAVE. — C'est donc un décroissement simple.

CAROLINE. — La chose est évidente ; est-ce que tous les dodécaèdres de forme rhomboïdale ne sont pas produits de cette manière ?

Mme DE BEAUMONT. — Non ; cette forme est le cristal primitif de quelques substances ; mais dans d'autres, elle est dérivée de l'octaèdre.

CAROLINE. — Cela me paraît extrêmement curieux.

Mme DE BEAUMONT. — Dans le solide que je vous montre (*fig.* 12) les lames sont carrées ; elles sont triangulaires, quand le noyau primitif est un octaèdre (*fig.* 13). Vous voyez que dans ce dernier, le décroissement est encore simple, autrement il en résulterait un solide de vingt-quatre côtés.

GUSTAVE. — Oui, parce que maintenant les deux plans qui se joignent n'en forment qu'un seul, comme dans le rhomboïde équiaxe.

Mme DE BEAUMONT. — D'autres modifications sont produites par les décroissements qui ont lieu *autour des angles solides* des cristaux primitifs. Un des exemples les plus simples de cette particularité, est la formation du sommet plat, ou base supérieure du prisme hexagonal ; vous voyez que dans le cas où un *seul* décroissement s'est opéré, parallèlement aux arêtes inférieures du rhomboïde (*fig.* 7), le sommet du cristal secondaire ressemble au sommet primitif ; mais, dans cet autre solide (*fig.* 11) chaque sommet est formé d'un plan *unique*. Concevez-vous comment il peut résulter un plan d'un décroissement qui se fait au tour du sommet du rhomboïde ?

GUSTAVE. — Je n'en ai pas la moindre idée. J'aurais cru le solide (*fig.* 11) formé par une série de lames hexagonales appliquées l'une sur l'autre.

Mme DE BEAUMONT. — Si, à la place des trois lames complètes que nous avons imaginées appliquées sur la surface supérieure du rhomboïde, vous supposez maintenant chacune de ces lames légèrement tronquée à son angle supérieur, elles ne couvriront plus le sommet du rhomboïde primitif, et laisseront autour de ce sommet, sur les trois plans dont il est formé, un espace découvert, égal à la brèche ou échancrure de chacune d'elles. Peut-être vous comprendrez mieux ceci à l'aide de quelques modèles. Les lames ont été tronquées par des sections parallèles à la diagonale AB (*fig.* 14). La première section a détaché une seule molécule, la seconde deux, la troisième trois et ainsi de suite. Ce modèle (*fig.* 15) représente un rhomboïde avec trois lames superposées, et tronquées chacune d'une rangée de molécules.

CAROLINE. — Certainement il a été soustrait ici plus de trois molécules.

GUSTAVE. — Il me semble qu'il en faudrait six pour envelopper complètement le sommet.

Mme DE BEAUMONT. — Vous avez raison ; mais vous reconnaîtrez la nécessité de cette soustraction, si vous considérez que les lames s'étendent par-delà les arètes supérieures du rhomboïde, afin de prévenir la formation d'angles rentrants. Si cette extension des lames n'avait pas lieu, il se formerait une espèce de cannelure le long de chaque arète supérieure.

GUSTAVE. — Je crois apercevoir la raison de cela. Il n'y a qu'une seule molécule intégrante soustraite de chacune des lames, en les supposant de la même dimension que les faces du rhomboïde, et les cannelures sont remplies par autant de molécules qu'il en faut pour former une ligne de *a* à *b*.

Mme DE BEAUMONT. — C'est exactement cela.

CAROLINE. — Mais pourquoi n'y aurait-il pas une cannelure sur les arètes supérieures, puisqu'il y en a sur les côtés inférieurs ? Ou plutôt comment se fait-il qu'il y ait des cannelures sur ces *modèles*, puisque je n'en vois point dans les cristaux réels ?

Mme DE BEAUMONT. — Vous avez parlé sans réfléchir, autrement vous n'auriez pas fait cette question. Les molécules dont se composent les substances naturelles sont infiniment petites, et les cannelures ou aspérités qu'elles forment sur les faces des cristaux secondaires sont imperceptibles. C'est pour cela que ces faces paraissent parfaitement planes; mais si les lames ne s'étendaient pas *derrière* les arêtes supérieures du rhomboïde, l'enfoncement ou la cannelure augmenterait chaque nouvelle apposition de lames, et le résultat serait un solide de la forme de celui-ci (*fig.* 16).

Vous voyez qu'un décroissement *simple* autour d'un angle solide, aussi bien que sur une arête, produit un sommet composé d'un seul plan (*fig.* 15*). Maintenant supposons qu'un *décroissement en largeur* ait lieu autour du sommet du rhomboïde, qu'en résultera-t-il?

GUSTAVE — On aura trois plans autour du sommet au lieu d'un seul.

Mme DE BEAUMONT. — Mais dites-moi quelle sera la situation de ces plans. Je suppose les rangées de molécules soustraites dans la même direction que dans la *fig.* 15.

GUSTAVE. — Ils seront inclinés du sommet sur les faces du solide primitif, et le prisme ressemblera au modèle de la *fig.* 8, excepté que le sommet sera beaucoup plus obtus.

Mme DE BEAUMONT. — C'est très bien; mais supposons qu'il ne s'opère pas une autre espèce de décroissement, et que celui-là soit poussé jusqu'à ses limites, quelle en sera la conséquence ?

CAROLINE. —Attendez ; je crois que j'y suis. On aura alors un rhomboïde obtus, plus obtus que le primitif.

Mme DE BEAUMONT. —Je suis charmée que vous ayez une idée claire de cela, parce que les lois de cette transformation sont assez difficiles à comprendre. Voici un modèle de rhomboïde obtus, représentant les lames au moyen desquelles il a été formé du noyau primitif (*fig*. 17). Il est plus obtus que le rhomboïde équiaxe, et il le serait encore davantage, si le décroissement eût été de trois sur deux, au lieu d'être de deux sur un, parce que le premier s'éloigne moins du rapport de *un* à *un*, qui produit un plan au sommet. Puisque vous paraissez comprendre la nature des décroissements simples et mixtes, tant sur les arêtes que sur les angles, je ne vous entretiendrai pas plus long-temps sur ce sujet ; il ne reste plus qu'une espèce de décroissement dont il faut que vous preniez une idée avant de quitter le chapitre de la Cristallographie.

GUSTAVE. —Le décroissement peut-il avoir lieu sur une partie du cristal autre que sur les arêtes ou les angles ?

Mme DE BEAUMONT. — Non, certainement ; mais nous pouvons imaginer les molécules soustraites dans un autre ordre que dans les exemples précédents ; les décroissements sur les arêtes se font par des soustractions parallèles à ces arêtes ; les décroissements autour des angles, sont l'effet d'une soustraction opérée dans la direction des diagonales ;

mais il existe aussi des décroissements intermédiaires produits par des sections parallèles à une ligne intermédiaire entre la diagonale et le côté. Cette figure (*fig.* 18) rendra la chose plus intelligible ; elle représente un cube, et le côté est supposé contenir douze molécules. Les lignes *ap*, *bq*, *cr*, sont parallèles à la diagonale, et sont en même temps les diagonales des bases des molécules. Les lignes *aq*, *bs*, *cu*, sont intermédiaires entre la diagonale BC et le côté AC. Maintenant ces lignes sont les diagonales des rectangles A*ahq*, *abih*, etc., ou des bases des molécules soustraites et composées chacune de deux molécules cubiques.

CAROLINE. — J'ai de la peine à me représenter l'effet *apparent* d'un pareil décroissement, bien que je conçoive l'explication que vous en donnez.

Mme DE BEAUMONT. — Peut être ce modèle (*fig.* 19), quoi qu'il n'ait pas été fait pour le cas particulier qui nous occupe, pourra vous en donner une idée.

CAROLINE. — Je vois que les molécules soustraites ici se composent de six molécules cubiques, et tout à l'heure vous ne parliez que de deux.

Mme DE BEAUMONT. — Observez que pour produire un *plan unique* sur l'angle A, la soustraction des molécules se fait dans un ordre différent sur chacune des trois faces contiguës. Les lames déposées sur la surface supérieure (ABCD, *fig.* 18 et 19), sont de l'épaisseur de trois molécules cubiques, et il y a soustraction d'une molécule dans la direction AC, et de deux dans la direction AB. Mais les lames appliquées sur la face AFGC, ont l'épaisseur de deux molécules, tandis qu'une seule molécule a été soustraite parallèlement à AC, et trois parallèlement à AF. Pour mieux vous en convaincre, changez la position du modèle, et considérez AFGC comme la face supérieure. L'épaisseur des lames est dans la direction de l'arète AB.

Gustave. — Et l'épaisseur des lames sur le plan ABEF, est égale à une molécule dans la direction AC.

Mme de Beaumont. — Maintenant, dans quel sens s'opérerait le décroissement sur les faces du solide, supposé que deux molécules fussent soustraites des lames sur le plan supérieur, suivant le côté AB?

Gustave. — Voyons; l'épaisseur des lames sur le plan ABEF doit être dans la direction AC, et, par conséquent, elle est égale à une molécule. D'après l'hypothèse, deux molécules seraient soustraites suivant l'arète AB, comme sur les arètes de la face supérieure. Les lames posées sur la face ACGF auront l'épaisseur de deux molécules, mais les *segments* ou parties soustraites n'auront que la longueur et la largeur d'une molécule.

Mme de Beaumont. — C'est très bien; vous voyez que, sur le plan ACGF, le décroissement n'est pas *intermédiaire*, mais en *hauteur*. L'exemple que j'ai cité pour vous expliquer ces décroissements n'existe pas dans la nature, mais je l'ai choisi comme étant le plus simple qu'il soit possible d'imaginer. Quoiqu'il se rencontre fréquemment des décroissements intermédiaires dans le *cube* et dans d'autres solides *platoniques* *, cependant ils ne s'opèrent jamais en la manière représentée par ce modèle.

CAROLINE. — Comment s'opèrent-ils donc?

Mme DE BEAUMONT. — Les lames, sur chaque face du solide, sont de la même épaisseur, et les molecules sont soustraites dans un ordre symétrique par rapport à l'angle solide autour duquel *s'engendrent* les nouveaux plans. Le résultat de ce décroissement (*fig.* 19) serait la formation d'une seule face, et le solide serait représenté par la *fig.* 20, où l'angle A semble avoir été remplacé par la surface plane *bra*. Ce remplacement d'un angle ou d'une arête, par *un seul* plan, s'appelle *truncature*, parce que le solide paraît avoir été *tronqué* dans cette partie. Nous savons que cela n'arrive pas réellement dans la nature, mais l'expression est très juste pour désigner cette modification. Revenons maintenant à notre sujet. Si le décroissement le long de l'arête AB était semblable à celui qui a eu lieu suivant l'arête AE, nous aurions un plan sur chaque arête, comme le montre la *fig.* 21; et il est facile de concevoir qu'en répétant la même opération sur les autres faces du solide, il en ré-

---

* Les solides appelés platoniques sont le tétraèdre, le cube, l'octaèdre, le dodécaèdre pentagonal ou pentaèdre, et l'icosaèdre.

sulterait six nouveaux plans. Je ne sais si je vous ai présenté la chose d'une manière intelligible.

CAROLINE. — Oh ! parfaitement. Je comprends fort bien.

GUSTAVE. — Cela me paraît si clair, que j'ai envie d'en tracer un dessin.

Mme DE BEAUMONT. — Faites-le, je vous prie ; c'est le meilleur moyen de me prouver que j'ai été comprise.

GUSTAVE. — Hé bien, en voici une esquisse, est-elle exacte ? (*fig.* 22.)

Mme DE BEAUMONT. — Oui, très bien faite. Quand un angle paraît remplacé de cette manière (par plus de deux plans), il s'appelle angle *acuminé*. L'expression n'est pas très correcte, bien qu'elle dérive, ainsi que le mot acumination, d'un verbe latin qui signifie *aiguiser*, *rendre pointu;* mais elle est assez juste pour exprimer le remplacement *d'un plan* par plusieurs surfaces, ce qui a produit un angle solide dans le cas qui nous occupe. Quand un angle ou une arète paraît remplacée par *deux* plans, nous appelons cela *biaisement*. Dans toutes ces circonstances les nouveaux plans s'appellent, suivant leur nombre, *plans* de *truncature*, de *biaisement*, ou d'*acumination*. Je suis charmée que vous puissiez dessiner ces objets ; mais vous ne feriez pas mal aussi de vous créer quelques *modèles*.

CAROLINE. — Oui ; mais comment m'y prendre ; je n'ai à ma disposition, ni scie, ni rabot, ni ciseau.

Mme DE BEAUMONT. — Il y a plusieurs substances que l'on peut tailler sans le secours de ces instruments ; un navet, par exemple, ou une pomme de terre crue ; ou si ces matériaux vous déplaisent, vous pourrez les remplacer avantageusement par le fromage.

CAROLINE. — Voilà qui est charmant ; nous pouvons étudier après dîner la Cristallographie pratique ; je veux pour ma part tailler des cubes, en opérant sur leurs angles et sur leurs arêtes la *truncature*, *l'acumination* et le *biaisement*.

GUSTAVE. — Je suis fort en peine de savoir comment vous reconnaîtrez par quelle espèce de décroissement le cristal secondaire est dérivé du cristal primitif ; car les faces des cristaux naturels étant unies, vous ne verrez pas les lames.

Mme DE BEAUMONT. — Je regrette de ne pouvoir sur ce point satisfaire votre curiosité ; pour comprendre la réponse à cette question, il vous faudrait plus de connaissances en mathématiques que vous n'en avez maintenant. Voici toutefois quelques explications qui seront à votre portée. Si nous voulons déterminer un décroissement particulier, (par exemple celui qui produit le dodécadère métastatique de carbonate de chaux), nous devons mesurer les angles du noyau primitif et du cristal secondaire, je veux dire les angles formés par la rencontre de deux plans qui se joignent. Dans le rhomboïde, nous avons deux angles à mesurer, celui que forment les plans ABCD et ADEF, et celui qui est formé par la rencontre des plans supérieurs et inférieurs sur les arêtes CD ou DE, ainsi que l'angle formé par les plans *abc* et *bcs* du dodécaèdre (*fig.* 10).

CAROLINE. — Comment mesure-t-on les angles?

Mme DE BEAUMONT. — Au moyen d'un instrument appelé *Goniomètre*. Mais comme l'heure est fort avancée, j'attendrai notre prochain entretien pour vous en faire la description, et pour vous apprendre à vous en servir.

CINQUIÈME ENTRETIEN.

Usage du goniomètre. — Goniomètre ordinaire. — Goniomètre réflecteur. — Explication. — Irrégularités dans les formes extérieures des minéraux. — Transparence. — Fracture. — Clivage. — Éclat. — Dureté. — Frangibilité. — Flexibilité. — Élasticité. — Adhérence. — Odeur. — Saveur. — Phosphorescence. — Électricité. — Usage de l'électromètre. — Magnétisme. — Usage du chalumeau. — Flux. — Usage des acides. — Effervescence.

Mme DE BEAUMONT, CAROLINE, GUSTAVE.

Mme DE BEAUMONT. — J'espère que l'entretien de ce matin ne sera pas sans intérêt pour vous. Il s'agit du goniomètre. Le nom de cet instrument en indique l'emploi ; il dérive de deux mots grecs γονος *un angle* et μετρεω *mesurer*. Il y a deux espèces de goniomètres, le commun et le *réflecteur* ; mais le dernier, dont l'invention est plus récente, détermine la mesure des angles avec beaucoup plus de précision.

GUSTAVE. — Je suppose que depuis l'invention du réflecteur on fait rarement usage du goniomètre commun.

Mme DE BEAUMONT. — On l'emploie beaucoup moins qu'auparavant, cependant il est des cas où le goniomètre réflecteur ne serait point applicable, et je vais vous le prouver tout à l'heure. Le goniomètre ordinaire (*fig.* 23) consiste en un demi-cercle de laiton ou d'argent, divisé en cent quatre-vingts degrés. Les points de division sont marqués par de petites lignes tirées de la circonférence extérieure à une ligne concentrique tracée dans le secteur. On y adapte deux branches d'acier AB, FG, dont l'une a une fente ou rainure de *u* en *r*, interrompue au point *k* par une barre transversale qui donne plus de solidité à cette partie de l'instrument. Par le moyen de cette rainure et des deux clavettes *m* et *n*, vous pouvez faire glisser la branche FG, dans la direction du diamètre du demi-cercle qui passe par les points o° et 180°. La clavette *m* passe à travers une petite pièce de laiton, derrière la branche FG qui est attachée au demi-cercle au point N, et par la barre O.

CAROLINE. — Pourquoi la rainure de l'autre branche ne se prolonge-t-elle pas des deux côtés à partir du centre ?

Mme DE BEAUMONT. En voici la raison : lorsque le côté *zs* coupe le demi-cercle sur une des lignes qui marquent les degrés, il faut que ce côté se trouve en ligne droite avec le centre. Dans la position actuelle des branches, on pourrait joindre par une ligne le point de division 90° au centre C, et cette ligne passerait le long du côté *zs*. Mais la branche

AB tourne sur le pivot *m*, en sorte qu'on peut la faire mouvoir en tous sens sur la circonférence ; on peut aussi rapprocher le point B du point C, puisque la rainure inférieure permet à la branche AB de glisser le long de son pivot. Maintenant si nous voulons mesurer l'angle ou inclinaison de deux plans, il faut mesurer l'angle formé par deux lignes droites perpendiculaires à l'arète qui est leur commune section.

GUSTAVE. — Je vois cela ; l'angle formé par les deux plans ADEF, ADCB (*fig.* 3), est l'angle compris entre les lignes perpendiculaires à l'arète AD.

Mme DE BEAUMONT. — Placez le goniomètre de manière que les côtés des deux branches touchent ces deux plans, et soient en même temps perpendiculaires à la ligne d'intersection ; élevez-le entre votre œil et la fenètre pour voir si l'instrument est parfaitement en contact avec les plans du cristal.

GUSTAVE. — Il me semble que le contact est parfait ; je n'aperçois pas le moindre jour entre le cristal et le goniomètre.

Mme DE BEAUMONT. — Maintenant regardez sur le demi-cercle, et vous aurez la mesure de l'angle par le nombre de degrés que marque le côté *zs*.

GUSTAVE. — L'angle est de 105 degrés.

Mme DE BEAUMONT. — Le résultat est correct, à très peu de chose près, et cet instrument ne saurait nous conduire à une exactitude plus rigoureuse. Si le cristal s'était trouvé enclavé dans quelque corps étranger, il aurait fallu raccourcir les distances CB et CF, et même écarter une partie du demi-cercle. Il y a une charnière au point 90° et une autre à l'extrémité de la barre *o* à côté du point *m*, au moyen desquelles la partie DM du secteur peut se replier sous la partie MN. Mais quand on a mesuré un angle obtus, on replace la partie DM pour trouver le nombre des degrés. Parlons maintenant du goniomètre à réflexion qui mesure avec une précision rigoureuse les plus petites parties d'un degré.

CAROLINE. — Ce nouvel instrument paraît beaucoup plus compliqué que le premier.

Mme DE BEAUMONT. — Il paraît tel au premier coup d'œil; mais sa construction repose sur un principe extrêmement simple. AB (*fig.* 24) est un cercle gradué dont l'axe *c* passe à travers la partie supérieure des deux supports en laiton *pp*. A l'autre extrémité de l'axe se trouve attaché le cercle *d* qui sert de manche pour tourner le grand cercle. Quand nous mettons ce cercle en mouvement, nous faisons aussi tourner l'axe *e* qui engrène dans l'axe *c* et qui, passant par le centre du grand cercle, va se rattacher à l'appareil *i*, *m*, etc.

GUSTAVE. — Cet appareil peut-il être mis en mouvement sans le secours du manche *d*?

Mme DE BEAUMONT. — Oui, on peut le faire tourner au moyen du cercle *f*, qui est fixé à son axe *e*, et ce mouvement ne change rien à la position du grand cercle. Le cristal dont on veut mesurer les angles doit être attaché à la tige cylindrique *o.*

CAROLINE. — Comment pourrai-je l'y fixer?

Mme DE BEAUMONT. — Avec un peu de cire. Placez le cristal de manière que l'arète de l'angle à mesurer, soit autant que possible dans une position horizontale, et sur la même ligne que l'axe des cercles AB, *d* et *f*; pour l'ajuster ainsi parfaitement, vous ferez usage de la jointure *r*, qui permet d'élever et d'abaisser le cristal avec le manche *m*. On peut aussi le faire mouvoir circulairement, parce que la tige *o* passe à travers le tube *n* qui est fixé à la branche *i*. Je vous ai expliqué en détail tous les mouvements de la machine, parce qu'il est essentiel de les bien connaître avant d'en essayer l'emploi.

CAROLINE. — Je les comprends parfaitement. Je vois que par la combinaison de ces mouvements divers, on peut faire tourner le cristal en tous sens.

Mme DE BEAUMONT. — Comme l'usage de cet instrument est fondé sur la réflexion de la lumière que renvoient les plans de l'angle à mesurer, j'ai choisi un fragment de carbonate de chaux, parce que sa surface est unie et très brillante.

CAROLINE. — Je croyais qu'il s'agissait de mesurer les angles du cristal primitif.

Mme DE BEAUMONT. — Rappelez-vous que les plans des fragments de carbonate de chaux sont parallèles à ceux du cristal primitif, et que par conséquent les angles sont égaux dans les deux cas;

de plus, les faces produites par le *clivage* (action de fendre), sont en général plus brillantes que les faces naturelles des cristaux, et n'ont pas les petites aspérités dont ces dernières sont rarement exemptes.

Rapprochez un de ces fragments de votre œil et regardez de près sa surface, vous verrez qu'il *réfléchit* les barreaux de la fenêtre.

CAROLINE. — Oui, je les vois très distinctement, ainsi que les cheminées des maisons voisines.

Mme DE BEAUMONT. — Vous pouvez les voir pareillement sur le cristal qui est attaché au goniomètre ; et en disposant convenablement les diverses parties de l'instrument, vous ferez coïncider la réflexion d'un des barreaux avec la ligne noire *v* que j'ai tirée sur la boiserie entre la fenêtre et le plancher. Mais ayez soin d'abord que le point de vision 180° sur le grand cercle, soit en ligne droite avec le point *o* sur la tige qui tient le cristal.

CAROLINE. — J'ai fait coïncider la réflexion de l'un des barreaux avec la ligne noire.

Mme DE BEAUMONT. — Continuez à regarder le cristal, et faites tourner le petit cercle *d*, jusqu'à ce que vous voyiez la réflexion du même barreau sur le plan contigu correspondre précisément à la ligne noire.

CAROLINE. — La réflexion sur le second plan n'est pas tout-à-fait horizontale ; que dois-je faire ?

Mme DE BEAUMONT. — Tournez le petit cercle *m*

jusqu'à ce que la réflexion coïncide avec la ligne noire ; tournez ensuite le grand cercle, et voyez si la réflexion sur le premier plan n'a pas cessé d'être horizontale ; remettez-la, s'il y a lieu, dans cette position, et répétez l'opération jusqu'à ce qu'elle soit correcte.

CAROLINE. — Tous ces essais sont très ennuyeux ; n'y a-t-il point de méthode plus expéditive ?

Mme DE BEAUMONT. — Avec un peu d'exercice, vous parviendrez à faire cela très promptement. Observez maintenant si le point 180° sur le grand cercle coïncide avec 0° ; sinon, tournez tant soit peu le grand cercle.

CAROLINE. — Je viens de le faire ; mais je ne vois plus la ligne de réflexion sur le premier plan.

Mme DE BEAUMONT. — N'importe ; vous n'avez qu'à tourner le cercle f, jusqu'à ce que vous aperceviez de nouveau la ligne de réflexion ; faites ensuite mouvoir le grand cercle, jusqu'à ce que la même ligne se voie sur le second plan : si vous avez opéré régulièrement, vous trouverez que l'angle formé par la rencontre des deux plans est de 105°, 5′.

CAROLINE. — Voyez ; c'est justement ce que je trouve.

Mme DE BEAUMONT. — Maintenant, tâchez de m'expliquer pourquoi la réflexion d'un objet fixe reflété par deux plans, donne avec tant de précision l'angle compris entre ces mêmes plans.

CAROLINE. — Il est à craindre que cette démonstration ne nous tienne long-temps, si vous m'en laissez tout le soin ; et Gustave, qui n'a pas manié l'instrument, ne comprendra rien à mon mauvais raisonnement.

Mme DE BEAUMONT. — Je vais donc moi-même vous démontrer la chose. Soit *abc* (*pl.* II , *fig.* 25) un rhomboïde primitif ou un fragment de carbonate de chaux ; soient aussi *ab*, *bc*, deux lignes imaginaires perpendiculaires à l'arète ou ligne d'intersection : en regardant sur le plan *ab*, vous voyez l'image *q* de la cheminée *p*, renversée sur la *ligne noire* ; donc si vous tournez le cristal, jusqu'à ce que vous voyiez la ligne de réflexion sur le plan *bc*, vous le faites mouvoir d'une quantité égale à l'arc *gd* qui est le complément de l'angle *abc* ; en effet, il est évident que par cette opération la ligne *fg* arrivera dans la position de *ed*.

CAROLINE. — C'est évident ; mais si le rhomboïde ne tourne que d'une quantité égale à l'angle *dbg* qui est aigu, pourquoi le secteur marque-t-il 105° 5' ?

Mme DE BEAUMONT. — Parce que le cercle est gradué depuis 0° jusqu'à 180 à partir du point *d* dans la direction de *f* et *e*, et que le demi-cercle inférieur est divisé de la même manière depuis 0°, dans le sens de *g* et *d*.

GUSTAVE. — J'aime beaucoup cet instrument ; il est si exact, et la construction en est si simple !

Mme DE BEAUMONT. — C'est une invention précieuse dont la minéralogie est redevable au docteur Wollaston. Parmi les minéraux qui ne cristallisent pas, il en est qui se présentent sous des formes tellement caractéristiques qu'elles suffisent pour en déterminer l'espèce ; telle est la forme *botryoïde* de la calcédoine et de la malachite.

GUSTAVE. — Quel sens attachez-vous au mot *botryoïde*?

Mme DE BEAUMONT. — Il sert à désigner les minéraux qui ont la forme d'une grappe de raisin. Quelques-uns présentent une forme *dentelée* ; d'autres ressemblent à des branches d'arbres ou à la mousse, et sont appelés *arborescents* ou *dendritiques*; mais je vous expliquerai mieux toutes ces formes, en vous montrant les substances même qu'elles affectent. La transparence n'est pas une propriété commune à tous les minéraux ; quelques-uns sont semi-transparens, comme la cornaline, et quelques espèces d'obsidienne; d'autres sont seulement *translucides*.

CAROLINE. — C'est-à-dire approchant de l'opacité?

Mme DE BEAUMONT. — Oui, c'est le sens qu'on attache à ce mot. Un petit nombre de minéraux acquièrent plus de transparence étant plongés dans l'eau ; telle est une espèce d'opale appelée hydrophane. Il est d'une grande importance d'observer la *cassure* récente d'un minéral, je veux dire la forme que présente un minéral dans sa partie récemment détachée d'une autre ; parce que cette partie est parfaitement nette, et permet mieux de distinguer la forme et l'éclat qui appartiennent à la substance, que les autres faces extérieures usées par le temps, ou altérées par diverses causes. Remarquez cependant qu'en vous parlant des différentes espèces de *cassure*, je ne comprends pas sous cette dénomination le *clivage* qui concerne exclusivement quelques minéraux cristallisés.

GUSTAVE. — Tous les minéraux qui cristallisent, ne comportent-ils pas la division par *clivage*.

Mme DE BEAUMONT. — Dans quelques minéraux cristallisés, le clivage s'obtient si difficilement qu'on pourrait douter qu'ils eussent cette propriété, si l'on ne connaissait d'avance la forme primitive; la cassure de ces substances est généralement conchoïde.

CAROLINE — Quelle est cette sorte de cassure?

Mme DE BEAUMONT. — Le mot signifie littéralement *semblable à une écaille*. Mais je vous dirai, pour plus de précision, que la cassure conchoïde ressemble beaucoup à une écaille de moule. Si, comme je l'ai dit plus haut, il est excessivement difficile d'obtenir le clivage de certains minéraux, il existe aussi des substances dans lesquelles la division s'opère si promptement par des sections parallèles à la forme primitive, qu'on aurait de la peine à y produire une *cassure*; telles sont le sulfate de baryte, le diamant, le carbonate et le fluate de chaux. Des fragments de ces dernières substances ayant une cassure conchoïde, sont précieux dans une collection de minéraux.

Au reste il ne faut pas vous attendre à rencontrer toujours une cassure parfaitement conchoïde; elle est souvent irrégulière et peu déterminée. La cassure varie suivant la texture du minéral. Dans les substances compactes, elle est tour à tour unie, conchoïde, squilleuse, inégale, terreuse, hachée. Cette dernière forme est particulière aux métaux natifs, comme vous pouvez le voir en cassant un morceau d'argent ou un fil de cuivre. La craie commune et *la terre à foulon* fournissent des exemples familiers de la cassure terreuse.

GUSTAVE. — Qu'entendez-vous par la cassure *inégale?* il me semble que les deux dernières espèces sont pareillement inégales.

Mme DE BEAUMONT. — Elles le sont aussi ; mais leur apparence est mieux caractérisée par les mots *terreuse* et *hachée*. Ces derniers mots rendraient mal l'idée qu'on se forme de la cassure inégale ; les pyrites de cuivre ont généralement cette cassure. La cassure *fibreuse* que donnent quelques minéraux peut être considérée comme un effet de leur structure ; elle est souvent produite par une cristallisation imparfaite, comme le montrent quelques espèces de zéolites et le sulfure d'antimoine, où il est quelquefois possible d'apercevoir, sur la surface extérieure de la masse, la limite des parties cristallisées. Cependant cela n'a pas toujours lieu ; ainsi l'amiante et l'asbeste se composent d'un faisceau de fibres soyeuses, sans aucune apparence de cristallisation. Une multitude de petits cristaux aciculaires (à aiguilles), ont des filons divergents qui aboutissent à un centre commun ; quand on brise la masse, elle présente une cassure qu'on appelle *rayonnée*; la wavellite est le plus bel exemple de ce phénomène que je puisse citer.

Caroline. —J'ignore ce que vous entendez par un cristal aciculaire.

Mme DE Beaumont. —C'est un cristal en forme d'aiguille; on donne ce nom à tous ceux qui sont très minces en comparaison de leur longueur.

Gustave. —Vous allez maintenant nous parler de *l'éclat* des minéraux; est-ce là un des caractères importants?

Mme DE Beaumont. —Assurément; lorsque des minéraux ont même couleur et même cassure, leur éclat ou *brillant* peut tenir lieu de caractère distinctif, tels sont la sanguine et le jaspe. On distingue les diverses nuances que présente le luisant des minéraux par les noms d'*éclat de diamant*, éclat *vitreux*, *huileux*, *résineux* et *perlé*. On distingue aussi l'éclat métallique, qui appartient à la mine de quelques métaux, et qui est toujours accompagné de la propriété qu'on appelle opacité.

Caroline. —Ce qu'on appelle *éclat de diamant* n'appartient-il qu'à cette dernière substance?

Mme DE Beaumont. — Non pas exclusivement; le carbonate de plomb blanc possède cette espèce de brillant.

Il serait superflu de vous expliquer le sens de ces dénominations, puisqu'elles se rapportent à des substances généralement connues. La cassure du quartz a presque toujours l'éclat *vitreux*; les zircons et les hyacinthes de Ceylan se distinguent par un *lustre huileux;* la pierre de poix et la demi-opale ont un éclat résineux, et le sulfate de chaux (sélénite) présente généralement une belle apparence perlée.

Gustave. — On ne doit pas être exposé à confondre ces nuances; elles ont des différences assez marquées.

Mme de Beaumont. — Vous aurez bientôt une occasion d'exercer votre discernement, et vous verrez qu'il n'est pas toujours très facile de déterminer quel est précisément l'*éclat* d'une substance. Souvent le lustre d'un minéral tient le milieu entre deux espèces, comme le quartz, dont le brillant vitreux approche fréquemment de l'apparence huileuse. Il faut distinguer non seulement l'espèce, mais le *degré* de brillant. Le plus haut degré s'appelle *splendescent;* viennent ensuite les nuances *claire, luisante, pâle;* et l'on descend graduellement jusqu'au *sombre,* qui appartient à la plupart des minéraux de cassure terreuse. On peut ici, comme pour les autres propriétés de la cassure, marquer les degrés intermédiaires par une expression accessoire. Ainsi nous disons : *une cassure fortement* ou *faiblement éclatante, d'un éclat tirant sur le sombre,* ou *tenant le milieu entre le clair et le luisant;* mais ces distinctions minutieuses sont rarement nécessaires, excepté lorsqu'il s'agit de définir une substance nouvellement découverte.

Caroline. — Je suis portée à regarder la *dureté* comme un des caractères les plus utiles pour découvrir la nature des minéraux, parce qu'elle est facile à apprécier.

Mme de Beaumont. — Vous avez raison ; la dureté est un caractère invariable dans la plupart des minéraux simples ; mais, ce qui vous étonnera, c'est que dans les corps cristallisés, les arêtes et les angles solides des cristaux *paraissent* plus durs que les faces.

Gustave. — Cela est fort singulier ; pouvez-vous nous expliquer ce phénomène ?

Mme de Beaumont. — On rend compte de cette différence apparente par deux raisons : d'abord une pointe angulaire *entamera* plus facilement un minéral, qu'une surface plane ; en second lieu, il est plus difficile dans les minéraux cristallisés de produire une cassure sur une pointe ou partie saillante, que de les fendre dans la direction du clivage. C'est pour cette raison que les lapidaires distinguent les angles d'un cristal dodécaèdre en *pointes dures* et *pointes tendres*. Ils appellent pointes dures les angles de l'octaèdre primitif, parce qu'ils ne peuvent les *fendre* ni les casser, et qu'ils sont obligés de les user *par le frottement*, avec la poudre de diamant, au lieu qu'ils détachent par le clivage les pyramides triangulaires inférieures qui forment les autres pointes.

Caroline. — Je dois donc, pour reconnaître la dureté d'un minéral, essayer s'il entame, ou s'il est entamé par un autre minéral dont la dureté m'est déjà connue?

Mme DE BEAUMONT. — Oui sans doute; mais il ne faut pas vous servir indifféremment de tous les minéraux que vous connaissez pour entamer un autre minéral; quelques-uns, quoique durs, sont extrêmement cassants, et vous courriez risque de les détruire; ainsi, prenez garde de ne pas confondre la dureté avec la *ténacité*, ou une substance *tendre* avec une substance frangible.

GUSTAVE. — Vous appelez frangibles les minéraux qui se brisent facilement?

Mme DE BEAUMONT. — Oui, c'est cela. Il existe des matières dures qui sont très frangibles ou cassantes, comme l'euclase et l'anthophyllite; d'autres, quoique fort tendres, ont beaucoup de ténacité; vous en avez un exemple dans l'asbeste et l'amiante, qui sont en même temps des minéraux *flexibles*.

CAROLINE. — Mettez-vous quelque différence entre la flexibilité et l'élasticité?

Mme DE BEAUMONT. — Ce n'est point la même chose: on appelle *flexible* une substance qui plie sans se rompre; mais un minéral élastique est celui qui étant plié ou courbé, retourne de lui-même à sa première forme. Le mica est élastique, mais le talc, qui d'ailleurs lui ressemble beaucoup, n'est que flexible. Les minéraux possédant la propriété qu'on nomme *adhérence* sont en très petit nombre.

GUSTAVE. —Je ne vois pas ce qu'on peut entendre par un minéral adhérent?

Mme DE BEAUMONT. — C'est une substance qui *adhère* ou s'attache à la langue, lorsqu'on l'y applique. L'ardoise *adhérente* doit son nom à cette propriété. Plusieurs espèces d'argile la possèdent aussi, mais dans un moindre degré. Je ne répéterai point ce que je vous ai déjà dit sur la pesanteur spécifique, et sur l'importance de ce caractère. Le *goût* est un indice qui ne concerne que les minéraux salins solubles dans l'eau, tels que le muriate de soude (ou roche salée) et l'alun; cette propriété affecte donc un très petit nombre de substances. On peut en dire autant de l'odeur, caractère également limité à quelques minéraux. Les uns répandent par le frottement une odeur particulière et désagréable, comme une espèce de pierre calcaire blanche, appelée pour cette raison *pierre puante* (stink-stone), d'autres ont une odeur faiblement sulfureuse, et vous pouvez vous en convaincre en frottant l'un contre l'autre deux morceaux de quartz.

CAROLINE. — Il m'est arrivé, après avoir frotté ensemble deux cailloux dans l'obscurité, d'en voir jaillir de la lumière, et de sentir l'odeur du soufre.

Mme DE BEAUMONT. —C'étaient des cailloux de quartz, et cette lumière que produit le frottement se nomme *phosphorescence*.

CAROLINE. — Est-ce qu'ils contiennent du phosphore?

Mme DE BEAUMONT.— Non ; mais cette lumière ressemble beaucoup à celle que donne le phosphore *. Quelques minéraux deviennent phosphorescents par l'action du feu ; telles sont plusieurs espèces de fluor, et quelques variétés de carbonate de chaux. L'électricité n'est pas pour vous une chose inconnue.

GUSTAVE. — Oui, je me souviens que vous m'avez dit autrefois que l'ambre était électrique ; lorsqu'on le frotte, il attire des parcelles de papier mince et des brins de coton.

Mme DE BEAUMONT. — Plusieurs substances deviennent électriques par le frottement ; mais dans quelques-unes cette propriété est excitée par la chaleur. Vous vous souvenez peut-être qu'il y a deux espèces d'électricité, qu'on appelle *positive* et *négative*; la première produite par le frottement du verre, l'autre par le frottement d'une substance résineuse ; par exemple, d'un bâton de cire à cacheter, qui, à raison de sa forme, est commode pour faire une expérience. Quand vous excitez cette propriété dans un minéral, par *échauffement*, l'électricité positive reste d'un côté, et la négative se range au côté opposé, et le minéral acquiert ainsi l'électricité *polaire*.

CAROLINE. — Cette propriété paraît très curieuse ; quel est le moyen de la déterminer?

* Le phosphore en combustion à la température ordinaire de l'air.

(Note de l'auteur).

Mme DE BEAUMONT. — On le fait à l'aide d'un petit instrument appelé *électromètre*, dont voici la description (*pl.* III, *fig.* 26) ; c'est une tige en verre *a* fixée sur une petite base en bois *b*, et à l'extrémité *c* est attachée une parcelle de papier doré *d* par le moyen d'un fil de soie. Prenez le minéral avec une paire de pincettes *d* dont le manche est en verre, et faites-le chauffer à la chandelle.

GUSTAVE. — Pourquoi le manche des pincettes est-il en verre?

Mme DE BEAUMONT. — Parce que le verre n'est pas *conducteur* de l'électricité, c'est-à-dire que ce fluide ne passe pas à travers. Voici un cristal de tourmaline, substance qui s'électrise très promptement: si, après l'avoir échauffée, vous présentez une de ses extrémités au papier doré, il l'attirera.

CAROLINE. — C'est vrai, je vois qu'il enlève le papier.

Mme DE BEAUMONT. — Mais si vous détachez le papier, et que vous lui présentiez ensuite le même côté du cristal, celui-ci repoussera le papier.

CAROLINE. — En effet, le papier fuit à un pouce de distance.

Mme DE BEAUMONT. — Maintenant il sera attiré par l'autre extrémité du cristal.

GUSTAVE. — Je crois en savoir la raison ; c'est parce que l'électricité n'est pas de la même espèce aux deux extrémités du cristal.

Mme DE BEAUMONT. — C'est cela même. Deux substances qui possèdent la même électricité se repoussent mutuellement, comme vous l'avez vu en présentant au papier doré le bout du minéral qui lui avait d'abord communiqué son électricité ; mais l'autre bout ayant une électricité différente, a dû immédiatement l'attirer.

CAROLINE. — Mais comment savoir quel est le côté du minéral qui possède l'électricité *positive* ou la *négative?*

Mme DE BEAUMONT. — En *chargeant* le papier doré avec l'une des extrémités de la tourmaline, et en essayant ensuite quel est le côté qui attire le papier.

GUSTAVE. — J'aimerais à trouver cela moi-même.

Mme DE BEAUMONT. — Soit ; électrisez par le frottement ce bâton de cire à cacheter, pour le présenter ensuite au papier doré ; frottez-le sur le tapis vert de la table, plutôt que sur votre manche, parce que la friction sera plus forte.

GUSTAVE. — Voici le côté qui a l'électricité positive ; il attire le papier.

Mme DE BEAUMONT. — Chargez de nouveau le papier, et présentez-lui l'autre côté.

GUSTAVE. — Comment cela peut-il se faire? Est-ce que les deux côtés possèdent l'électricité positive?

Mme DE BEAUMONT. — Non ; mais dans les corps électrisés par échauffement, l'électricité change de pôle dans l'intervalle du refroidissement.

Caroline. — Cette règle est-elle constante?

Mme de Beaumont. — Je le crois. Les minéraux qu'on peut électriser par échauffement sont en si petit nombre, que ce caractère est plus curieux que réellement utile. Mais je dois vous faire observer une particularité remarquable dans les substances qui ont ce caractère. Dans la plupart des minéraux, la cristallisation s'opère avec une symétrie parfaite : toutes les fois que le décroissement produit un plan sur un angle du noyau primitif, il en produit un pareil sur les angles homologues; en sorte que dans le cube et l'octaèdre où tous les angles et tous les côtés sont égaux, la cristallisation les affecte tous de la même manière (*pl.* I, *fig.* 12 et 13). Mais dans les minéraux qui s'électrisent par la chaleur, les deux pointes où résident les deux électricités différentes subissent différemment la cristallisation. Si vous examinez la tourmaline qui vient de servir à votre expérience, vous verrez une différence dans la configuration des deux extrémités.

Gustave. — Oui, il y a six plans d'un côté, et seulement trois de l'autre (*pl.* IV, *fig.* 65).

Mme de Beaumont. — Nous avons dans le borate de magnésie un exemple encore plus curieux de cette formation, puisque la forme primitive étant un cube, quatre angles alternes seulement ont été modifiés.

Caroline. — N'y a-t-il pas néanmoins dans ces

cristaux une sorte de régularité résultant de la position des angles modifiés ?

Mme DE BEAUMONT. — Oui, vous pouvez voir que, des quatre angles qui appartiennent à chaque surface carrée, deux sont modifiés et deux ne le sont pas ; que les angles non modifiés sont placés à des distances égales les uns des autres, et qu'ils *alternent* avec ceux qui sont modifiés.

En faisant l'expérience dont nous avons parlé plus haut, il faut éviter de noircir le minéral en le tenant sur la chandelle, parce qu'en l'essuyant le frottement pourrait l'électriser, lors même que ce ne serait pas une substance susceptible de recevoir l'électricité par échauffement. Il faut avoir soin aussi de ne pas l'échauffer trop.

GUSTAVE. — Est-ce qu'on affaiblirait par là le degré d'électricité ?

Mme DE BEAUMONT. — Si vous dépassez un certain degré de chaleur, la propriété électrique s'affaiblit graduellement, et finit par disparaître tout-à-fait ; et si vous continuez encore à élever la température, il y aura mutation de pôles, comme dans le refroidissement.

CAROLINE. — Il est fâcheux que l'électricité ne soit pas plus utile comme caractère distinctif des minéraux. Ce que vous m'en avez dit me paraît très curieux ; mais le magnétisme nous sera-t-il de quelque secours ?

Mme DE BEAUMONT. — Bien rarement ; mais c'est

une propriété facile à reconnaître à l'aide d'un aimant polaire.

GUSTAVE. — Est-ce un appareil différent d'un aimant ordinaire ?

Mme DE BEAUMONT. — Oui, l'aimant polaire est une petite aiguille d'acier aimantée *a* (*pl.* III, *fig.* 27) qui tourne sur un pivot avec une extrême facilité ; et quand on la laisse en repos, elle se dirige constamment vers le nord.

CAROLINE. — C'est donc exactement la boussole dont se servent les navigateurs ?

Mme DE BEAUMONT. — C'est absolument la même chose ; les deux extrémités de l'aiguille s'appellent *pôles-nord* et *pôles-sud;* et, sous ce rapport, le magnétisme ressemble à l'électricité ; car les pôles-nord de deux aimants se repoussent mutuellement, aussi bien que les deux pôles-sud ; au lieu que les pôles sud et nord s'attirent réciproquement. Plusieurs substances attirent l'une des pointes de l'aiguille aimantée à laquelle on les présente ; tels sont les pyrites magnétiques et les minéraux alliés à une portion considérable de fer ; mais quelques mines de fer jouissent de la *polarité,* c'est-à-dire qu'ils attirent un des pôles et repoussent l'autre.

GUSTAVE. — Je ne savais pas que le fer existât en assez grande quantité pour attirer l'aimant ailleurs que dans les mines de ce métal.

Mme DE BEAUMONT. — Il existe des masses de basalte qui attirent puissamment l'aiguille aimantée.

Quelquefois, cependant, l'alliage de fer dans certains minéraux est si peu considérable qu'on est obligé de disposer l'aiguille différemment pour augmenter la puissance magnétique. Pour cela, vous fixez le pôle nord A de l'aiguille (*fig.* 28) à l'est ou à l'ouest, par l'attraction d'un aimant plus fort B ; vous avancez cet aimant B jusqu'à ce que son attraction suffise pour maintenir l'aiguille dans la position voulue. Maintenant si quelque substance contenant du fer est rapprochée de l'aiguille, celle-ci marquera la présence du métal avec un *discernement* merveilleux.

CAROLINE. — Sur quoi pourrais-je en faire l'essai ?

Mme DE BEAUMONT. — Voici un fragment d'actinote qui produira sûrement un effet sur l'aiguille, quoiqu'il soit trop faible pour l'attirer lorsqu'elle est dans sa position naturelle.

CAROLINE. — En effet, l'aiguille se meut tant soit peu, mais très lentement.

Mme DE BEAUMONT. — Mais à mesure que l'aimant retourne à sa position naturelle, son mouvement devient plus rapide. La raison en est évidente. L'aimant tend constamment à se diriger vers le nord et le sud, et l'actinote, par le faible alliage de fer qu'elle contient, n'aurait pas la force d'arrêter cette tendance ; mais lorsque l'attraction du pôle et celle de l'aimant B, sont à peu près égales, la plus faible attraction ajoutée à celle du pôle, doit déterminer le retour de l'aiguille à sa première situation.

CAROLINE. — Tout cela me paraît évident.

Mme DE BEAUMONT. — Maintenant, si vous le trouvez bon, je vous ferai connaître l'usage du *chalumeau*.

GUSTAVE. — C'est apparemment un instrument de chimie?

Mme DE BEAUMONT. — Oui, et un instrument très utile aux minéralogistes.

GUSTAVE. — En faites-vous usage pour analyser les minéraux?

Mme DE BEAUMONT. — Ce n'est pas là précisément l'objet qu'on se propose dans l'usage du chalumeau, quoiqu'il puisse servir à décomposer un grand nombre de substances. C'est un tube de métal qui a la propriété de diriger et de concentrer la flamme d'une lampe ou d'une chandelle, afin de produire une plus grande intensité de chaleur, au moyen d'une colonne d'air entretenue sur la flamme sans interruption.

CAROLINE. — Il me semble que l'air doit éteindre la lumière.

Mme DE BEAUMONT. — Cela n'est pas à craindre lorsque l'air s'échappe par une très petite issue, comme dans le chalumeau. On a inventé plusieurs espèces de chalumeaux, dont quelques-uns alimentent la flamme par un courant d'air atmosphérique, ou d'oxygène, ou de quelque autre gaz inflammable, tels que la vapeur de l'alcool en ébullition; mais tous ces nouveaux moyens ont leurs inconvénients pour un minéralogiste. Le chalumeau qui produit le plus haut degré de chaleur est celui du docteur Clarke, qui remplace la flamme ordinaire par un courant d'oxygène et d'hydrogène préalablement condensés, * dont l'intensité est telle qu'elle met en fusion toutes les substances.

L'oxygène produit également une chaleur intense ; mais comme elle réduit immédiatement en fusion les minéraux soumis à son action, elle ne permet pas d'apercevoir les changements successifs qui précèdent la fusion avec une chaleur plus modérée, et qu'il est toujours bon de remarquer. La vapeur inflammable produit une flamme abondante, mais flottante et variable, qui n'a pas constamment l'intensité requise pour le but qu'on se propose ; l'air atmosphérique, non plus que les gaz mentionnés ci-dessus, ne peut être fourni que par un appareil mécanique plus ou moins embarrassant, que le minéralogiste n'a pas toujours la facilité de porter avec lui.

GUSTAVE. — Quelle est donc l'espèce d'air généralement préférée ?

Mme DE BEAUMONT. — On a reconnu que l'air résultant de la respiration, produisait à peu près le même effet que l'air atmosphérique ; ainsi, à l'aide d'un chalumeau portatif, on peut alimenter

---

* Pour une description plus détaillée de cet instrument (plus précieuse pour le chimiste que pour le minéralogiste), le lecteur pourra consulter un écrit publié sur ce sujet par le docteur Clarke de Cambridge.

le courant d'air avec la bouche ; cette facilité rend l'instrument infiniment commode.

CAROLINE. — Est-il facile de s'en servir?

Mme DE BEAUMONT. — Il faut de la pratique pour parvenir à produire un courant d'air égal et continu. Tout l'art consiste à respirer facilement par les narines, lors même que les joues et les lèvres sont enflées par l'air, afin de ne pas interrompre le courant d'air en respirant par la bouche. Lorsque vous aurez l'habitude de cet exercice, vous pourrez souffler long-temps dans le chalumeau sans être fatiguée, pourvu que vous évitiez de souffler trop fort.

GUSTAVE. — Les deux chalumeaux que voici (*fig.* 29 *et* 30) sont-ils disposés pour être alimentés par la respiration?

Mme DE BEAUMONT. — Oui ; la principale différence qui les distingue, est l'addition d'un petit cylindre creux *c* (*fig.* 29), dans lequel sont condensées et retenues les vapeurs de l'haleine. L'autre, appelé chalumeau de Wollaston, n'a pas ce renflement, mais il est plus portatif, étant composé de trois pièces (*fig.* 30) qui se démontent à volonté ; on peut insérer le tube *b* (*fig.* 3) dans l'autre, et boucher ce dernier avec le tuyau d'embouchure, ce qui réduit le tout à un très petit volume, fort commode pour voyager. Allumez une chandelle et vous essaierez de faire une expérience.

CAROLINE. — Une lampe n'est-elle pas préférable?

Mme DE BEAUMONT. — Non ; c'est la bougie qui convient le mieux pour ce procédé. Avant de commencer, j'ai soin de recourber un peu la mèche en l'écartant de l'ouverture du chalumeau.

GUSTAVE. — Quelle flamme pure et soutenue !

Mme DE BEAUMONT. — Observez que la flamme ainsi dirigée a la forme de deux cônes renfermés l'un dans l'autre ; le cône extérieur est d'une blancheur jaunâtre, l'autre a une couleur bleue pâle ; c'est précisément au point où la flamme est bleue que la chaleur est la plus intense.

CAROLINE. — Mais sur quoi placez-vous le minéral qui doit être soumis à l'action de la flamme ?

Mme DE BEAUMONT. — Plusieurs substances peuvent servir de support, suivant la nature du minéral objet de l'expérience. Pour la réduction des mines métalliques on emploie généralement le charbon ; il faut en choisir un morceau bien sain et d'une texture serrée ; autrement il peut se faire qu'au milieu de l'opération, le globule fondu disparaisse dans une fente.

GUSTAVE. — Ne pourrait-on pas employer de préférence d'autres substances plus solides et incombustibles ?

Mme DE BEAUMONT. — On ne le peut pas toujours. Il est aisé de faire dans le charbon une petite excavation qui sert comme de creuset pour placer la mine. Quand on veut opérer sur des minéraux terreux, on les place sur de petites bandes de platine en feuille.

CAROLINE. — Pourquoi préfère-t-on ce dernier métal ?

Mme DE BEAUMONT. — Parce qu'il est moins fusible que tous les autres, et qu'il ne propage pas la chaleur aussi loin ; vous pouvez, sans inconvénient, tenir par un bout la bande de platine dans vos doigts, tandis que l'autre extrémité est exposée à l'action du chalumeau. Pour quelques minéraux métalliques très fusibles, on trouve commode l'emploi d'une pincette en platine ; mais il faut recourir au platine en feuille, lorsqu'on veut accélérer la fusion au moyen des *flux*.

GUSTAVE. — Qu'entendez-vous, je vous prie, par les *flux?*

Mme DE BEAUMONT. — Ce sont des substances qu'on mêle surtout avec les minéraux métalliques pour dissoudre la matière terreuse qui se trouve combinée avec les oxydes ; les flux, presque incolores par eux-mêmes, reçoivent facilement la couleur qui leur est communiquée par le métal oxydé. Pour vous en donner un exemple, je vais mêler à une partie de borax, prise comme flux, une très faible addition de mine de cobalt.

CAROLINE. — Croyez-vous qu'une si petite quantité suffira ?

Mme DE BEAUMONT. — Je crains seulement d'en avoir trop mis. La couleur des oxydes métalliques est si intense, qu'une quantité égale en volume à la tête d'une petite épingle, suffit amplement pour le dessein qu'on se propose. Si la dose était trop forte, le résultat serait un verre de couleur noire.

Caroline. — Je vois que vous ne l'exposez pas d'abord à la partie la plus ardente de la flamme.

Gustave. — Comme le borax bout et petille !

Mme de Beaumont. — J'aurais mieux fait d'employer ce qu'on appelle *verre de borax*, ou le borax dégagé par la chaleur de l'eau qu'il contient généralement, et qui a l'apparence du verre.

Caroline. — Il s'élève maintenant au-dessus du minéral une fumée blanche.

Mme de Beaumont. — Elle est occasionnée par l'arsenic qui s'y trouve contenu ; l'odeur de cette vapeur est le signe caractéristique de l'arsenic.

Gustave. — Je la trouve bien désagréable.

Caroline. — C'est exactement l'odeur de l'ail.

Mme de Beaumont. — Voilà mon expérience terminée.

Caroline. — Le cobalt a communiqué au verre une belle couleur bleue.

Mme de Beaumont. — C'est à l'aide de cette simple opération que vous pouvez toujours découvrir la présence du cobalt, de l'arsenic et de plusieurs autres substances. Mais ce n'est pas le moment de vous expliquer l'effet que produit l'action du chalumeau sur toutes les variétés de métaux.

Gustave. — Je ne connais point d'expérience plus amusante, plus facile dans l'exécution, et plus satisfaisante dans ses résultats.

Mme de Beaumont. — Si jamais vous voyagez, procurez-vous un petit assortiment qu'on ap—

9

pelle le *Manuel du minéralogiste*. C'est un étui qui contient un goniomètre ordinaire, un électro-mètre, une boussole ou aimant polaire, un chalu-meau, une paire de pincettes en platine, une feuille du même métal et de petites bouteilles pleines de flux et d'acides.

CAROLINE. — Quel usage fait-on des acides ?

Mme DE BEAUMONT. — Leur effet varie selon les substances auxquelles on les ajoute. Quelques mi-néraux pulvérisés acquièrent en quelques heures, par l'action d'un acide, la consistance d'une gelée parfaite; les carbonates natifs sont mis en effer-vescence par le même agent, avec plus ou moins de force.

GUSTAVE. — Tout minéral qu'un acide met en effervescence, est-il un carbonate?

Mme DE BEAUMONT. — Oui ; mais n'oubliez pas que la présence d'une matière étrangère combinée avec le carbonate, peut ralentir considérablement l'effervescence ; souvent on ne l'aperçoit qu'avec le secours de la loupe. Quelquefois on est obligé d'y ajouter un peu d'eau, parce que l'acide serait trop fort pour produire l'effet désiré. Si vous craignez que l'acide carbonique ne passe à l'état aériforme, vous pouvez en pulvériser un peu, et le projeter dans une juste proportion d'acide.

CAROLINE. — Mais je ne comprends pas pourquoi un minéral entrerait en effervescence par la seule raison qu'il est dans l'état d'un carbonate.

Mme DE BEAUMONT. — Parce que l'effervescence

est le dégagement de l'acide carbonique qui prend
la forme d'un gaz, lorsqu'il se sépare de tout ingrédient étranger.

GUSTAVE. — Il n'est donc pas liquide?

Mme DE BEAUMONT. — Non; c'est un acide aériforme, plus pesant que l'oxygène ou air commun.
En faisant une dissolution saline, vous dégagez
l'acide carbonique du carbonate de potasse ou de
soude, par l'addition du jus de citron qui contient de l'acide citrique, et vous voyez l'acide carbonique s'échapper en forme de petites bulles. La
même chose a lieu toutes les fois qu'un puissant
acide est mis en contact avec un carbonate.

Le peu que nous avons dit sur la minéralogie
chimique, doit vous montrer suffisamment combien elle est utile pour distinguer une substance
d'une autre; quant à l'action des acides, des alcalis, du chalumeau sur d'autres substances minérales, je vous la ferai connaître à mesure que ces
minéraux viendront s'offrir à vos yeux.

SIXIÈME ENTRETIEN.

Classification des minéraux. — Tableau des minéraux à base terreuse. — Examen de la famille des quarts.

Mme DE BEAUMONT, CAROLINE, GUSTAVE.

CAROLINE. — Quelle superbe collection ! Si tous les minéraux étaient brillants comme ceux-ci, j'en serais émerveillée.

Mme DE BEAUMONT. — Si c'est le brillant des minéraux qui vous plaît par-dessus tout, votre admiration cessera sans doute en voyant un tiroir plein de charbon et d'argile ; mais lorsque vous serez plus avancée dans cette étude, vous trouverez curieux et intéressants des morceaux sur lesquels vous daigneriez à peine *maintenant* jeter un regard.

GUSTAVE. — Sont-ce là des améthystes, maman ? Leur couleur me le ferait présumer.

Mme DE BEAUMONT. — Oui ; mais il ne faut pas s'en rapporter uniquement à leur couleur pourprée, car voici un autre échantillon que je vous donne

pour une améhytste, bien qu'il soit sans couleur.
Les anciens Grecs (qui avaient connu cette substance de temps immémorial), donnèrent à la
variété pourprée le nom d'*améthyste* *, parce qu'ils
lui supposaient la vertu de prévenir l'ivresse. C'est
pour cela qu'ils portaient souvent une bague ou
quelque autre ornement composé de ce minéral,
comme un talisman qui leur permettait de boire
impunément outre mesure.

GUSTAVE. — Quel étrange préjugé! Pourrait-on
en soupçonner l'origine?

Mme DE BEAUMONT. — On présume qu'il était
fondé sur la ressemblance de couleur dans le vin
et dans l'améthyste (car ce nom fut d'abord donné
exclusivement à l'espèce pourprée). Au reste, cette
opinion n'était pas plus absurde que le préjugé qui
portait à prescrire (même en Angleterre) un remède noir ou jaune pour la jaunisse, selon qu'elle
affectait l'une ou l'autre de ces couleurs; parce
qu'on était persuadé que l'analogie des couleurs
rendait le remède plus efficace **!

CAROLINE. — Je ne comprends pas comment on
a pu adopter des erreurs si ridicules et les trans-
mettre à d'autres.

GUSTAVE. — Avant d'aller plus loin, auriez-vous
la bonté de me dire pourquoi l'améthyste se trouve

---

* Composé d'α privatif, et de μέθυσος, *ivre*.

** En 1644, sir Kenelm Digby publia un ouvrage *sur la
nature des corps*, dans lequel il traitait fort au long le chapitre des *sympathies*.

placée en tête de votre collection, préférablement
à toute autre pierre précieuse?

Mme DE BEAUMONT. — Je suis bien aise que vous
aimiez à savoir la raison des choses. Ce n'est pas
comme *pierre précieuse* que l'améthyste a le pas
sur d'autres substances ; c'est parce qu'elle est une
espèce de *quartz* ou cristal de roche qui mérite,
pour plusieurs raisons, d'occuper la première place
dans le système, ainsi que je vais vous le montrer.
On ne peut fonder un système de minéralogie que
sur les propriétés chimiques des minéraux, ou sur
leurs caractères physiques, ou sur une combinaison des deux ensemble. Ce dernier moyen a paru
le plus convenable, sinon le plus utile; en sorte
qu'il a été généralement adopté; mais les opinions
ne sont pas d'accord sur l'importante question qui
se présente d'elle-même, et qui est de savoir *par
où commencer*. Les minéralogistes français qui ont
donné une attention particulière à la cristallisation
des minéraux * l'ont considérée comme le caractère le plus important, et ont placé généralement
en tête de leurs systèmes, les minéraux composés
d'une terre et d'un acide. Dans l'école allemande,
on paraît avoir pris arbitrairement une substance
pour commencer le système ; et dans la distribu-
tion des *genres* et des *familles*, on a moins con-
sulté les propriétés constatées par la Chimie, que

* C'est à l'abbé Haüy que nous sommes redevables de la sa-
vante théorie qui explique la structure des cristaux.

les caractères physiques ; et même parmi ces derniers, on a compté presque pour rien un caractère
qui est certainement plus variable lorsqu'il affecte,
un minéral ; je veux dire la forme cristalline. Mais
examinons s'il n'existe pas un *ordre naturel* auquel
il serait bon, jusqu'à *un certain point*, de se con-
former dans la formation d'un système.

CAROLINE. — Certainement si un tel ordre existe,
il serait avantageux de l'adopter.

Mme DE BEAUMONT. — Nous savons que les grandes
masses qui forment la croûte du globe, se composent principalement des corps appelés *terres*. Ces
terres sont incomparablement plus abondantes que
les substances métalliques, alcalines ou inflammables ; elles passent aussi généralement pour être plus
anciennes. Ceci vous étonne sans doute, et votre
surprise est naturelle ; mais c'est une opinion uni-
versellement adoptée par les minéralogistes que
les différentes parties du globe terrestre ne sont
pas d'origine contemporaine.

GUSTAVE. — Comment pourrait-on prouver cette
supposition ? Sur quoi se fonde l'opinion que les
différentes parties du monde n'ont pas été formées
en même temps ?

Mme DE BEAUMONT. — On a été conduit à cette
conclusion par l'examen attentif de la structure
géologique des diverses contrées ; c'est encore ce
qui prouve l'alliance intime de la minéralogie et
de la géologie, puisque vous voyez que l'une ne
saurait être parfaitement comprise sans l'assistance

de l'autre. Lorsque vous saurez quelque chose en Minéralogie, je vous parlerai sommairement de la branche géologique, mais il faut pour le moment tenir pour démontré ce que j'aurai avancé là-dessus, comme vous admettez sans preuve les axiomes d'Euclide.

CAROLINE. — En vérité, madame, je m'estimerai heureuse lorsque vous me jugerez capable de comprendre les preuves de votre doctrine; mais je dois, en attendant, me tenir en garde contre le scepticisme.

Mme DE BEAUMONT. — Je ne doute pas que vous ne soyez un jour satisfaite des arguments qui démontrent mes assertions.

La connaissance des différents âges des minéraux nous autorise à les disposer suivant un ordre naturel et successif dans nos classifications. J'ai donc commencé par la silice (dans sa forme la plus pure) parce que c'est la plus ancienne et la plus abondante des substances minérales. On divise communément les minéraux en quatre classes, savoir : les minéraux *terreux*, *salins*, *métalliques* et *inflammables* *. D'habiles minéralogistes subdivisent la première classe en minéraux *terreux*, et *minéraux terreux acidifères*, ce qui rend la classifica-

* *Inflammable* et *combustible* ne sont pas synonymes. Tous les métaux sont combustibles, c'est-à-dire susceptibles de s'unir avec l'oxygène; mais on ne dit pas qu'ils soient inflammables, parce qu'ils ne brûlent pas dans l'air atmosphérique.

tion plus conforme aux principes de la Chimie; j'ai donc adopté aussi la même subdivision.

GUSTAVE. — Vous appelez sans doute minéraux *acidifères*, ceux qui ont un acide parmi leurs éléments constitutifs.

Mme DE BEAUMONT. — Cela est vrai; observez cependant que tous les minéraux acidifères ne sont pas compris dans une seule classe. Les acides peuvent se trouver combinés avec les terres, avec les alcalis, avec les métaux; quelquefois même un acide est en combinaison avec une terre et un alcali simultanément.

CAROLINE. — Tous les métaux alcalins ne peuvent donc pas se classer ensemble?

Mme DE BEAUMONT. — Non; mais on fait entrer dans la classe saline ceux qui, ayant pour élément principal un alcali, sont solubles dans l'eau.

Les minéraux inflammables sont le soufre et toutes les substances bitumineuses, carbonatées ou résineuses. Mais ces deux divisions sont beaucoup plus limitées que les autres.

GUSTAVE. — La classe des métaux doit être la plus étendue, puisque les variétés minérales sont plus nombreuses que les terres et les alcalis.

Mme DE BEAUMONT. — Votre méprise est bien pardonnable; mais vous allez voir que les minéraux métalliques tiennent la moitié moins de place dans mon cabinet que les minéraux terreux.

GUSTAVE. — Cela me paraît incroyable; je n'en vois pas la raison.

Mme DE BEAUMONT. — Quelque nombreuses que soient les combinaisons des métaux, elles présentent en général moins de diversité que les minéraux à base terreuse. Chaque espèce a un caractère plus fixe, et leur plus grande variété est dans leur cristallisation; par exemple, dès que vous avez vu un morceau de sulfure de plomb ou d'oxyde de cuivre rouge, vous n'êtes pas exposée à le confondre avec une autre substance, bien que la forme cristalline de ces métaux varie beaucoup. Mais il n'en est pas de même des minéraux terreux. La matière colorante n'y est souvent qu'accidentelle, et en petite quantité; cependant elle suffit pour imprimer un caractère différent à plusieurs échantillons de la même substance. Il y a une autre raison qui explique pourquoi les mines terreuses ont des apparences plus variées que les mines métalliques; les grands réservoirs de tous les minéraux sont des rochers et des masses de pierre, composées de terres; ces minéraux se trouvent fréquemment incorporés à des roches d'une nature et d'une composition différentes; et le caractère de plusieurs minéraux terreux varie selon la nature de la masse qui leur sert de lit.

CAROLINE. — Ne peut-on pas en dire autant des minéraux métalliques?

Mme DE BEAUMONT. — Non; quelques métaux, il est vrai, se trouvent minéralisés par des terres qui sont la silice, l'alumine et l'yttria; mais ils sont en même temps unis à l'oxygène, au soufre ou à un acide, quelquefois même on les trouve à l'état d'alliage; et les caractères de tous ces composés ne dépendent point de la nature de la roche environnante.

Gustave. — Vous voulez par là nous prouver qu'un minéral terreux ne peut être incorporé dans une masse de rocher sans que les parties des deux substances se mêlent entre elles.

Mme de Beaumont. — C'est ce qui a lieu généralement pour tous les minéraux qui ne cristallisent pas; ceux même qui admettent la cristallisation sont quelquefois affectés par la nature de leur lit ou dépôt, mais très rarement.

Chaque classe de minéraux se divise en *genres*, contenant une ou plusieurs *familles*; et chaque famille se subdivise en plusieurs *espèces* ou *variétés*.

Caroline. — Puisque vous classez les minéraux par *genres*, je ne vois pas ce que vous entendez par *familles*. Ces deux mots me paraissent désigner la même chose.

Mme de Beaumont. — Le premier de ces mots a une signification plus générale; il est naturel que dans la classification des minéraux terreux, nous commencions par distinguer les principaux *genres* de substances terreuses. Nous avons par conséquent le genre siliceux, le genre alumineux, le genre calcaire et quelques autres moins importants. Le genre siliceux comprend toutes les pierres qui ont la silice pour élément principal; toutes celles qui sont principalement composées d'alumine, appartiennent au genre alumineux, et ainsi de suite. Mais parmi ces pierres, il en est plusieurs qui sont presque la silice *pure*, et qui ont entre elles beaucoup de ressemblance par leurs caractères extérieurs et physiques, c'est-à-dire, par leur pesanteur spécifique, leur dureté, leur texture, etc. Toutes celles-là sont censées appartenir à *une même famille*. D'autres familles résultent de la réunion des minéraux qui, n'admettant la silice que pour une moitié de leur masse, renferment aussi une autre terre comme élément constitutif, et qui ont d'ailleurs entre eux quelques caractères extérieurs communs, comme la famille du feldspath. Mais vous comprendrez mieux cela après avoir vu quelques minéraux. Voici, en attendant, un tableau de la première classe, telle que je l'ai établie.

CLASSE TERREUSE.

Iᵉʳ ORDRE. *MINÉRAUX TERREUX.*

1ᵉʳ GENRE. (Siliceux.)

Familles. Caillou. Grenat. Idocrase. Schorl. Épidote. Pierre de poix. Zéolite. Lazulite. Feldspath. Mica. Ardoise. Argile. Lithomarge. Hornblende. Augite.

2ᵉ GENRE. (Magnésien.)

Familles. Magnésite. Talc. Chrysolite.

3ᵉ GENRE. (Alumineux.)

Familles. Rubis. Néphéline. Topaze. Cyanite.

4ᵉ GENRE. (Zircone.)

Famille. Zircon.

5ᵉ GENRE. (Glucine.)

Famille. Emeraude.

IIᵉ ORDRE. *MINÉRAUX TERREUX ACIDIFÈRES.*

1ᵉʳ GENRE. (Calcaire.)

Familles. Carbonates. Phosphates. Fluates. Sulfates. Silicates. Borosilicates. Arséniates. Tungstates.

2ᵉ GENRE. (Alumineux.)

Familles. Sulfates. Phosphates. Fluates. Mellates.

3ᵉ GENRE. (Magnésien.)

Familles. Carbonates. Sulfates. Borates.

4ᵉ GENRE. (Barytique.)

Familles. Carbonate. Sulfate.

5ᵉ GENRE. (Strontiane.)

Familles. Carbonate. Sulfate.

GUSTAVE. — Je ne vois point ici de famille particulière pour les pierres précieuses.

Mme DE BEAUMONT. — L'erreur des anciens minéralogistes, qui regardaient toutes les pierres précieuses comme composées des mêmes éléments, a fait place à des idées plus saines. On classe maintenant ces pierres suivant la nature de leur composition, qui présente des différences essentielles dans plusieurs espèces. L'améthyste n'est qu'une espèce de quartz.

CAROLINE. — Vous nous avez dit que toutes les terres pures étaient blanches ; d'où provient la belle teinte pourprée qui colore celle-ci ?

Mme DE BEAUMONT. — Cette couleur est due à une légère portion d'oxyde de fer et de manganèse. Dans quelques morceaux plus pâles, vous pouvez apercevoir de petites touffes de fibres (qui sont des cristaux d'oxyde de fer et de manganèse). C'est précisément autour de ces fibres que la couleur est plus foncée.

CAROLINE. — Oh ! c'est vraiment une merveille ! ces fibres ressemblent à de petits pinceaux en cheveux.

GUSTAVE. — Cela montre évidemment que la couleur n'est pas un attribut *nécessaire* de l'améthyste ; mais quels sont donc ses caractères essentiels ?

Mme DE BEAUMONT.—L'améthyste, comme toutes les espèces comprises dans la famille du quartz, se distingue par un certain degré de dureté ; vous ne pouvez l'entamer avec le couteau ni avec le verre.

CAROLINE. — Pour distinguer une véritable améthyste d'une fausse, il suffit donc d'essayer si elle entame le verre?

Mme DE BEAUMONT. — Un moyen beaucoup plus sûr, c'est d'essayer si elle entame le quartz, parce que la plupart des compositions que l'on a faites pour imiter les pierres précieuses ont assez de dureté pour attaquer le verre. La pesanteur spécifique du quartz, dans ses différentes espèces, est à peu près de 2,6. Toutes ses variétés sont cassantes et fusibles au chalumeau, sans l'addition d'une autre substance. Le caractère distinctif de l'améthyste est cette cassure grossièrement fibreuse, ou cette texture en petites colonnes, qui est plus facile à apercevoir dans cet échantillon blanc que dans les autres.

GUSTAVE. — N'est-ce pas là une cassure *rayonnée?*

Mme DE BEAUMONT. — Elle est rayonnée dans ce morceau; mais ce caractère n'est pas constant dans l'améthyste.

CAROLINE. — Ayez la bonté de me prêter une loupe; il me semble que l'enveloppe de cette pierre est cristallisée.

Mme DE BEAUMONT. — La plupart des minéraux à texture fibreuse ou rayonnée, se composent d'une agrégation de cristaux. Cette disposition s'appelle *structure fasciculaire* (en faisceaux). Il vous serait difficile d'apprécier les cristaux de la pierre que vous avez dans la main, parce que leurs pointes sont petites et imparfaites; mais ils sont exactement semblables à ces cristaux de roche que leur dimension plus étendue vous permettra d'observer. (*pl.* III, *fig.* 35, 36.)

GUSTAVE. — Ce morceau est-il une améthyste dans sa totalité? Il me semble que les pointes de cristaux sont couvertes d'une autre substance qu'on prendrait pour de l'agathe.

Mme DE BEAUMONT. — C'est la calcédoine, un des éléments constitutifs de la plupart des agathes. Il n'est pas rare de rencontrer l'améthyste fibreuse et cristallisée dans le centre des globules d'agathe. Mais dans ces cas, les pointes des cristaux ne sont pas *alitées* dans l'agathe, elles semblent croître par-dessus, en sorte que les pyramides paraissent occuper seules la cavité de ces globules. Les échantillons cristallisés que vous venez de manier ont été apportés de la Sibérie. Voici d'autres fragments qui viennent du Brésil.

GUSTAVE. — Ces fragments me causent quelque embarras; je n'y vois pas les marques de la texture fibreuse.

Mme DE BEAUMONT. — Cela doit être, puisque la cassure est conchoïde; il en est de même de la partie cristallisée de toutes les améthystes *. Mais les variétés fibreuses se brisent si facilement en frag-

---

* On peut dire que la cassure de l'améthyste est fibreuse dans une masse considérable, et conchoïde dans une petite dimension.

ments à colonnes, qu'on n'aperçoit pas d'abord la *cassure croisée*, comme l'appellent les minéralogistes.

CAROLINE. — Je la vois très bien, maintenant que vous me la faites remarquer.

Mme DE BEAUMONT. — Il est probable que les améthystes du Brésil sont des fragments d'une masse considérable, en partie fibreuse et en partie cristallisée. Que dites-vous de l'éclat de la cassure ?

CAROLINE. — C'est, je crois, l'éclat vitreux ; mais je ne saurais déterminer le degré du brillant.

Mme DE BEAUMONT. — Les variétés de l'éclat le plus vif se nomment *brillantes* ; celles qui ont un éclat moins vif s'appellent *luisantes* ; mais le *lustre extérieur* des corps varie depuis le splendescent jusqu'au sombre.

GUSTAVE. — J'appellerais celui que vous nous montrez là, *tout-à-fait* sombre. Mais quelle bizarrerie dans l'agrégation des cristaux !

Mme DE BEAUMONT. — Cela est vrai ; un pareil arrangement n'est pas ordinaire. Lorsque de grands cristaux paraissent environnés d'autres cristaux plus petits, ces groupes prennent le nom de cristaux *à bourgeons*. Ce morceau vient de la Hongrie. Ceux qui ont leurs sommets de couleur blanche, viennent du Mexique ; les autres ne présentent rien de remarquable ; il s'en trouve de toutes les nuances intermédiaires entre le noir bleu de prune et le blanc. Quelquefois les pointes des cristaux sont de couleur pourpre, et le reste d'une teinte verdâtre.

Quelques-uns ont une apparence laiteuse; d'autres, nuancés d'une couleur pourprée tirant sur le brun, sont à peu près opaques.

CAROLINE. — Vous avez en vérité un magnifique assortiment de couleurs.

GUSTAVE. — Les pays dont vous avez parlé sont-ils les seuls qui fournissent l'améthyste?

Mme DE BEAUMONT. — Non, certainement; on en trouve considérablement dans plusieurs parties de l'Allemagne, de la Saxe et de la Bohême; en Suède, en Suisse, en France, en Espagne, en Islande et dans les îles Fero. J'en ai un morceau qui a été apporté de Mayo en Irlande. Mais la plupart de celles dont les bijoutiers font usage viennent de Cambaie dans l'Inde, du Brésil et de la Sibérie. On en trouve aussi dans la Perse. Le plus gros morceau d'améthyste dont j'aie eu connaissance, s'est vendu il y a quelques mois à la douane de Londres; il pesait 130 livres, et la longueur des cristaux variait depuis un jusqu'à quatre ou cinq pouces. Il est maintenant dans la collection de *l'Institution royale*.

CAROLINE. — On m'en a déjà parlé, mais je ne crois pas qu'il soit d'une bonne couleur.

Mme DE BEAUMONT. — Non; il n'aurait rien valu pour être taillé.

GUSTAVE. — Dans quelle espèce de roche trouve-t-on l'améthyste?

Mme DE BEAUMONT. — C'est principalement dans les veines des montagnes, où elle se rencontre mêlée aux mines métalliques ou à l'agathe. Les roches de pierre verte et de porphyre en contiennent aussi. Toutes les améthystes et tous les quartz de Bristol se trouvent unis à la pierre de fer. Il existe un échantillon apporté du Cornouailles, qui renferme une espèce de fer à miroir.

Caroline. — J'espère bien en trouver moi-même, quand j'irai visiter le comté de Cornouailles ; je ne reviendrai pas sans avoir vu les merveilles souterraines du pays.

Mme de Beaumont. — Il n'est pas impossible que vous y trouviez quelques améthystes, mais je crains que votre espérance ne soit trompée, parce que ces sortes de pierres y sont fort rares ; il vous sera plus facile d'en rapporter quelques beaux morceaux de quartz ordinaire et de cristal de roche.

Gustave. — Les cristaux de roche que vous avez là viennent-ils du Cornouailles ?

Mme de Beaumont. — Non ; je ne crois pas que la Grande-Bretagne en ait fourni de cette dimension ; cet échantillon vient de Madagascar, la plupart des autres sont du Dauphiné. Le groupe en cristal de roche que vous voyez sur la commode, et dont les cristaux ont presque un pied de long, a été apporté de Madagascar ; il s'en trouve de plus gros encore dans le Musée britannique.

Caroline. — Comme ils sont transparents et parfaitement cristallisés ! Est-ce là un cristal primitif ? (*pl*. III, *fig*. 36.)

Mme de Beaumont. — Non ; c'est bien une des formes les plus communes dans le cristal de roche, mais ce n'est pas la plus simple. La forme primitive est un rhomboïde tant soit peu obtus *. (*pl*. III, *fig*. 32).

Gustave. — Je vous prierai de m'en montrer des modèles, car je n'en vois point ici.

Mᵐᵉ DE Beaumont. — Ils sont d'une très petite dimension; voilà pourtant un morceau qui vous en donnera une idée.

Gustave. — Je vois maintenant ce que c'est; ils sont d'une couleur brune.

Caroline. — Ces petites pierres sont-elles aussi des cristaux de roche?

Mᵐᵉ DE Beaumont. — On comprend sous ce nom les cristaux prismatiques transparents de quartz, tels que ceux du Dauphiné, ou la variété jaune qu'on tire du Brésil. Ils appartiennent tous à la famille du quartz; mais le minéral s'appelle quartz commun, lorsque le prisme est très court, comme dans ceux-ci (*fig*. 35), ou lorsqu'il n'est pas transparent. C'est de Bristol que viennent mes cristaux primitifs, et ceux (*fig*. 33) dont les angles inférieurs sont remplacés par de petits plans qui suffisamment prolongés se rencontreraient en formant un dodécaèdre triangulaire.

Gustave. — Serait-il semblable à quelqu'un des dodécaèdres du carbonate de chaux?

Mᵐᵉ DE Beaumont. — Il ne ressemblerait pas au

---

* Les angles d'incidence des plans sont de 94° 15′ et de 88° 45′.

dodécaèdre métastatique, ni à aucun de ceux qui sont le résultat du même *décroissement;* mais je puis vous montrer ici une cristallisation de carbonate de chaux qui est fort rare, et qui a précisément la forme que prendraient les cristaux (*fig.* 33), si les plans formés sur les angles primitifs étaient suffisamment prolongés. Les faces du dodécaèdre commun de quartz sont des triangles isocèles; et la base des pyramides est un hexagone régulier, et vous savez qu'en général, les dodécaèdres de carbonate de chaux n'ont pas cette forme. Les dodécaèdres de quartz affectent rarement une forme différente de celle-ci (*fig.* 34). J'en ai vu un cependant qui ressemblait au métastatique de carbonate de chaux, et qui provenait, selon toute apparence, du même décroissement. Voici un dodécaèdre parfait qui est venu d'Espagne.

CAROLINE. — Mais où avez-vous trouvé tous ces petits cristaux ?

Mme DE BEAUMONT. — Dans le Derbyshire, aux environs de Bakewell. J'en ai aussi reçu quelques-uns d'Ecosse.

CAROLINE. — En nous expliquant les lois de la cristallisation, vous nous avez dit qu'il était très difficile de trouver le clivage du quartz ; comment pourrait-on obtenir le noyau primitif de l'un de ces cristaux ?

Mme DE BEAUMONT —La meilleure méthode, selon moi, consiste à chauffer le cristal par degré jusqu'à une haute température, après quoi vous le plongez dans l'eau froide ; si cette transition subite ne le fait pas éclater immédiatement, elle produira à la surface plusieurs fentes parallèles aux plans du noyau rhomboïdal.

GUSTAVE. — Je conclus de là qu'un coup de marteau diviserait le cristal en rhomboïdes.

Mme DE BEAUMONT. — On peut quelquefois réussir avec un marteau ; mais vous trouvez plusieurs espèces de pinces qui valent mieux pour opérer le clivage des cristaux, et notamment les petites tenailles qui servent à couper les fils de métal.

GUSTAVE. — Je ne crois pas qu'il m'arrive jamais de vouloir détruire des cristaux pour le plaisir d'en trouver le clivage.

Mme DE BEAUMONT. — Il est probable que vous ne serez jamais dans la nécessité de le faire, puisque la forme primitive de la plupart des cristaux est déjà connue. Le rhomboïde primitif et le dodécaèdre de quartz se rencontrent bien plus rarement que les cristaux prismatiques (*fig.*36, 37, 38).

CAROLINE. — Voici un cristal dont je ne comprends pas la composition. Il a le même nombre de faces que l'un de ceux que vous m'avez montrés ; mais la forme en est fort irrégulière.

Mme DE BEAUMONT. — Cette irrégularité tient à l'inégalité des plans de la pyramide ; trois de ces plans se sont étendus au préjudice des autres (*fig.* 37). Les cristaux du Dauphiné sont caractérisés par la grande dimension de l'une des faces.

GUSTAVE. — En voici un de cette espèce. On dirait

au premier coup d'œil que le sommet n'a qu'un seul plan.

CAROLINE. — Vous en verrez d'autres avec la loupe (*fig.* 38). Il y en a deux qui sont fort étroits ; celui qui est opposé au grand plan , est moins long que large; les deux autres sont des triangles.

GUSTAVE. — Vous vous trompez, ma sœur , l'un des deux est un trapèze.

Mme DE BEAUMONT. — Puisque vous savez déjà découvrir ces plans imperceptibles , l'examen de mes cristaux sera pour vous une étude amusante. Mais dans une aussi grande variété d'échantillons, je dois me borner à vous montrer les plus remarquables. Celui-ci (*fig.* 40) a une partie que vous prendriez d'abord pour un prisme, et qui est réellement un fragment de pyramide très aiguë.

CAROLINE. — Vous avez bien fait de me le montrer, car j'aurais passé sans l'apercevoir.

GUSTAVE. — Cet autre (*fig.* 41) n'est-il pas du même genre ?

Mme DE BEAUMONT. — Oui ; mais dans ce cristal la longue pyramide a *neuf* côtés , parce que trois arêtes alternes sont tronquées.

CAROLINE. — Cette forme est-elle rare ?

Mme DE BEAUMONT. — Elle n'est pas commune. Ce cristal vous présente une modification qui , si elle était complète , produirait un rhomboïde équiaxe. Savez-vous reconnaître les plans formés par cette sorte de décroissement? (*fig.* 42.)

CAROLINE. — Oui ; ce sont des plans fort étroits sur les arêtes supérieures du rhomboïde.

Mme DE BEAUMONT. — Ce n'est là qu'un décroissement *commencé*.

GUSTAVE. — Ceci n'est-il pas un cristal de Cairngorme ?

Mme DE BEAUMONT. — Ce nom désigne tous les quartz de couleur jaune ou brune, qui furent tirés primitivement de la montagne de Cairngorme, dans le Comté d'Aberdeen ; mais le morceau que vous voyez là, vient de la Suisse. Ceux de couleur brune s'appellent aussi quartz *fumés*. J'ai disposé ici les échantillons de manière à former un *assortiment de couleurs*. On peut y voir les différentes nuances de chaque couleur, et les *transitions* d'une teinte à une autre. Après les quartz blancs et sans couleur, j'ai placé les morceaux gris et verdâtres, ensuite ceux d'un blanc jaunâtre, et successivement les diverses nuances de jaune, le brun clair, le brun foncé dont il y a plusieurs variétés, et le rouge qui admet aussi plusieurs nuances.

CAROLINE. — Existe-t-il du quartz rose ou cramoisi ?

Mme DE BEAUMONT. — On a trouvé du quartz richement coloré en rose rouge ; mais il ne cristallise pas, et forme une sous-espèce distincte. On ne connaît point de quartz cramoisi. Le cramoisi et le bleu sont beaucoup plus rares que les autres couleurs dans le règne minéral. Les plus communes sont le vert et le rouge, j'entends l'espèce

pèce de rouge que vous voyez ici. Les teintes les plus vives et les plus foncées ressemblent beaucoup au rouge de Venise : la matière colorante est la même dans les deux cas, c'est-à-dire l'oxyde de fer.

CAROLINE. — Tous les cristaux de quartz jaune, plusieurs morceaux de quartz brun, et même quelques fragments de quartz tout-à-fait sombre, sont transparents. Comment se fait-il que le quartz rouge soit généralement opaque ?

Mme DE BEAUMONT. — Cette opacité provient de la quantité d'oxyde de fer inégalement disséminée dans le cristal. Examinez ces petits cristaux de quartz rouge. On les appelle hyacinthes de Compostelle, parce qu'on les trouve dans les environs de Compostelle en Espagne. J'en ai fixé quelques-uns sur de petits piédestaux, parce qu'ils sont parfaitement cristallisés, quoique leur longueur n'excède pas un quart de pouce. Vous voyez qu'ils sont tout-à-fait opaques, et cristallisés par les deux bouts. C'est de Bristol que nous tirons le plus de quartz rouge.

GUSTAVE. — Avez-vous des fragments de quartz contenant des gouttes d'eau ? je me souviens d'en avoir vu au Musée.

Mme DE BEAUMONT. — Voici justement un cristal qui renferme une grosse goutte ; il n'est pas d'une belle transparence, mais en le seconant un peu entre votre œil et la lumière, vous pourrez apercevoir la goutte intérieure.

GUSTAVE. — Je la vois ; quelle singularité dans son mouvement !

Mme DE BEAUMONT. — L'eau se trouve renfermée dans un espace plus grand que son propre volume ; et le mouvement que vous voyez est celui d'une bulle d'air qui circule dans l'eau.

CAROLINE. — N'appelez-vous pas chlorite, la substance d'apparence moussue qu'on voit dans ce cristal ?

Mme DE BEAUMONT. — Oui ; comment la connaissez-vous ?

CAROLINE. — Pour avoir vu au Musée un fragment de quartz qui renferme de la chlorite, et qui ressemble parfaitement à celui-ci. La chlorite a-t-elle constamment cette couleur vert foncé ?

Mme DE BEAUMONT. — Non ; elle est quelquefois brune, ou blanche, ou d'un gris luisant. L'épidote, l'actinote, l'hornblende, la mine de fer spéculaire, et quelques autres minéraux se rencontrent aussi par occasion dans les masses de quartz *.

CAROLINE. — Le quartz, d'après ce que je vois, n'est pas toujours cristallisé.

Mme DE BEAUMONT. — Non ; tantôt il revêt des formes extérieures fort remarquables, tantôt il reste à l'état massif et amorphe.

GUSTAVE. — Quel sens attachez-vous à cette expression ?

Mme DE BEAUMONT. — *Amorphe* signifie sans forme ; on qualifie ainsi les corps qui n'ont aucune forme

---

* On voit au Musée Britannique un fragment de quartz dont la longueur n'excède pas un pouce et quart, et qui contient un cristal de cyanite.

régulière, aucune apparence de cristallisation. Le quartz est quelquefois *pseudomorphe*, c'est-à-dire revêtu d'une forme empruntée, ce qui peut arriver de deux manières : tantôt le quartz a investi d'autres substances qui ont été ensuite décomposées et ont cédé leur place à une nouvelle déposition de quartz qui a pris la forme du cristal anéanti; tantôt le quartz se présente sous la forme d'autres minéraux cristallisés. J'ai là un fragment dont les cristaux sont cubiques, et ont été produits par une déposition de quartz dans un moule abandonné par le fluor.

CAROLINE. — Qu'est donc devenu le fluor?

Mme DE BEAUMONT. — Il a été graduellement décomposé et éliminé par l'action d'une autre substance minérale qui se trouvait en contact avec lui. Voici un cristal pseudomorphe apporté de Bristol, qui a la forme du dodécaèdre métastatique de carbonate de chaux. Le quartz *flottant* est encore une variété de formation pseudomorphe.

GUSTAVE. — Est-ce qu'il flotte réellement sur l'eau?

Mme DE BEAUMONT. — Il surnage aussi long-temps que les petites cavités intérieures restent pleines d'air. Ce minéral est d'une texture si peu serrée et a des porosités si nombreuses que sa masse pèse moins qu'un pareil volume d'eau; mais comme la pesanteur spécifique du quartz est d'environ 2,6, il ne surnage plus dès que l'eau a remplacé l'air dans les cavités intérieures. Voilà un morceau de ce quartz à couleur brune qui vient du Cap de bonne espérance; j'en ai un autre fragment blanc apporté du Cornouailles. On l'appelle aussi quartz *cellulaire*, *spongieux*, ou *caverneux*.

GUSTAVE. — Ce quartz blanc me paraît d'une texture fort délicate.

Mme DE BEAUMONT. — Je vous prie de ne pas le toucher; il est tellement cassant, que la moindre pression sur les arêtes suffirait pour le briser. Vous voyez dans ce minéral trouvé à Saint-Ouen, près de Paris, une autre variété de quartz cellulaire, appelée pierre flottante.

CAROLINE. — Elle paraît, au premier coup d'œil, plus compacte que les autres fragments de quartz.

Mme DE BEAUMONT. — Cela provient de ce que les cavités sont plus petites, et incomparablement plus nombreuses. Dans quelques morceaux le centre est un caillou solide, tandis que l'enveloppe est tout-à-fait poreuse. Ce n'est pas cependant de la silice pure; il y entre une portion d'eau, et quelquefois une petite quantité de carbonate de chaux*; ces morceaux appartiennent à l'espèce appelée *quartz commun massif*. Cet autre fragment, à peu près opaque, est un échantillon du quartz *gras*.

---

* *Parties constituantes de la pierre flottante.*

Silice................	98,0	94,0	91,00
Eau.................		5,0	6,00
Carbonate de chaux...	2,0	—	2,00
Oxyde de fer avec alum.		0,5	0,25
Vanquelin	100,0	99,5	99,25
			Bucholz.

CAROLINE. — Il ressemble justement aux cailloux que j'ai frottés l'un contre l'autre, pour voir la lumière qui s'en échapperait.

Mme DE BEAUMONT. — Vous auriez obtenu le même résultat par le frottement de deux morceaux de quartz; ceux-ci peuvent même produire des étincelles sous l'eau, ce qui n'a jamais lieu pour la lumière que fait jaillir le choc de l'acier contre un caillou. Les quartz gras, à quelques exceptions près, émettent par le frottement une odeur particulière et désagréable. On en a trouvé en France, près de Nantes, des fragments dont la cassure émettait une odeur semblable à celle de l'hydrogène imprégné de soufre *. C'est pour cela que le célèbre minéralogiste Steffens a nommé cette variété quartz *fétide*.

CAROLINE. — D'où provient cette odeur désagréable ?

Mme DE BEAUMONT. — On l'attribue à la présence du même bitume qui communique une odeur semblable à la pierre calcaire noire.

La pierre à sablon est une espèce de quartz à texture grenue dont il existe plusieurs variétés. Elle est quelquefois compacte et dure; d'autres fois les parties ont entre elles si peu de cohésion, que la pierre est friable, et peut facilement se réduire en poussière. On trouve des pierres à sablon

---

* Les eaux minérales de Hairowgate doivent leur odeur fétide à l'hydrogène sulfuré.

à grains grossiers. Mais la variété la plus étonnante est la pierre *flexible* du Brésil, qui se trouve aussi sur le mont Saint-Gothard en Suisse. J'en ai un superbe échantillon venu du Brésil, qui a dix-huit pouces de long. Vous pouvez soulever l'une ou l'autre de ses extrémités sans l'enlever du tiroir.

Caroline. — Cette pierre est vraiment curieuse ; elle plie comme un morceau de cuir, et avec moins de résistance.

Gustave. — Vous pouvez en soulever un bout à deux pouces du fond du tiroir. Mais ce n'est point là sa forme naturelle, je présume qu'elle a été taillée.

Mme de Beaumont. — Certainement : ce n'est qu'une bande étroite ; la flexibilité serait à peine sensible dans une masse trop considérable ou trop épaisse. Voici un autre fragment trouvé dans le fleuve Jaune en Chine. Lorsqu'on le laisse quelque temps plongé dans l'eau, il est non-seulement flexible, mais élastique. Si vous appuyez fortement le doigt par dessus, vous y laisserez une légère empreinte, mais les parties comprimées reviendront promptement à leur place.

Gustave. — Je n'ai jamais rien vu d'aussi extraordinaire.

Mme de Beaumont. — On peut le comprimer comme une tranche de bœuf ; aussi les navigateurs qui le découvrirent l'appelèrent-ils *bœuf pétrifié*. Je vais maintenant vous montrer une espèce qui a été trouvée près de Whitby, dans le comté d'York. Ces pierres à sablon sont presque blanches, mais on en rencontre fréquemment qui sont nuancées de jaune, d'orangé, de rouge, de brun ou de pourpre. Quelquefois ces couleurs s'y trouvent semées par bandes irrégulières.

CAROLINE. — Quelle en est donc la matière colorante?

Mme DE BEAUMONT. — C'est le fer qui colore la plupart des minéraux terreux. Dans la pierre à sablon rouge, il se trouve à l'état d'oxyde. La couleur jaune résulte d'un mélange d'oxyde et de carbonate. Le sable est souvent coloré de la même manière.

GUSTAVE. — Le sable n'est-il pas quelquefois tout-à-fait blanc?

Mme DE BEAUMONT. — Le plus beau sable est d'une blancheur parfaite; on le trouve à Alum-Bay dans l'île de Wight, sur la côte de Norfolk, et à Reigate dans le comté de Surrey. On s'en sert dans la fabrication du verre. A Alum-Bay on le retire des montagnes sablonneuses qui présentent un coup d'œil superbe par l'éclat et la variété de leurs couleurs; ce sont des teintes jaunes, rouges et pourprées, de diverses nuances distribuées par bandes. L'échantillon qui vient ensuite est un fragment de quartz rose.

CAROLINE. — Il a les formes délicates d'un œillet.

Mme DE BEAUMONT. — Cette couleur lui est com-

muniquée par une très faible proportion de carbonate de manganèse. Cette sous-espèce ne s'est
pas encore trouvée à l'état cristallisé. On la rencontre en blocs considérables dans le granit de
Bavière et de Bohême, dans la forêt de Harzberg
et dans quelques parties de l'Amérique septentrionale.

GUSTAVE. — Il me semble qu'on pourrait en faire
l'objet d'une riche parure. Les bijoutiers en ont-
ils tiré parti?

Mme DE BEAUMONT. — Oui; lorsqu'il est d'un
rouge foncé, on le taille pour en faire des bijoux.
Les variétés plus pâles, quand elles sont taillées,
présentent une apparence laiteuse, ce qui les a
fait appeler quartz *laiteux*.

CAROLINE. — Il doit être souvent difficile de distinguer le quartz laiteux du quartz massif commun; je vois ici des fragments de l'un et l'autre
qui ont beaucoup de ressemblance?

Mme DE BEAUMONT. — Ils se confondent l'un avec
l'autre; ce qui arrive souvent pour deux ou plusieurs sous-espèces.

GUSTAVE. — Il n'est donc pas nécessaire que
dans une collection chaque minéral appartienne à
une espèce ou à une sous-espèce particulière?

Mme DE BEAUMONT. — Non certainement; il est
bon d'avoir des minéraux intermédiaires pour
montrer la connexion qui existe entre les espèces.
D'ailleurs il faut vous rappeler que toutes les divisions en familles, en espèces et en sous-espèces,

sont purement artificielles. Il est souvent difficile, pour ne pas dire impossible, de tracer la ligne de démarcation entre deux sous-espèces.

CAROLINE. — Voici toutefois un morceau qui ne paraît pas avoir de connexion avec les précédents.

Mme DE BEAUMONT. — C'est une aventurine.

GUSTAVE. — Ces petites parcelles brillantes sont-elles de l'or?

Mme DE BEAUMONT. — Ce sont des paillettes de mica, minéral plus connu sous le nom de talc de Moscovie. La couleur brune-rougeâtre du quartz dans lequel elles sont disséminées, les fait paraître très brillantes.

CAROLINE. — Il est probable aussi qu'on a augmenté leur éclat en polissant le minéral.

GUSTAVE. — Le mica dans ce fragment rouge est en paillettes extrêmement fines qu'on prendrait pour des points brillants; et il est presque aussi beau dans son état naturel que s'il était poli.

Mme DE BEAUMONT. — Vous considérez maintenant une autre espèce d'aventurine. Les parcelles brillantes ne sont pas du mica; c'est tout simplement un jeu de lumière produit par une multitude de petites fentes qui raient la surface du quartz, et dont les faces intérieures reflètent les rayons lumineux. Un carreau de vitre fendu produit exactement le même effet, lorsqu'un rayon de lumière tombe sur la fente. Cette variété, qui est la plus précieuse, se trouve en Espagne. L'aventurine admet plusieurs couleurs différentes, le jaunâtre, le verdâtre, le grisâtre et le blanc rougeâtre. Elle est quelquefois d'un rouge incarnat, ou d'un cramoisi pâle. On la rencontre à Glenfernat et à Fort-William en Ecosse. Le minéral qui vient ensuite vous est déjà connu comme pierre *taillée*; c'est le quartz *œil-de-chat*.

GUSTAVE. —J'ai vu en effet plus d'un *œil-de-chat* taillé et poli; mais le vôtre a une apparence tout-à-fait différente.

CAROLINE. —Je le préfère dans son état de pierre brute, car selon moi, lorsqu'il est poli, il mérite à peine le nom de pierre précieuse.

Mme DE BEAUMONT. — Il est cependant fort recherché en Angleterre, mais sans y jouir d'une aussi haute faveur que dans les Indes orientales, où l'on paie des sommes énormes pour s'en procurer des fragments d'une grande dimension, parce qu'on regarde cette pierre comme un talisman qui met à l'abri des maléfices.

GUSTAVE. — C'est un préjugé semblable à celui qui concerne l'améthyste.

Mme DE BEAUMONT. — Dans presque tous les pays du monde, la superstition a attribué des propriétés merveilleuses à quelques pierres ou à quelques plantes particulières. Plusieurs pierres précieuses servent de talismans aux Indiens, mais ils sont persuadés que l'œil-de-chat possède une vertu supérieure à tous les autres. C'est pour cela qu'il a été impossible d'en apporter en Angleterre un certain nombre d'une grande dimension.

Caroline. —Ceux qui figurent dans votre collection sont des plus gros que j'aie vus. En voici un dont la longueur excède deux pouces.

Gustave. — L'œil-de-chat cristallise-t-il quelquefois ?

Mme de Beaumont. — Non ; on ne l'a jamais trouvé autrement qu'en masses roulées.

Caroline. — A quoi faut-il attribuer *l'opalescence* dont jouit ce minéral ?

Mme de Beaumont. — Elle provient de sa texture fibreuse, qu'il ne faut pas confondre avec la texture fibreuse de l'améthyste. Dans l'œil-de-chat, les fibres sont si minces que la masse est presque compacte. D'ailleurs, la cassure est menue et imparfaitement conchoïde. Le gypse fibreux et le spath satiné présentent à peu près la même apparence lorsqu'ils sont polis. Quelques savants ont supposé que l'opalescence provenait d'un mélange d'amianthe avec le quartz ; j'ai même un fragment de quartz poli trouvé dans le Hartz, qui contient de l'amianthe grise. Mais l'amianthe est toujours unie à la magnésie, et cette dernière substance n'a jamais été aperçue dans l'œil-de-chat.

Caroline. — Je crois cependant que ce minéral n'est pas la silice pure ; autrement il serait transparent comme le cristal de roche.

Mme de Beaumont. — Vous avez raison ; il se compose de :

95   parties de silice.
1,75   d'alumine.
1,50   de chaux.
0,25   d'oxyde de fer.

GUSTAVE. — Quelles sont les contrées qui le fournissent ?

Mme DE BEAUMONT. — Les îles de Ceylan et de Sumatra, la Perse, l'Arabie et la côte de Malabar. Sa transparence a plusieurs degrés, mais il a constamment l'opalescence et le même éclat soyeux.

CAROLINE. — Cette pierre, d'un vert sombre, est-elle encore un œil-de-chat ? Elle est faiblement opalescente ?

Mme DE BEAUMONT. — Non ; c'est un petit fragment de *prase* taillé dans la forme qu'on donne ordinairement à l'œil-de-chat.

GUSTAVE. — Est-ce une espèce de quartz ?

Mme DE BEAUMONT. — C'est du quartz enveloppant une actinote, et les deux corps se trouvent si intimement unis, qu'ils paraissent ne former qu'un seul minéral. J'ai plusieurs échantillons qui montrent les deux substances entremêlées d'une autre manière. Dans celui-ci, le quartz est translucide, et vous pouvez apercevoir les petits cristaux d'actinote renfermés dans l'intérieur.

GUSTAVE. — On les voit très distinctement. Ils ressemblent beaucoup aux cristaux de fer qui se trouvent dans le quartz de Bristol.

Mme DE BEAUMONT. — L'actinote est en général

d'un vert sombre; mais dans les échantillons que je vous montre, la couleur verte est des plus foncées.

CAROLINE. — Elle est plus pâle dans quelques-uns des échantillons où l'actinote est rayonnée.

Mme DE BEAUMONT. — Lorsque le mélange des deux substances est complet, la couleur de la prase est le vert de porreau. La cassure n'est pas absolument la même que celle du quartz; mais elle se rapproche de la cassure squilleuse. La transparence du minéral varie suivant la quantité d'actinote qu'il contient; souvent il n'est translucide que dans ses parties saillantes. Il est très peu de minéraux qui ressemblent assez à la prase pour qu'on soit exposé à les confondre avec elle.

CAROLINE. — Il n'y a donc jamais *transition* de la prase en une autre substance?

Mme DE BEAUMONT. — Elle ne peut faire transition qu'avec le quartz ou cristal de roche. Ce minéral est assez rare. Il faut remarquer, entre autres caractères, que les fragments de prase, et toutes les autres sous-espèces de quartz (excepté la pierre à sablon), ont des arêtes aiguës. Elles le sont beaucoup moins dans l'œil-de-chat. Toutes ces substances donnent des étincelles au briquet.

CAROLINE. — Elles peuvent donc, pour cet usage, remplacer le caillou?

Mme DE BEAUMONT. — Oui, mais avec moins de succès, parce qu'elles sont plus cassantes. La seconde sous-espèce est le quartz ferrugineux, ou caillou de fer.

GUSTAVE. — Cet échantillon rouge est-il un caillou de fer? Il ressemble beaucoup au jaspe.

Mme DE BEAUMONT. — Quand il est poli, il est difficile d'en faire la différence ; mais, en comparant la cassure des deux substances, vous verrez que celle du jaspe est matte, tandis que le caillou ferrugineux a une cassure éclatante.

CAROLINE. — En effet, elle est parsemée de paillettes brillantes.

Mme DE BEAUMONT. — Cette apparence est moins sensible dans quelques-unes des variétés brunes et jaunes, parce qu'elles sont plus compactes.

GUSTAVE. — Je vois ici plusieurs nuances de brun; mais toutes tirent sur le jaune. La cassure n'est-elle pas conchoïde?

Mme DE BEAUMONT. — Oui ; cependant, dans quelques échantillons, elle tire à la cassure rude et grenue, particulièrement dans les fragments rouges. Mais vous n'avez considéré encore que les variétés massives ; en voici de cristallisées.

CAROLINE. — Quel amas de petits cristaux ! On les dirait cimentés ensemble par la même substance.

GUSTAVE. — C'est vrai ; je vois qu'en général les parties cristallisées du minéral ne sont pas plus grosses que la tête d'une épingle ; au lieu que, dans cet échantillon, plusieurs cristaux ont un quart de pouce.

Mme DE BEAUMONT. — Voici un fragment qui re-présente parfaitement la transition du quartz pur à l'ocre de fer. Quelques-uns des cristaux sont inco-lores et tout-à-fait transparents; d'autres ont à leur centre des parcelles d'ocre, et quand il s'y trouve en même temps un peu de silice, leur cassure est terreuse.

CAROLINE. — Cette espèce donne-t-elle du feu au briquet?

Mme DE BEAUMONT. — Oui, excepté dans les par-ties où l'ocre prédomine. La pesanteur spécifique varie de 2,6 à 2,8, probablement à proportion de la quantité de fer qui s'y trouve *alliée*.

Parties constituantes.

Silice.	93,5	92,00	76,83
Alumine.	»	»	0,25
Oxyde de fer........	5,0	5,70	21,66
Oxyde de manganèse,	»	1,00	»
Matière volatile.....	1,0	1,00	1,00

GUSTAVE. — Quel est ce minéral d'apparence vi-trée?

Mme DE BEAUMONT. — C'est l'hyalite; son nom dérive du mot grec ύαλος qui signifie *verre*. Elle a beaucoup de rapport avec le quartz; mais elle con-tient 6 ⅓ pour cent d'eau, et ne cristallise jamais.

CAROLINE. — Sa surface extérieure est brillante et douce au toucher.

GUSTAVE. — On croirait voir de la gomme arabique en demi-dissolution. Comme cette substance est appliquée par couches très minces sur un fragment de roche brune, il m'est impossible d'en apprécier la cassure.

Mme DE BEAUMONT. — Voici un autre échantillon où l'hyalite est de la grosseur d'un pois. La cassure est imparfaitement conchoïde. Ce minéral est très cassant.

CAROLINE. — Comment peut-on le distinguer du quartz?

Mme DE BEAUMONT. — Le quartz pur ne se rencontre jamais disséminé sur un autre minéral, sans être cristallisé. La pesanteur spécifique de l'hyalite n'excède pas 2,46, ce qu'il faut attribuer à la quantité d'eau qu'elle contient.

GUSTAVE. — Quelle est cette espèce de roche? Je la prendrais pour un fragment de lave.

Mme DE BEAUMONT. — C'est un minéral appelé trapp.

CAROLINE. — Quel nom étrange!

Mme DE BEAUMONT. — C'est un mot suédois, signifiant un *pas*, un *escalier*. La plupart des minéralogistes l'ont adopté pour désigner une roche qui semble graduée en escalier. Ce minéral est souvent *vésiculaire*, comme l'échantillon que vous avez sous les yeux; quelquefois ses cavités renferment d'autres substances, telles que la zéolithe, l'agathe, l'opale, le carbonate de chaux, et d'autres encore. L'opale, sous plusieurs rapports, a plus de ressemblance avec l'hyalite qu'avec le quartz. C'est pour cette raison que j'ai placé ensemble ces deux substances. Il y a plusieurs espèces d'opale ; la première est l'opale précieuse, qui est fort estimée en bijouterie.

CAROLINE. — Je ne crois pas qu'il y ait un plus beau minéral dans le monde ; voyez, ma sœur, quel vert admirable.

GUSTAVE. — Je n'aperçois pas votre vert ; mais je tiens un échantillon qui lance de brillants reflets cramoisis et d'un pourpre pâle.

Mme DE BEAUMONT. — La couleur de l'opale, abstraction faite du jeu de lumière, est le blanc de lait, inclinant au bleu. Quand vous le placez entre votre œil et la lumière, sa couleur tourne au jaune pâle et sombre. Voici un échantillon dont vous serez enchantés ; c'est de l'opale disséminée par petits filons dans le porphyre gris.

CAROLINE. — Ce composé me paraît encore plus beau que les fragments d'opale pure.

GUSTAVE. — L'opale est-elle cassante ? elle paraît toute rayée de petites fentes.

Mme DE BEAUMONT. — Elle est excessivement cassante. Un des plus rares morceaux d'opale qui fût dans le monde, et qui se trouvait depuis plusieurs années dans le cabinet impérial à Vienne, fut détruit pour avoir été trop long-temps exposé aux rayons du soleil (dans le dessein de faire mieux ressortir son éclat). Les bulles d'air renfermées dans les fentes intérieures, s'évaporèrent, et l'opale tomba en pièces.

GUSTAVE. — Quel dommage !

Mme DE BEAUMONT. — Les deux sous-espèces qui viennent ensuite, l'opale commune et la demi-opale, sont entièrement privées des reflets de lumière qui caractérisent l'opale *noble* ou précieuse.

GUSTAVE. — Est-ce là de la demi-opale ?

Mme DE BEAUMONT. — Non, c'est l'opale commune ; elle ressemble à l'opale précieuse, si ce n'est qu'elle est privée de l'opalescence, et qu'elle contient moins d'eau.

CAROLINE. — L'opale noble contient-elle plus d'eau que l'hyalite ?

Mme DE BEAUMONT. — Oui ; elle se compose de 90 parties de silice, et de 10 parties d'eau ; cependant quelques variétés d'opale commune n'ont pas le mélange d'eau.

Analyse. (Klaproth.)

	Opale commune de Kosentiiz.	Opale commune de Telkobanga.
Silice.........	98,75	93,50
Alumine......	0,10	»
Oxyde de fer...	0,10	1,00
Eau..........	»	5, 0

La demi-opale a dans sa cassure un éclat de cire ; elle est ordinairement brune ou d'un gris foncé ; sa couleur est quelquefois, mais plus rarement, le jaune verdâtre peu éclatant et le vert olive. Je n'en ai point dont les couleurs soient assez éclatantes pour exciter maintenant votre admiration ; mais pour un minéralogiste, cette série d'échantillons n'est pas sans intérêt, parce qu'elle montre les rapports qui existent entre les trois sous-espèces. Il y a transition entre l'opale commune et la demi-opale.

GUSTAVE. — Cet échantillon rouge appartient-il à l'opale commune?

Mme DE BEAUMONT. — Non ; c'est un minéral beaucoup plus rare, appelé *opale-feu* ou *opale-soleil*. Si vous regardez à travers, vous reconnaîtrez qu'il est parfaitement translucide ; mais en vous baissant pour le regarder, vous apercevrez une iridescence particulière. Il faut pour cela que le soleil frappe dessus, l'iridescence n'étant produite que par une lumière éclatante.

CAROLINE. — Je vois dans l'intérieur une couleur verte.

GUSTAVE. — Et un rouge éclatant qui ne ressemble point à la couleur générale du minéral ; c'est une teinte parfaitement cramoisie.

Mme DE BEAUMONT. — L'opale-feu n'a que ces deux couleurs qui jouissent de l'iridescence : elle affecte ordinairement le rouge d'hyacinthe. Mais on dit qu'une nouvelle variété bleu-de-ciel a été découverte récemment.

GUSTAVE. — Vous avez dit que l'opale-feu était un minéral rare ; où la trouve-t-on?

Mme DE BEAUMONT. — A l'exception d'un échantillon trouvé, il y a quelques années, dans une mine du Cornouaille, nous ne connaissons qu'un seul pays qui fournisse l'opale-feu; c'est Zimapan dans le Mexique.

Caroline. — Les autres variétés d'opale se trouvent-elles en Angleterre?

Mme de Beaumont. — Oui; nous avons plusieurs fragments d'opale commune, apportés du Cornouaille.

Gustave. — De quelle nature sont tous ces petits brins de minéral blanc, absolument opaques et sans éclat? assurément ce n'est pas de l'opale.

Mme de Beaumomt. — C'est une espèce d'opale appelée *hydrophane*, à cause de la propriété qu'elle a d'acquérir une demi-transparence, lorsqu'elle est plongée dans l'eau.

Caroline. — Je serais curieuse de voir cette expérience.

Mme de Beaumont. — Voici un verre d'eau; vous allez voir le résultat de l'expérience dans quelques minutes.

Gustave. — Après l'immersion de la substance, on voit une infinité de petites bulles d'air qui s'en détachent.

Mme de Beaumont. — Cette matière étant très poreuse absorbe promptement l'eau, et celle-ci chasse les bulles d'air. C'est pour la même raison qu'elle *adhère* légèrement à la langue. Faites-en l'essai.

Gustave. — Cela produit une sensation que je n'aime pas.

Mme DE BEAUMONT. — Vous voyez que les morceaux jetés dans le verre, perdent rapidement leur opacité.

CAROLINE. — Il en est un qui reflète déjà des couleurs magnifiques, comme l'opale précieuse.

Mme DE BEAUMONT. — On peut regarder l'hydrophane comme une opale commune ou précieuse qui a perdu la portion d'eau qu'elle contenait ; en effet, elle ressemble beaucoup à ces fragments que l'action de l'air a privés de leur transparence.

CAROLINE. — Quelle est la pesanteur spécifique de l'opale ?

Mme DE BEAUMONT. — Dans toutes les sous—espèces dont nous avons parlé, elle varie de 2, 00 à 2, 18. La variété qu'on appelle opale-mère-de-perle ou cacholong, est un peu plus pesante ; sa pesanteur spécifique n'est pas au-dessous de 2,20.

GUSTAVE. — J'admire sa belle couleur blanche, inclinant au bleu.

CAROLINE. — Quelques portions de ce morceau sont opaques et d'un blanc jaunâtre ; n'est—il composé que de cacholong ?

Mme DE BEAUMONT. — Oui ; les parties opaques ont perdu leur transparence par l'action de l'air atmosphérique. Cette espèce n'a pas été encore analysée, il est probable que c'est un mélange de calcédoine et de zéolite. On la trouve souvent, comme dans cet échantillon, rayée par bandes inégalement translucides. Les parties transparentes sont la calcédoine pure ; le reste est le cacholong.

voici un échantillon qui rend la chose tout-à-fait sensible; une moitié se compose de calcédoine, demi-transparente, l'autre est la zéolite fibreuse et complètement opaque.

CAROLINE. — Ainsi la couleur provient de la calcédoine, et l'opacité de la zéolite.

Mme DE BEAUMONT. — C'est cela même.

GUSTAVE. — Trouve-t-on le cacholong en Angleterre?

Mme DE BEAUMONT. — Je ne le pense pas; mais on le rencontre en Ecosse, en Irlande, dans les îles Fero, et dans la plupart des roches qui contiennent la calcédoine et l'opale.

CAROLINE. —Cet échantillon n'est-il pas un bois pétrifié?

Mme DE BEAUMONT. — Oui; c'est du bois converti en une espèce d'opale par voie de pétrification. Il se présente toujours en pièces ayant différentes formes de tiges et de branches d'arbres, quoiqu'il ne conserve rien de la substance primitive.

GUSTAVE. — On reconnaît parfaitement ce qui formait primitivement l'écorce de l'arbre; et la texture ligniforme s'est conservée intacte.

Mme DE BEAUMONT. — Dans l'échantillon gris, la chose est rendue sensible par les anneaux concentriques plus sombres que le reste du minéral; mais dans cet autre qui est jaunâtre, on a d'abord quelque peine à reconnaître l'opale-bois.

GUSTAVE. — L'éclat de l'opale-bois me semble

très différent de celui des autres sous-espèces. On dirait qu'il est *gommé*.

Mme DE BEAUMONT. — Cela est vrai; mais la Minéralogie n'a point de mot particulier pour désigner cette apparence.

CAROLINE. — Voici encore d'autres minéraux d'un aspect très curieux.

Mme DE BEAUMONT. — Vous voyez en ce moment la ménilite, dont il y a deux espèces, la grise et la brune.

GUSTAVE. — N'est-ce pas une variété de la demi-opale?

Mme DE BEAUMONT. — Non; on la considère maintenant comme une espèce distincte, quoiqu'on l'ait souvent classée avec l'opale, le jaspe et la pierre de poix. On la trouve toujours en masses tuberculeuses dans le schiste argileux, où elle est comme empâtée.

CAROLINE. — Cet échantillon est-il de la ménilite grise?

Mme DE BEAUMONT. — Non; il appartient à l'espèce brune. La surface extérieure des deux espèces est d'un gris bleuâtre; mais dans le fragment que vous tenez, la cassure est brune-verdâtre; dans l'autre espèce elle est d'un gris clair. La forme des concrétions diffère aussi dans les deux variétés. Elles paraissent lamelleuses dans les masses de ménilite grise, et la surface extérieure est plus douce au toucher.

GUSTAVE. — Ce minéral n'a-t-il pas une cassure feuilletée.

Mme DE BEAUMONT. — Cette dénomination ne peut convenir qu'à des minéraux cristallisés. La ménilite a une cassure aplatie ou *schisteuse;* ce qui n'empêche pas que ce minéral ne puisse aussi être brisé dans d'autres directions, et alors sa cassure est conchoïde.

La ménilite grise se trouve dans une marne argileuse à Argenteuil, un peu au sud de Paris, et dans les environs de Saint-Ouen.

La variété brune ne se rencontre qu'à Ménilmontant, au nord de Paris. Ce qui la distingue de toutes les espèces avec lesquelles on l'avait confondue, c'est la singularité de sa forme et la nature des localités qui la fournissent.

La sixième espèce de quartz est appelée *sinter-siliceux.*

GUSTAVE. — Que signifie le mot sinter?

Mme DE BEAUMONT. — C'est un mot allemand qui s'applique à tous les minéraux stalactiformes. Vous avez vu des stalactites dans les grottes du Derbyshire.

GUSTAVE. — Oui; elles pendent aux voûtes comme des chandelles de glace.

Mme DE BEAUMONT. — Ce sont des concrétions formées par une déposition d'eau contenant du carbonate de chaux. Le sinter-siliceux se trouve dans les bassins de Geysser et autour de plusieurs autres sources chaudes en Islande, qui contiennent beaucoup de silice.

Caroline. — Le quartz est donc soluble dans l'eau chaude?

Mme de Beaumont. — Il ne l'est pas à la surface de la terre; mais l'eau minérale de Geysser est incomparablement plus chaude * que l'eau bouillante, et contient une petite quantité d'alcali. Cette substance n'est pas toujours stalactiforme; mais quelles que soient ses modifications extérieures, elle conserve toujours le nom de sinter.

Gustave. — Je crois reconnaître ici ce que vous appelez la forme botryoïde (uviforme). La masse paraît composée de petites bulles comme l'hyalite.

Mme de Beaumont. — Oui; c'est une de ses formes les plus communes. On le rencontre aussi sous la forme coralloïde et ressemblant à la mousse. Les moins considérables de cette espèce ont absolument l'apparence de choux-fleurs croissant autour de Geysser. Les variétés poreuses contiennent généralement des substances végétales, car on les trouve en dehors des bassins d'où sortent les eaux de Geysser. Voici un échantillon rempli de petites pailles et de tiges menues qui semblent avoir été empâtées dans le sinter.

---

* L'eau de ces sources est bouillante à la surface de la terre; mais la température doit s'élever de beaucoup au-dessus de 100°, dans l'intérieur de la terre, où elle est susceptible d'être comprimée.

CAROLINE. — Cela a du rapport avec l'effet que produisent les sources pétrifiantes de Matlok.

Mme DE BEAUMONT. — On a tort d'appeler ces sources *pétrifiantes ;* elles ont seulement la propriété *d'incruster* les substances qu'on y plonge. Les sinters formés en dedans des étangs sont plus compactes, leur couleur est le blanc rougeâtre, le rouge clair, et le gris de diverses nuances.

CAROLINE. — Cet échantillon rouge-clair est rayé comme l'agathe.

Mme DE BEAUMONT. — Lorsque le sinter paraît formé de plusieurs dépositions successives, arrangées par couches, on dit qu'il consiste en concrétions *lamellaires*. Il y a une variété de ce minéral qui est opaline, et quelquefois marquée de taches noires et bleues.

GUSTAVE. — La cassure est très éclatante, mais je ne trouve point d'expression pour en indiquer la forme.

Mme DE BEAUMONT. — Elle tient le milieu entre la cassure fibreuse et l'esquilleuse.

CAROLINE. — J'aperçois un fragment d'une apparence plus agréable que tous les échantillons précédents ; la partie extérieure est perlée.

Mme DE BEAUMONT. — C'est le sinter-siliceux perlé : il diffère un peu dans sa composition des autres sous-espèces, parce qu'il n'est pas le résultat de dépositions successives produites par les sources chaudes. Il est généralement stalactiforme, ou se présente comme une agglomération de petites masses globulaires.

GUSTAVE. — Ces substances sont-elles aussi dures que le quartz?

Mme DE BEAUMONT. — Elles le sont moins; cependant elles raient le verre. Le sinter-perlé fut découvert d'abord au pied de la montagne de *santa-fiora* dans l'île d'Ischia, et c'est de là qu'il a reçu le nom de fiorite.

GUSTAVE. — Je suppose que la pesanteur spécifique de ces minéraux n'est pas fort élevée.

Mme DE BEAUMONT. — Non; elle varie de 1,80 à 1,91.

CAROLINE. — Je suis heureuse de trouver enfin des cailloux; j'étais impatiente d'y arriver.

Mme DE BEAUMONT. — C'est une substance si parfaitement connue, qu'il serait superflu de vous en parler longuement. J'ai à vous montrer cependant un bon nombre d'échantillons pour vous faire connaître les formes et les couleurs particulières qui appartiennent au caillou, appelé autrement silex ou pierre à fusil.

CAROLINE. — J'en vois ici qui contiennent des cristaux de quartz; il m'est arrivé de trouver moi-même de ces cristaux en brisant un caillou.

Mme DE BEAUMONT. — J'en suis persuadée; il n'est pas rare de rencontrer le quartz incrusté dans les cavités de cette pierre.

CAROLINE. — Quelles sont les substances blanchâtres qu'on aperçoit dans quelques-uns de ces échantillons ?

Mme DE BEAUMONT. — Ce sont des pétrifications d'Alcyonic, des champignons ou des éponges qui généralement ne remplissent pas les cavités qui les renferment. La surface extérieure est communément vide et presque blanche ; en brisant les échantillons, on reconnaît que la partie intérieure a la même couleur que la masse environnante. On rencontre souvent des écailles pétrifiées à l'état de cailloux. Voici un fragment dans lequel se trouve incorporé un petit hérisson.

CAROLINE. — Il est parfaitement reconnaissable.

Mme DE BEAUMONT. — Lorsque le caillou a une couleur unique, c'est ordinairement le gris ou le jaune brun ; dans le cas contraire, les cailloux présentent fréquemment des couleurs plus éclatantes disséminées en taches ou étendues en rubans, tantôt droits, tantôt courbes. La cassure du silex est toujours parfaitement conchoïde et à gros grains ; son éclat est peu luisant, et même sombre dans les variétés plus opaques.

CAROLINE. — Comment se fait-il que ces cailloux à cassure sombre, soient blancs à leur surface ?

Mme DE BEAUMONT. — Les uns doivent la blancheur de leur croûte à l'influence de l'atmosphère ; les autres sont dans leur état naturel. Les roches de craie qui bordent la côte méridionale de l'Angleterre, contiennent des couches immenses de cailloux empâtés en nouets irréguliers, dont l'enveloppe est blanche; le gravier, si abondant sur le globe, n'est qu'un amas de cailloux arrondis par le frottement. Ce sont également des cailloux répandus par couches dans la pierre à sablon, qui forment le minéral connu sous le nom de *poudingue*.

Gustave. — J'en ai vu précédemment des échantillons taillés et polis; les morceaux rouges ressemblent parfaitement à des prunes.

Mme de Beaumont. — Cette espèce se trouve en concrétions abondantes dans le comté d'Hertford. Le caillou passe à l'état de calcédoine et de cornaline, deux substances qui remplissent souvent ses cavités en petites masses uviformes ou tuberculeuses. Cette transition est sensible dans les cailloux du Dorsetshire, surtout dans la partie occidentale de la Roche de craie. Le silex passe encore à l'état de *pierre de corne* conchoïde, minéral que vous voyez placé à côté du premier. La variété dont la cassure est esquilleuse, fut d'abord ainsi appelée, parce qu'elle a quelque ressemblance avec la corne; mais elle a plus de rapport avec le quartz qu'avec le caillou. Les couleurs les plus ordinaires de la pierre de corne, sont le blanc rougeâtre, le blanc de lait et le gris très clair, quelquefois nuancé de jaune foncé.

Gustave. — La pierre de corne esquilleuse est quelquefois marquée de petites taches sombres, irrégulières.

Mme de Beaumont. — C'est alors la chlorite,

selon toute apparence. Mais la pierre de corne se présente fréquemment en cristaux lamellaires, ayant la forme du carbonate de chaux ou du fluor. Très souvent aussi elle revêt les formes madréporites. On peut la distinguer du silex en ce qu'elle est moins dure et sans éclat.

GUSTAVE. — Ses parties constituantes different-elles de celles du silex ?

Mme DE BEAUMONT. — Cela est très probable; mais elle n'a pas encore été analysée. On trouve quelquefois auprès de la pierre de corne, du bois pétrifié qu'on appelle pour cela *pierre de bois*.

CAROLINE. — En voici des échantillons richement nuancés d'écarlate et de cramoisi.

Mme DE BEAUMONT. —Ceux-là viennent de l'Inde. Le bois pétrifié des comtés de Warwick et de Bedford est généralement brun; celui de l'île de Portland est à peu près blanc, et contient des cristaux de quartz dans les fentes. J'ai maintenant à vous démontrer des échantillons de la calcédoine et de la cornaline qui peut être considérée comme une sous-espèce de la calcédoine.

GUSTAVE. —En quoi ces deux substances different-elles l'une de l'autre ?

Mme DE BEAUMONT. — En les examinant, vous verrez que la cassure de la calcédoine, quoique généralement conchoïde ou unie, se rapproche de la cassure esquilleuse, et qu'elle est tout-à-fait mate; dans la cornaline, au contraire, surtout dans

la variété rouge, la cassure est conchoïde et faiblement éclatante.

Caroline. —Cette substance cristallisée dont la
couleur est le bleu pâle, n'est-elle pas de la calcédoine ?

Mme de Beaumont. —Oui; ses cristaux ressemblent aux rhomboïdes primitifs de quartz ; elle se
rencontre aussi en cristaux cubiques pseudomor-
phes, mais très rarement ; la calcédoine existe plus
abondamment en masses uniformes ou en couches,
dans les noyaux d'agathes. Sa couleur la plus rare
est le vert. La calcédoine verte ne se trouve que
dans l'Inde. Remarquez encore ce petit échantillon demi-transparent, et couvert de cristaux de
quartz rayonnant sur la calcédoine.

Caroline. — Quel est maintenant ce minéral d'un
brun très sombre et d'une grande opacité?

Mme de Beaumont. — C'est la cornaline dans son
état naturel.

Caroline. — Toutes celles que vous avez là ne
sont-elles pas aussi dans leur état naturel?

Mme de Beaumont. —Oui, à l'exception de celles
dont la couleur est le rouge foncé, qui leur a été
communiqué par échauffement, ainsi que leur
belle transparence. Avant qu'on les exportât de
l'Inde, elles ont été soumises à l'action du feu
dans de grands pots de terre ou de fer.

Gustave. — Est-ce qu'on ne trouve pas ce minéral dans d'autres localités?

Mme de Beaumont. — Les pierres de cornaline

abondent en Arabie, dans le Surinam, en Sibérie, en Bohème et dans plusieurs autres contrées. Elles sont pour la plupart d'un rouge clair, ou jaune, quelquefois même colorées de plusieurs nuances, sans le secours de feu. Cette substance est moins dure que la calcédoine.

CAROLINE. — Ce minéral vert est-il un fragment de calcédoine?

Mme DE BEAUMONT. — Non; c'est une substance appelée *plasma*, qui diffère des autres sous-espèces de la calcédoine par une transparence plus parfaite et par un éclat plus brillant.

GUSTAVE. — Les points blanchâtres qui s'y trouvent incrustés sont-ils d'une autre substance ?

Mme DE BEAUMONT. — Ils appartiennent au même minéral; mais je ne saurais vous dire s'ils sont différents de la partie verte, autrement que sous le rapport de la couleur.

CAROLINE. — Je vois un échantillon qui ressemble au verre de bouteille fondu, et dont la surface extérieure est fort éclatante.

Mme DE BEAUMONT. — C'est du plasma trouvé dans les ruines de Rome, d'où sont venus la plupart des échantillons qui figurent dans les collections.

GUSTAVE. — En voici un morceau d'une dimension considérable.

Mme DE BEAUMONT. — Vous vous trompez; c'est un fragment d'*héliotrope*, communément appelée *sanguine*, à cause des taches rouges de jaspe qui s'y trouvent quelquefois disséminées ; mais ces taches ne sont pas essentielles à l'héliotrope. On peut la considérer comme un mélange de calcédoine et d'une substance appelée *terre verte*, que je vous montrerai plus tard.

CAROLINE. — Je la trouve d'une plus belle couleur que le plasma ou la prase.

Mme DE BEAUMONT. — En général, elle n'est translucide que sur ses bords ; j'en ai cependant quelques beaux échantillons, où le mélange des deux substances n'est pas complet, et qu'on peut diviser en lames minces parfaitement translucides ; en voici un où la terre verte, disséminée dans la calcédoine, ressemble à de la mousse. Le fer est la matière colorante de ce minéral.

GUSTAVE. — Ces fragments sont vraiment curieux.

Mme DE BEAUMONT. — Le dernier que je vous ai montré a été apporté de l'Abyssinie par lord Valentia. L'héliotrope se trouve dans la Bucharie, la Tartarie, la Sibérie, l'Écosse, et dans quelques autres localités. Les variétés de la Sibérie n'ont point de taches rouges. La chrysoprase est une autre sous-espèce de calcédoine, que sa beauté et sa couleur ne permettent pas de confondre avec d'autres minéraux.

CAROLINE. — Comme ce beau vert repose la vue ! Est-ce le fer qui en est le principe colorant ?

Mme DE BEAUMONT. — Non, cette couleur est produite par l'oxyde de nickel, dont la chrysoprase contient environ 1 pour cent *. Le vert tire plus sur le bleu que celui de l'émeraude ; sa cassure ressemble à celle de la calcédoine, mais elle n'est jamais uviforme (botryoïde), parce que la chrysoprase se trouve constamment en petits filons dans les veines d'une terre verte ; vous pouvez vous en convaincre en considérant la surface extérieure des échantillons.

GUSTAVE. — Je vois ici des pierres d'Egypte ; quel nom leur donnez-vous en Minéralogie?

Mme DE BEAUMONT. — Cette substance est le jaspe, autre sous-espèce de quartz rhomboïdal, dont il y a plusieurs variétés. En voici une qu'on appelle *jaspe égyptien rouge*, à cause de sa ressemblance avec les pierres d'Egypte, bien qu'elle ne se trouve que dans le grand duché de Bade ; sa couleur est généralement le rouge brun clair.

CAROLINE. — Et cette autre variété ne se trouve-t-elle que dans l'Egypte?

Mme DE BEAUMONT. — Oui ; et c'est dans les

	Calcédoine.	Cornaline.	Plasma.	Héliotrope.	Chrysoprase.
Silice..........	99	94	96,75	84	96,16
Chaux.........	»	»	»	»	0,83
Alumine......	»	3,50	0,25	7,50	0,08
Oxyde de fer..	»	0,75	0,50	5, 0	0,08
Oxyde de nick.	»	»	»	»	1,00
Eau..........	»	»	2,50	2,50	»
Perte.........	»	1,75	»	»	1,83

amas de sable qu'on la trouve disséminée, sans qu'on ait pu découvrir sa situation géognostique primitive. Le jaspe commun se présente en masse; il est souvent traversé par de petites veines de quartz, comme le montrent ces échantillons venus de Sicile.

GUSTAVE. — Je m'étais toujours représenté le jaspe comme rouge, mais je vois que vous en avez dont la couleur est le beau jaune d'ocre.

Mme DE BEAUMONT. — Il existe aussi du jaspe brun et du jaspe vert; mais le noir est l'espèce la plus rare. Ce minéral est opaque ou faiblement translucide sur les bords; il est quelquefois composé de couches alternantes de différentes couleurs : la variété rubanée alternativement de rouge pourpre et de vert-porreau, ne se trouve qu'à Orsk, en Sibérie. Le jaspe porcelaine est considéré comme une production volcanique imparfaite, c'est-à-dire qu'il provient d'un schiste argileux converti en une espèce de porcelaine par des feux souterrains, bien qu'il n'ait pas été liquéfié comme la lave. On le trouve dans le voisinage des terrains volcaniques, et partout où des couches de charbon de terre ont été en combustion.

Les fragments gris-de-plomb et couleur de lavande sont les seuls qui possèdent quelque éclat. Les variétés rouges et jaunâtres sont ordinairement d'apparence mate.

GUSTAVE. — Trouve-t-on le jaspe en Angleterre?

Mme DE BEAUMONT. — Certainement, il s'en trouve considérablement entre Wednesburg et Bilston, dans le Staffordshire, canton où abondent les mines de charbon; mais la Saxe et la Bohême sont les pays qui fournissent le plus de jaspe. Ce minéral, lorsqu'il se trouve incorporé dans une portion de quartz ou de calcédoine, prend le nom de *jaspe-agathe*; il serait plus exact de l'appeler *agathe-jaspe*, et de le considérer comme une agathe, puisqu'il n'est plus un minéral simple.

CAROLINE. — L'agathe n'est donc pas un minéral simple?

Mme DE BEAUMONT. — Non, l'agathe est une pierre composée de silex, de quartz, d'améthyste, de calcédoine, de pierre de corne, de jaspe, d'héliotrope et de cacholong; elle prend différents noms, suivant la manière dont ces substances sont disposées. En général, les noyaux d'agathe n'ont pas plus de deux ou trois substances unies ensemble. Les principales espèces sont l'agathe rubanée, l'agathe *en brèche*, l'agathe *fortification* et l'agathe *mousseuse*. La première se compose généralement de couches alternantes de calcédoine avec jaspe, ou de jaspe avec améthyste.

GUSTAVE. — L'échantillon que vous nous montrez est magnifique; les couches sont très minces et très serrées.

Mme DE BEAUMONT. — Les plus beaux fragments de cette espèce et les plus volumineux viennent de la Saxe, où elle se trouve par masses considérables. C'est dans l'intérieur de ces mêmes masses qu'on rencontre la seconde espèce, l'agathe *breccie* ou en brèche.

Caroline. — Celle-ci n'est pas moins curieuse ; elle est toute composée de petits fragments d'agathe rubanée et d'améthyste.

Mme de Beaumont. — On dirait d'abord que cet échantillon est l'ouvrage de l'art ; mais toutes les parties du noyau ont été réellement brisées et cimentées ensemble par la nature. Vous avez vu souvent des agathes-*fortification ;* les fragments appelés *pierres d'Écosse* appartiennent presque tous à cette variété.

Gustave. — J'en vois quelques-unes qui ressemblent réellement à des fortifications ; ce qui est encore plus sensible lorsque la calcédoine est transparente, et les lignes sombres.

Mme de Beaumont. — Dans plusieurs de ces agathes sombres la couleur a été produite, ou du moins fortifiée, par des moyens artificiels.

Caroline. — Comment a-t-on pu y parvenir?

Mme de Beaumont. — Je suis persuadée qu'on les a mises en ébullition dans un acide sulfurique.

Gustave. — Je croyais que la silice n'était soluble dans aucun acide.

Mme de Beaumont. — Aussi n'est-ce pas la calcédoine qui est attaquée par les acides. Mais les agathes étant composées de plusieurs couches différentes, contiennent souvent des dépositions car-

bonacées de bitume qui peuvent, comme toutes
les substances végétales, être brûlées par un acide
et changer de couleur, surtout si l'on emploie à
cet effet l'acide sulfurique.

CAROLINE. — Est-ce que les agathes contiennent
des substances végétales?

Mme DE BEAUMONT. — Très souvent. Le docteur
Culloch en a découvert dans la plupart des agathes;
il a même déterminé le genre auquel appartiennent
ces substances. J'ai ici une tranche mince d'agathe-
fortification, que j'ai voulu décolorer par échauffement, et vous voyez que quelques portions ont
été complétement dissoutes.

GUSTAVE. — En effet, il y a une couche entre
celles de calcédoine blanche, qui a été décomposée et qui a laissé des cavités dans votre échantillon.

Mme DE BEAUMONT. — Je n'arrêterai pas plus
long-temps votre attention sur les échantillons de
cette famille; vous pouvez maintenant en continuer l'examen par vous-mêmes, et vous en faire
un amusement pour la soirée. La dernière espèce
ressemble beaucoup au silex; mais quoique la cassure des petits fragments soit conchoïde ou esquilleuse, la texture des masses considérables est
schisteuse.

GUSTAVE. — Comment l'appelle-t-on?

Mme DE BEAUMONT. On nomme cette substance
schiste siliceux; elle a une sous-espèce appelée

pierre lydienne qui se distingue par son opacité et par sa couleur plus obscure.

CAROLINE. — Cet échantillon noir est-il une pierre lydienne?

Mme DE BEAUMONT. — Oui ; mais elle est quelquefois d'un vert extrêmement sombre. Les couleurs du schiste siliceux sont généralement le gris ou le brun rougeâtre. Il est souvent traversé de veines de quartz. La pierre de Lydie servait autrefois de *pierre de touche*, pour reconnaître la pureté de l'or et de l'argent.

GUSTAVE. — Je ne comprends pas comment elle pourrait servir à faire un tel essai?

Mme DE BEAUMONT. — Ce n'est point par un procédé chimique ; l'opération consiste simplement à frotter le métal sur la surface de la pierre, et à comparer la couleur de la trace qu'il y imprime, avec la couleur qu'y laisse le frottement des métaux purs ou des alliages dont la composition nous est connue. Ces minéraux sont un peu moins durs que le silex.

Je crains bien que la famille des quartz ne vous ait paru fastidieuse, étant la plus étendue qu'il y ait dans tout le système. L'examen des autres familles sera moins long, parce qu'elles n'admettent pas de variétés si nombreuses, et surtout parce que je vous ai expliqué, en examinant les échantillons, beaucoup de choses que je n'aurai pas occasion de répéter par la suite. Comme les substances siliceuses, et notamment le quartz, se rencontrent dans la plupart des autres minéraux, et sous des apparences différentes, j'ai dû m'en procurer une collection plus considérable. Demain nous nous occuperons du grenat et de quelques autres familles.

SEPTIÈME ENTRETIEN.

Famille du grenat. — De l'idocrase. — Du schorl. — De l'épidote. — De la pierre de poix.

Mme DE BEAUMONT, CAROLINE, GUSTAVE.

Mme DE BEAUMONT. — Il ne faut pas vous attendre à trouver de belles formes dans les minéraux
de cette famille.

CAROLINE. — Contient-elle beaucoup d'espèces,
indépendamment du grenat?

Mme DE BEAUMONT. — Oui, un assez grand nombre;
mais il en est très peu qui possèdent la belle couleur qui fait du *grenat noble* un objet précieux
dans la joaillerie.

GUSTAVE. — Ces cristaux d'un rouge foncé sont-
ils du grenat précieux?

Mme DE BEAUMONT. — Oui; leur forme primitive
est le dodécaèdre rhomboïdal, mais elle est souvent modifiée par des truncatures sur les arètes
(*pl.* IV. *fig.* 5o et 51). On dit que ce minéral est
l'escarboucle des anciens. L'espèce appelée pyrope

14

s'emploie aussi en bijouterie ; mais on peut la distinguer du grenat précieux en ce qu'elle n'est pas cristallisée ; on la trouve toujours en grains arrondis, *engagés* quelquefois dans des roches primitives.

CAROLINE. — Quel est ce minéral vert?

Mme DE BEAUMONT. — C'est un cristal de grenat précieux enveloppé dans la chlorite ; j'ai ici le pareil qui est brisé et qui montre la cassure petite conchoïde *. Il est d'un éclat tirant sur le brillant. On trouve de ces cristaux qui sont de la grosseur du poing.

GUSTAVE. — Voici des échantillons qui ne sauraient être des grenats *précieux;* car ils sont presque opaques, et l'un d'eux a tout-à-fait l'éclat métallique.

Mme DE BEAUMONT. — Ceux-là ne peuvent être employés comme ornements ; mais les minéralogistes les considèrent comme des grenats précieux, différents seulement des autres par une couleur plus obscure. L'éclat métallique que vous remarquez dans celui-ci, provient de la quantité de fer qu'il contient. Dans quelques pays, cette espèce et le grenat commun massif sont exploités comme mines de fer.

CAROLINE. — C'est donc pour cette raison qu'il est si pesant?

Mme DE BEAUMONT. — Oui ; la pesanteur spécifi-

---

* Les grenats du Canada et du Groenland ont la cassure lamelleuse.

que du grenat précieux varie de 4,08 à 4,3 ; celle du grenat commun est généralement de 3,7. Les deux espèces cristallisent dans la même forme ; mais dans le grenat commun, la couleur varie depuis le noir jusqu'au rouge d'hyacinthe pâle, en passant par toutes les nuances de brun et de vert sombre. La cassure est inégale, à grands grains, et à peu près opaque, si ce n'est dans quelques variétés cristallisées.

GUSTAVE. — Ces petits cristaux d'un jaune éclatant appartiennent-ils au grenat commun?

Mme DE BEAUMONT. — C'est un autre minéral appelé topazolite, à raison de sa couleur. On l'a d'abord considéré comme une variété du grenat ; mais il a été reconnu ensuite que la topazolite contient une petite quantité de glucine, et seulement deux pour cent d'alumine. Elle ne se trouve qu'à Mussa, dans le Piémont. Tous ces minéraux ont assez de dureté pour rayer le quartz.

CAROLINE. — De quelle nature sont ces petits cristaux noirâtres?

Mme DE BEAUMONT. — Ce sont des fragments de pyrénéite, déposée sur le calcaire primitif; leur forme est le dodécaèdre rhomboïdal, sans aucune modification. Voici encore des cristaux d'un vert jaunâtre, translucides, qu'on appelle grenats *grossulaires*, parce qu'ils ressemblent, pour la couleur, à la groseille verte.

GUSTAVE. — Comment peut-on les distinguer des cristaux de grenat commun vert?

Mme DE BEAUMONT. — Les plans du grenat grossulaire, sont, à peu d'exceptions près, lisses et doux au toucher; mais ceux du grenat commun sont striés dans la direction des arêtes du dodécaèdre. Leur composition est aussi fort différente, le grenat grossulaire contenant environ trente pour cent de chaux; sous ce rapport il ressemble à l'espèce suivante appelée *allochroïte*, qu'on prendrait, au premier abord, pour le grenat commun massif.

CAROLINE. — Est-il possible de déterminer à laquelle des deux espèces il faut rapporter un minéral sans le secours de l'analyse chimique?

Mme DE BEAUMONT. —Oui; l'allochroïte est infusible au chalumeau, sans une addition de phosphate de soude. A l'aide de ce flux, elle se fond en une espèce d'émail qui est d'abord jaune-rougeâtre, et ensuite verdâtre, et enfin noir. Le grenat précieux et l'espèce commune se fondent très facilement au chalumeau: il en est de même de la colophonite.

GUSTAVE. — Cette concrétion granulaire n'est-elle pas un échantillon de colophonite?

Mme DE BEAUMONT. —Oui; c'est un minéral qui cristallise rarement. Il se compose généralement de grains brillants et anguleux qu'on peut facilement séparer les uns des autres.

CAROLINE. — Les grains, par leur couleur et leur transparence, ressemblent beaucoup au grenat précieux de couleur éclatante.

Mme DE BEAUMONT. — On a un moyen sûr de les

distinguer, dans la pesanteur spécifique, qui est au-dessous de 3,0 pour le colophonite.

GUSTAVE. — Voici des cristaux noirs qui appartiennent sans doute à la pyrénéite, comme ceux qu'on a vus plus haut ?

Mme DE BEAUMONT. — Non ; ce sont des échantillons de mélanite ou des grenats noirs. Cette substance est toujours noire et opaque, au lieu que la pyrénéite est plus ou moins translucide. La mélanite se rencontre rarement en dodécaèdres primitifs. J'en ai un échantillon *unique*, venu de Suède, dans lequel les plans ne sont pas modifiés, mais les cristaux sont plus petits.

CAROLINE. — Les autres variétés sont-elles rares ?

Mme DE BEAUMONT. — Oui ; l'allochroïte ne se trouve qu'à Drammen, en Norwége, où même elle n'est pas abondante. Le voisinage d'Arendahl est la seule localité qui fournisse la colophonite. Le pyrope fut d'abord appelé *grenat de Bohême*, parce qu'on le trouve dans cette contrée. Les plus beaux grenats précieux que je connaisse, ont été apportés du Groenland, il y a peu d'années, par le professeur Giesecke ; on en trouve aussi de fort beaux en Bohême, à Ceylan et dans le Pégu.

La variété qui vient immédiatement après, se nomme *aplome*. Ce minéral diffère des espèces précédentes par sa composition et par la forme de ses cristaux, quoique, par sa couleur olive sombre, il paraisse appartenir au grenat commun. (*fig.* 53.)

GUSTAVE. — Le grenat commun n'a-t-il jamais de troncature aux angles de son dodécaèdre?

Mme DE BEAUMONT. — L'aplome est la seule espèce dont les plans soient tronqués; mais ils sont en même temps striés parallèlement à leur plus petite diagonale, ce qui indique le cube pour forme primitive, et non pas le dodécaèdre. Cependant on n'a pas encore rencontré l'aplome en noyau cubique. Ses cristaux translucides sont de couleur orange brun foncé.

CAROLINE. — Faites-nous connaître ces cristaux blancs, opaques?

Mme DE BEAUMONT. — Ils appartiennent à la leucite, substance qui se trouve placée là sans beaucoup de raison, puisqu'elle diffère de tous les minéraux de cette famille, en ce qu'elle contient vingt pour cent de potasse; mais on est accoutumé à la voir classée parmi les variétés du grenat, sous le nom de grenat blanc.

GUSTAVE. — Ces cristaux sont-ils de forme primitive? (*fig.* 52.)

Mme DE BEAUMONT. — Il est probable que non; cependant on n'a pas encore trouvé la leucite sous une autre forme. Le trapézoèdre (forme affectée au cristal de leucite) peut être dérivé, soit du cube, soit du dodécaèdre rhomboïdal, comme noyau primitif. Mais la surface et la cassure de ce minéral ne peuvent pas nous apprendre laquelle est, entre ces deux formes, la primitive.

ANALYSES.

	Pyrope (a).	Grenat précieux (a).	Grenat commun (b).	Topazolite (c).	Pyrénéite (d).	Grossulaire (a).	Allochroïte (e).	Colophonite (f).	Mélanite (a).	Aplome (g).	Leucite (d).
Silice	40	35,75	39,66	37	43	44	37	37	35,5	40	56
Alumine	28,5	27,25	19,66	2	16	8,5	5	13,5	6	20	2,0
Chaux	3,5	»	»	29	20	33,5	30	29	32,5	14,5	2
Magnésie	10	»	»	»	»	»	»	6,5	»	»	»
Glucine	»	»	»	4	»	»	»	»	»	»	»
Potasse	»	»	»	»	»	»	»	»	»	»	20
Oxyde de fer	5	36	39,68	25	16	12	18,5	7,5	24,25	14	»
—— de manganèse	25	0,25	1,80	2	»	trace.	6.25	4,75	0,4	2	»
—— de titane	»	»	»	»	»	»	»	0,5	»	»	»
Eau, etc	»	»	»	»	4	»	»	1	»	»	»
Perte	1,25	0,75	»	»	1	2	3,25	0,25	1,35	7,5	2
Mélange de silice et de fer										2	

(a) Klaproth. (b) Bisinger. (c) Bouvoisin. (d) Vauquelin. (e) Rose. (f) Simon. (g) Laugier.

GUSTAVE. — Est-ce dans la roche de Trapp que les cristaux se trouvent engagés ?

Mme DE BEAUMONT. — C'est dans une enveloppe de lave, substance dans laquelle est ordinairement déposée la leucite, considérée, pour cette raison, comme une production volcanique. Elle n'est pas assez dure pour rayer le verre, ce qui aide à la distinguer d'un autre métal blanc qui a la même cristallisation. Il est à remarquer que toutes ces espèces ont pour forme cristalline le dodécaèdre rhomboïdal simple ou modifié.

Nous arrivons maintenant à la famille de l'idocrase. La première espèce, appelée *idocrase* ou *vésuvienne*, ressemble par sa composition à quelques variétés du grenat* ; mais son cristal primitif est un prisme carré. (*fig.* 54.)

CAROLINE. — Je vois ici quelques échantillons dont les cristaux ont des modifications très compliquées. (*fig.* 57.)

Mme DE BEAUMONT. — Je les ai disposés suivant leur degré de simplicité dans la forme cristallisée. Voici d'abord de petits cristaux détachés qui ont éprouvé peu d'altérations.

---

* L'idocrase et la pierre-cannelle sont classées ordinairement parmi les grenats ; mais l'idocrase différant de toutes les espèces de grenats par la cristallisation, je l'ai placée en tête d'une famille distincte. Après elle vient la pierre-cannelle que le docteur Thomson regarde comme une variété de la précédente.

(Voy. *Chimie de Thomson*, 6e édit., t. III, p. 291.)

Gustave. — Leurs plans sont tout-à-fait lisses aux deux extrémités. (*fig.* 55, 56.)

Mme de Beaumont. — Ces volumineux fragments d'un vert noirâtre viennent des environs du lac Baïkal, en Sibérie, ce qui les a fait appeler *baïka-listes*; mais ce nom est pareillement affecté à d'autres substances originaires de la même localité. L'idocrase fut trouvée d'abord dans le voisinage du Vésuve; elle est souvent accompagnée de carbonate de chaux, de mica, de la hornblende, du grenat commun, et de quelques autres minéraux. La variété vert pâle demi-transparente vient du Piémont.

Caroline. Cet échantillon, d'un bleu éclatant, est-il encore une idocrase ?

Mme de Beaumont. — C'est l'idocrase de Norwège; elle est engagée dans une concrétion de quartz avec une substance de couleur rose, appelée *tulite*, qui n'a pas été encore analysée.

Gustave. — Je vois ici une pierre qui n'est pas certainement une vésuvienne; elle appartient sans doute à la famille du grenat, à la colophonite peut-être.

Mme de Beaumont. — Vous êtes dans l'erreur: c'est une *pierre-cannelle*, minéral qui ressemble extérieurement au grenat, mais qui, par sa composition, a beaucoup plus d'analogie avec la vésuvienne. Elle est connue seulement depuis quelques années; on l'a rencontrée dans le sable de rivière de l'île de Ceylan, en petits morceaux arrondis,

qui ont été pris d'abord pour une variété d'hyacinthe.

CAROLINE. — Il y a des échantillons qui présentent la pierre-cannelle mêlée avec une substance
d'un bleu éclatant.

Mme DE BEAUMONT. — Ce sont des fragments d'une
roche découverte récemment dans l'île de Ceylan,
et qui est composée de pierre-cannelle et d'une autre
substance appelée *spath en table*. J'ai vu dans la
collection de la Société géologique du Cornouaille,
le seul cristal de pierre-cannelle qui existe à ma connaissance. Il a été envoyé de Ceylan par le docteur
Davy. Sa forme est le dodécaèdre rhomboïdal.

GUSTAVE. — La pierre-cannelle n'est-elle pas employée en joaillerie?

Mme DE BEAUMONT. — On la taille quelquefois en
chatons de bagues; mais elle contient généralement
de nombreuses bulles d'air qui lui donnent l'apparence du verre. L'espèce qui suit immédiatement
est la géhlénite, ainsi appelée parce qu'elle a été
découverte par le célèbre naturaliste Gehlen.

CAROLINE. — Les cristaux paraissent être de petits
prismes rectangulaires; mais je n'en suis pas certaine, parce qu'ils sont confusément agglomérés
ensemble.

Mme DE BEAUMONT. — Ce sont des prismes carrés
(*fig.* 58), forme qui appartient aussi à d'autres
minéraux; mais la disposition pêle-mêle des cristaux est le signe vraiment caractéristique de la
géhlénite.

GUSTAVE. — Vous avez deux échantillons d'un gris clair. Ce minéral admet-il quelque autre couleur?

Mme DE BEAUMONT. — Il est quelquefois vert-olive, brun-verdâtre, ou noir tirant sur le bleu. Sa cassure est inégale et sans éclat. Il est un peu plus pesant que le quartz; sa pesanteur spécifique est d'environ 2,91. La géhlénite raie le verre, mais elle est moins dure que le quartz. La dernière espèce de cette famille est la *scapolite,* sous-divisée en *rayonnée, lamelleuse* et *compacte.*

GUSTAVE. — Les trois sous-espèces ne diffèrent donc que par la forme?

Mme DE BEAUMONT. — C'est probable; si vous analysez un mélange de scapolite *rayonnée* et de scapolite *lamelleuse,* vous obtenez à peu près le même résultat que donne l'analyse de deux sous-espèces faite séparément. Les plus gros fragments que j'en aie, sont ces longs cristaux verts, engagés dans du carbonate de chaux.

CAROLINE. — Les prismes sont bien distincts, mais les pointes sont imparfaites, et je ne puis reconnaître la forme primitive.

Mme DE BEAUMONT. — C'est un prisme carré, (*pl.* IV. *fig.* 59) qui existe rarement sans quelques modifications. Dans le carbonate de chaux les prismes sont à huit angles (*fig.* 60).

GUSTAVE. — Je vois ici un cristal primitif, mais fortement strié à sa surface.

CAROLINE. — Son éclat extérieur est soyeux; il a quelque ressemblance avec l'œil de chat.

15..

172

Mme DE BEAUMONT. — Cet éclat est particulier aux cristaux qui tirent sur le blanc. Voici un échantillon dans lequel les cristaux sont assemblés par petites *bottes*. La scapolite compacte, dont la couleur est communément le gris verdâtre, ou le vert olive pâle, a une cassure esquilleuse ; on en trouve qui sont d'un rouge foncé, mais elles sont rares.

CAROLINE. — Quel est cet échantillon vert-jaunâtre qui est translucide dans toute sa masse?

Mme DE BEAUMONT. — C'est une variété appelée *gabbronite* ; elle diffère un peu de la scapolite, en ce qu'elle a moins d'éclat et de transparence. La scapolite a reçu différents noms. Les uns l'ont appelée *wernerite*, en l'honneur du célèbre minéralogiste Werner ; d'autres la nomment *arctizite*, parce qu'elle fut découverte près du cercle polaire arctique.

GUSTAVE. — Dans quelle partie du monde la trouve-t-on?

Mme DE BEAUMONT. — Près d'Arendahl et dans la province de Wermeland, en Suède, où elle se rencontre associée au carbonate de chaux [*].

	IDOCRASE	PIERRE-CANNELLE	GÉHLÉNITE.	SCAPOLITE.	WERNERITE.
	Analyse par Klaproth.	Klaproth.	Fuchs.	Abilgard.	John.
Silice	42	38,86	70,64	48	40
Alumine	16,25	21,20	24,80	30	34
Chaux	34	31,35	35,30	14	16,5
Oxyde de fer	5,5	6,50	6,56	1	8
—— de manganèse	"	"	"	"	1,5
Eau	"	"	3,3	"	"
Perte	2,25	2,25	"	5	"

Caroline. — Je vois que nous touchons à la fin de la famille, car voici des tourmalines appartenant aux minéraux électriques qui font mes délices.

Mme DE BEAUMONT. — Ce sont des sous-espèces de *schorl*. Cette substance est divisée en schorl précieux ou tourmaline, et en schorl commun. Ils se distinguent généralement l'un de l'autre, en ce que le schorl commun est toujours noir et opaque.

Gustave. — Tous ces cristaux bruns, bleus et verts, sont donc des tourmalines?

Mme DE BEAUMONT. — Oui, et même les cristaux de couleur rose, qu'on appelle quelquefois *rubellites*.

Caroline. — Je me souviens d'avoir vu au Musée un fragment de rubellite énorme. Sa couleur est le rose pâle (faiblement éclatante) et les cristaux m'ont paru avoir la dispostion *rayonnée*.

Mme DE BEAUMONT. — Ce que vous en dites est de toute exactitude; c'est un des plus beaux échantillons de rubellite connus; on l'évalue à 500 livres sterling. Vous n'avez pas oublié, sans doute, ce qui a été écrit à l'occasion de ce fragment offert par le roi d'Ava au colonel Symes, qui en parle dans sa *relation de l'ambassade à Ava*.

Gustave. — Je me le rappelle maintenant. Le cristal primitif de la tourmaline est-il un prisme?

Mme DE BEAUMONT. — Non; c'est un rhomboïde très obtus (*fig.* 61); mais les cristaux sont le plus souvent prismatiques et terminés par 3, 6, 9 plans, ou même plus. Les pointements aplatis sont très rares. J'ai un cristal demi-transparent de cette forme (*fig.* 67) engagé en partie dans le calcaire magnésien. Le Piémont est la seule localité qui fournisse cette espèce.

CAROLINE. — A sa couleur brillante, j'aurais pris ce minéral pour une aigue-marine ou une émeraude.

Mme DE BEAUMONT. — Je vais vous montrer une variété de deux couleurs, qui est très curieuse.

GUSTAVE. — La partie extérieure est verte, et la couleur du milieu est le rose éclatant; on dirait que ce sont deux minéraux engagés l'un dans l'autre.

Mme DE BEAUMONT. — Les cristaux sont striés transversalement en plusieurs endroits ; ceux-là viennent de l'Amérique septentrionale. Les cristaux de schorl commun ont exactement la même forme ; dans les deux variétés, les plans latéraux sont brillants et profondément striés en longueur, au lieu que les plans terminants sont généralement lisses.

GUSTAVE. — Dans quelques-uns des cristaux les raies sont si profondes, que je ne saurais dire combien le prisme a de pans; il paraît presque rond.

Mme DE BEAUMONT. — Cette forme est une des plus communes. Il y a une variété de la tourmaline qui est rayonnée; mais elle est rare. La rubellite et le schorl commun rayonnés se rencontrent plus fréquemment.

CAROLINE. — Ces cristaux noirs sont-ils du schorl commun?

Mme DE BEAUMONT. — Oui ; on les trouve dans le Devonshire, engagés dans le feldspath. Les cristaux plus minces qui sont engagés dans le quartz blanc, viennent de Suède.

A Roche, dans le Cornouaille *, il existe des roches entièrement composées de petits cristaux de schorl et de grains de quartz arrondis. Le schorl commun, ainsi que la tourmaline bleue, verte et brune, est coloré par le fer. Les variétés rouges et violettes ont pour principe colorant l'oxyde de manganèse, à la présence duquel on attribue la non-fusibilité de la tourmaline rouge. Les autres espèces sont très fusibles.

GUSTAVE. — Ces minéraux sont-ils plus durs que le quartz?

Mme DE BEAUMONT. — Le quartz et la tourmaline ont à peu près la même dureté. Quelques cristaux de tourmaline qui paraissent plus ou moins transparents lorsqu'on regarde à travers, sont opaques dans la direction de l'axe. Voici un échantillon bleu-sombre, qui présente un exemple remarquable de ce phénomène. Je l'ai taillé en forme de cube, afin que ce ne fût pas l'épaisseur qui le rendît opaque dans une direction plutôt que dans l'autre.

* Le schorl noir se trouve disséminé dans tous les granites du Cornouaille, depuis Mousehole jusqu'au cap Land's-End (Finistère).

CAROLINE. — Le phénomène est singulier; en regardant dans la direction de l'axe, je n'aperçois pas la moindre lumière. A quoi peut-on attribuer cette circonstance?

Mme DE BEAUMONT. — A une propriété de la tourmaline et de plusieurs autres minéraux, qui ont le pouvoir de *polariser* les rayons lumineux, c'est-à-dire de produire un nouvel arrangement dans les parcelles de lumière qui tombent sur leur surface; voici une autre substance qui présente un effet de lumière non moins curieux.

GUSTAVE. — N'est-ce pas la tourmaline bleue?

Mme DE BEAUMONT. — Non ; c'est un minéral bien moins abondant, appelé *iolite* ou *dichroïte*. Sa couleur est généralement le violet ou le bleu indigo; mais si vous regardez à travers, dans la direction de l'axe, vous verrez une tout autre teinte.

CAROLINE. — Je ne reviens pas de ma surprise.

GUSTAVE. — Dans la direction de l'axe, le minéral est brun-jaunâtre-pâle.

Mme DE BEAUMONT. — J'ai quelques petits cristaux venus du Massachuset, engagés dans un minéral blanc qui a l'apparence de l'albite. Il y en a de bleus-clairs qui sont assez transparents.

CAROLINE. — Comment pourrais-je les distinguer de la tourmaline bleue sans détacher un cristal pour voir les deux couleurs?

Mme DE BEAUMONT. — Les plans latéraux de cette substance ne sont jamais striés en longueur, comme ils le sont (à peu d'exceptions près) dans la tourmaline; de plus sa cassure est généralement inégale, au lieu qu'elle est conchoïde dans la tourmaline. Le cristal primitif est un prisme hexagonal (*fig.* 67). Les échantillons que je vous ai montrés sont des prismes à douze pans (*fig.* 68). Cette variété d'un bleu très sombre s'appelle *indicolite.*

GUSTAVE. — La cassure est à peu près *rayonnée.*

Mme DE BEAUMONT. — La pesanteur spécifique des deux espèces (iolite et indicolite) est d'environ 2,5. Elles raient le quartz avec quelque difficulté. L'iolite massive, translucide, est accompagnée de pyrites.

CAROLINE. — Appelez-vous cela des pyrites? C'est une substance qui ressemble au laiton.

Mme DE BEAUMONT. — Oui; ce minéral a été d'abord considéré comme une variété de quartz bleu.

GUSTAVE. — Voici un échantillon que j'aurais pris facilement pour du quartz; il est tout-à-fait transparent, et sa cassure est conchoïde.

Mme DE BEAUMONT. — C'est une sous-espèce appelée *steinheïlite ;* quelques-uns la considèrent comme une simple variété de l'iolite dont effectivement elle diffère très peu. Elle se rencontre engagée ou plutôt disséminée par petites masses détachées, dans un mélange de feldspath, de mica et d'autres substances. J'ai toujours vu la steinheïlite dans l'état *amorphe.*

Le péliome est un autre minéral de ce genre, qui par la nature de sa composition et par ses caractères extérieurs, a une telle analogie avec l'iolite, que je ne vois point de raison pour établir une distinction entre les deux substances. Le peliome ne se trouve qu'à Bodenmais en Bavière. La steinheilite nous vient de la Finlande. Tous ces minéraux sont suffisamment caractérisés, et vous n'aurez pas beaucoup de peine à les reconnaître, quand il vous arrivera de les rencontrer. On peut en dire autant de l'*axinite*, qui est la dernière espèce de cette famille. Sa couleur est le brun de gérofle, très pâle dans quelques variétés transparentes, et approchant quelquefois du gris de perle; mais les cristaux translucides sont d'un brun foncé, inclinant au pourpre.

CAROLINE. — Les cristaux sont minces et très aplatis.

Mme DE BEAUMONT. — On l'a appelée axinite, à cause de sa forme, parce que ses arètes sont minces et aiguës comme le tranchant d'une hache (en anglais axe). Le noyau primitif, qui est un prisme droit à base rhomboïdale (*fig*. 69), ne peut s'obtenir que par le clivage. Quelques-uns des cristaux sont assez compliqués; mais ceux que vous voyez ici sont les plus communs (*fig*. 70, 71, 72).

CAROLINE. — La surface extérieure est excessivement brillante, bien que quelques-uns des plans soient profondément striés.

Mme DE BEAUMONT. — Quoique ce minéral admette le clivage, on n'y reconnaît pas distinctement la cassure lamelleuse; sa cassure est généralement inégale.

Gustave. — Voici des cristaux auxquels je ne comprends rien, tant ils sont privés de symétrie.

Mme DE BEAUMONT.—Le défaut de symétrie dans les formes cristallines de l'axinite, est accompagné, comme dans la tourmaline, de la propriété électrique. On dit qu'il existe des cristaux symétriques qui n'ont pas cette propriété; mais je n'en ai jamais vu. On rencontre l'axinite en petits cristaux peu éclatants, dans le Cornouaille. Les plus gros que j'aie vus n'excédaient pas trois quarts de pouce en longueur; il est même rare d'en trouver de cette dimension. Les échantillons transparents d'un plus grand volume viennent du Dauphiné, de la Saxe et des Pyrénées. La couleur verte et l'opacité de quelques fragments sont produites par un mélange de chlorite.

Gustave. — Est-elle fusible au chalumeau?

Mme DE BEAUMONT. — Traitée au chalumeau (soit seule, soit avec un flux de borax), elle se fond en un émail noir. *

	Tourmaline		Schorl noir.	Iolite.	Axinite.
	verte.	rouge.			
Analyse par	Vauquelin.	Vauquelin.	Klaproth	Léopold Gmelin.	Vauquelin
Silice	40	42	36,75	42,6	44
Alumine	39	40	34,50	34,4	18
Chaux	3,84	»	»	1,7	19
Magnésie	»	»	0,25	5,8	»
Potasse	»	»	6,0	»	»
Soude	»	10	»	»	»
Oxide de fer	12,5	»	21	15	14
—— de manganèse	2	7	trace.	1,7	4
Perte	2,65	1	1,50	»	1

La famille de l'épidote dont nous allons nous occuper maintenant, ne contient que deux espèces; l'*épidote* et la *zoïsite*.

CAROLINE. — Ces grands cristaux verts appartiennent-ils à l'épidote (*fig.* 74, 75, 76)?

Mme DE BEAUMONT. —Oui; sa couleur la plus ordinaire est le vert-pistache foncé *. Les cristaux d'une grande dimension et l'épidote massive ne sont translucides que sur les bords. La forme primitive est un prisme droit, dont les bases sont des parallélogrammes équiangles (*fig.* 73); mais ils se rencontrent rarement, pour ne pas dire jamais, sans quelques modifications.

GUSTAVE. — Les cristaux transparents sont striés comme les tourmalines; cependant je ne craindrais pas de les confondre, parce que l'épidote est d'un vert plus jaunâtre.

Mme DE BEAUMONT. — La couleur est un indice moins sûr que la cristallisation. Au reste, on est beaucoup plus exposé à confondre cette substance avec quelques variétés d'idocrase. L'épidote s'appelle aussi baikalite, thallite, pistacite et acanticone.

CAROLINE. — Quel est ce minéral d'un vert brillant, et en concrétion grenue?

Mme DE BEAUMONT. —C'est une variété d'épidote, appelée aussi scorza, qui ne diffère de la précé-

---

* L'épidote a été appelée aussi *pistacite*, parce que sa couleur ressemble à celle de la pistache.

dente que par la forme. Les taches d'un vert éclatant qu'on aperçoit à la surface de l'échantillon sont des agrégations de petits cristaux aciculaires d'épidote, rayonnant d'un centre commun.

GUSTAVE. — Ils ont à peine l'épaisseur d'un cheveu.

Mme DE BEAUMONT. — C'est par cela qu'il serait impossible d'en déterminer la cristallisation. Voici une substance qui est considérée comme une sous-espèce d'épidote, quoiqu'elle semble différer beaucoup des échantillons précédents.

CAROLINE. — A quoi faut-il attribuer sa couleur brune-pourprée?

Mme DE BEAUMONT. — A l'oxyde de manganèse, dont elle contient environ 12 pour cent. La cristallisation et la cassure sont les mêmes que dans l'épidote commune; mais cette sous-espèce est plus opaque, et moins dure; on peut la rayer au couteau, au lieu que l'épidote commune entame le verre.

La zoïsite a, sous certains rapports, beaucoup de ressemblance avec l'épidote; les parties constituantes sont presque les mêmes; mais la couleur de la première est généralement le bleuâtre, ou le gris jaunâtre, inclinant quelquefois au brun.

GUSTAVE. — La cassure me paraît aussi plus éclatante que dans l'épidote.

Mme DE BEAUMONT. — Le caractère le plus distinctif de cette pierre est la disposition des cristaux prismatiques qui forment un faisceau un peu divergent, comme une gerbe de roseaux. Elle n'a qu'un seul clivage, qui est parallèle à l'axe du prisme, et dans la direction de la plus courte diagonale de la base.

ÉPIDOTE.	DU VALAIS.	D'OISANS.	ZOÏSITE
Silice..................	37,0	37,0	45
Alumine..............	26,6	27,0	29
Chaux................	20,0	14,0	21
Oxide de fer..........	13,0	17,0	3
—— de manganèse..	0,6	1,5	»
Eau..................	1,8	3,5	»
Perte................	1,0	0	2

Si vous avez maintenant une idée bien nette de ces minéraux, nous allons passer à la famille de la *pierre de poix*.

CAROLINE. — Je les connaîtrai mieux après une seconde revue ; j'avoue que cette multitude de minéraux verts a laissé un peu de confusion dans ma tête.

Mme DE BEAUMONT. — Le vert est la couleur la plus abondamment répandue dans le règne minéral, si l'on excepte le gris. Je ne suis donc pas surprise que vous soyez un peu éblouie de tout ce que vous avez vu. Ce n'est que par l'habitude que vous parviendrez à distinguer les nombreuses nuances qui se ressemblent entre elles. Au reste, la *pierre de poix* ne va nous présenter qu'une seule substance verte.

Gustave. — A quel minéral appartiennent ces échantillons noirs?

Mme DE Beaumont. — A l'obsidienne.

Caroline. — Quelle ressemblance frappante avec le verre noir!

Mme DE Beaumont. — Elle a aussi quelque analogie avec le verre dans sa composition; car elle contient de 7 à 10 pour cent d'alcali; mais cet alliage ne suffit pas pour la rendre aussi fusible que le verre.

Caroline. — Ne se fond-elle pas au chalumeau?

Mme DE Beaumont. — Quelques espèces sont fusibles; d'autres éprouvent par l'action du feu une modification vraiment curieuse. L'obsidienne noire d'Islande se fond en un verre vésiculaire gris-pâle; mais celle du Pérou perd entièrement sa couleur, devient spongieuse et se convertit en ponce.

Gustave. — A quoi peut-on attribuer cet effet surprenant?

Mme DE Beaumont. — Il est dû probablement à la présence d'un gaz qui se développe durant l'opération, mais dont la nature est inconnue. Ce minéral est assez abondant, et, dans quelques pays, on en fait des applications utiles. Au Pérou et dans la Nouvelle-Espagne, il sert à faire des miroirs. Et comme il se taille facilement en lames minces et tranchantes, ses fragments tiennent lieu de rasoirs aux naturels du pays.

Caroline. — Ces rasoirs ont-ils l'avantage de conserver leur *fil* plus long-temps que l'acier?

Mme de Beaumont. — Sans doute ; mais le minéral est si cassant, que les lames s'ébrèchent facilement. Les habitants de l'Islande orientale emploient l'obsidienne pour faire des pointes à leurs lames et à leurs flèches. Elle se trouve en Sibérie, en Islande et dans toutes les régions volcaniques. L'obsidienne bleue et celle d'un gris clair, sont presque transparentes. La variété bleue est fort rare, et ne se trouve qu'au Mexique. Quoique moins dure que le quartz, cette substance raie le verre. On trouve dans l'Amérique méridionale, quelques fragments qui ont l'éclat de l'argent, et qui sont fort recherchés pour faire des tabatières et d'autres ouvrages du même genre *. Elle est quelquefois rubanée, comme la scorie d'argent.

Gustave. — Elle a exactement l'apparence d'un minéral fondu.

Mme de Beaumont. — Des minéralogistes distingués la considèrent comme une production volcanique, opinion que paraît autoriser la nature volcanique des localités qui la fournissent, et le mélange de lave qui l'accompagne fréquemment ; mais d'autres soutiennent qu'elle est d'origine aquatique. Elle sert de passage à la pierre de poix, minéral qui a une grande ressemblance avec les scories d'argent.

---

* L'empereur de Russie, pendant son séjour à Londres, a payé 300 livres sterling quelques petites lames de ce minéral, pouvant servir à faire une tabatière.

Caroline. —Oui, j'en conviens; mais il est plus opaque, et a moins d'éclat que l'obsidienne.

Mme de Beaumont. — La cassure conchoïde de la pierre de poix est en général moins parfaite que dans l'obsidienne; et même dans ces échantillons verts-sombres, apportés de l'île de l'Ascension, et qui ont la cassure la moins parfaite, on remarque une certaine *aspérité* tout-à-fait particulière.

Gustave. —Voici cependant un fragment qui n'a pas cette aspérité.

Mme de Beaumont. — Celui-ci approche de la texture schisteuse; il vient de Newry en Irlande. Dans la pierre de poix de l'île d'Aran, la cassure est inégale et grosse-esquilleuse; elle contient ordinairement de petites taches de feldspath, disséminées, et de petites cavités vésiculaires.

Caroline. —J'aurais pris ces échantillons jaunâtres et rougeâtres pour de la demi-opale.

Mme de Beaumont. — La pierre de poix offre fréquemment un passage à la demi-opale, et quelquefois au jaspe, comme dans ce fragment jaune d'ocre. Les variétés bleues sont infiniment rares, et les jaunes ne sont pas très communes. La pierre de poix se trouve abondamment en Hongrie et en Saxe, en Irlande et en Ecosse, mais non en Angleterre.

L'espèce qui vient ensuite est la *pierre-de-perle*.

Caroline. — Pourquoi porte-t-elle ce nom?

Mme de Beaumont. —Les fragments les mieux caractérisés de l'espèce ont une ressemblance bien marquée, pour l'éclat , la couleur et la forme , avec les perles grisâtres , ou , pour mieux dire, avec une *masse de perles ;* car elle se présente en concrétions opaques, ayant la forme de grains anguleux dont la dimension varie depuis la grosseur d'un grain de sable, jusqu'à un demi-pouce et plus. Si vous examinez ces grains brisés, vous verrez qu'ils se composent de couches concentriques, comme une racine bulbeuse.

CAROLINE. — Cela ne ressemble à rien de ce que j'ai vu ; je ne crains pas de l'oublier.

Mme DE BEAUMONT. — Cette particularité ne se retrouve que dans la sphérulite, qui d'ailleurs se distingue de la précédente par sa forme et par l'infériorité de son éclat.

GUSTAVE. — Est-ce là une sphérulite ?

Mme DE BEAUMONT. — Oui ; les concrétions distinctes de cette substance sont toujours sphériques, et c'est de cette particularité qu'elle tire son nom. Observez que l'échantillon n'est pas entièrement composé de sphérulite ; les boules arrondies se trouvent engagées dans la pierre-de-poix ou dans la pierre-de-perle ; quelquefois même ces deux dernières accompagnent ensemble la sphérulite. Il existe la plus étroite connexion entre ces quatre espèces, dont la composition est presque la même, et qui se rencontrent généralement associées deux à deux, ou trois à trois. La pierre-de-perle et la sphérulite sont moins dures que la pierre-de-poix. Traitée au chalumeau, la pierre-de-perle éprouve un effet plus violent que l'obsidienne ou la pierre-de-poix ; elle devient spongieuse et fibreuse, et se dilate souvent jusqu'à son volume d'origine ; ce qui a fait regarder aussi la ponce comme étant une de ces substances, altérée par l'action d'un feu volcanique.

Caroline. — La ponce se trouve donc dans les régions volcaniques ?

Mme de Beaumont. — C'est des îles de Lipari qu'il en vient une quantité considérable en Angleterre, et dans d'autres pays. On la trouve aussi dans l'Archipel, au Mexique et en Islande. Vous connaissez la ponce commune ; mais il est probable que vous n'avez jamais vu l'espèce appelée *ponce vitreuse*.

Gustave. — Au nom seul, je devine que c'est ceci.

Mme de Beaumont. — Vous avez raison ; voyez-vous toutes ces cavités vésiculaires parfaitement rondes ?

Caroline. — On dirait que c'est de l'écume de savon pétrifiée.

Mme de Beaumont. — Sa couleur est le gris ; mais, sans avoir un éclat faiblement argenté, comme la ponce commune, elle est très éclatante et vitreuse. Ne la touchez pas, car elle est extrêmement cassante. La pesanteur spécifique n'excède pas 1,444, et descend parfois jusqu'à 0,37, en sorte que la ponce flotte sur l'eau, comme le quartz vésiculaire, jusqu'à ce que l'air contenu dans les cavités soit éliminé.

	Obsidienne.		Pierre de poix.	Pierre de perle.	Ponce.
Silice............	72	78	73	77	77,5
Alumine.........	12,5	10,0	14,5	13	17,5
Chaux...........	»	1	1	»	»
Oxyde de fer....	2	2	1	2	1,75
——de manganèse	»	1,6	0,1	»	»
Potasse...........	10	6	1,75	2	3,0
Soude............				0,7	
Eau..............	»	»	8,5	4	»
Perte...........	3,5	1,4	0,15	1,3	0,25

HUITIÈME ENTRETIEN.

Famille de la zéolite. — De la lazulite. — Du feldspath. — Du mica. — Du schiste. — De l'argile.

Mme DE BEAUMONT, CAROLINE, GUSTAVE.

Caroline. — Je pense que nous allons maintenant nous occuper de la zéolite.

Mme de Beaumont. — C'est un minéral qui vous plaira ; toutes les espèces de cette famille se présentent à l'état cristallisé , à l'exception de la carpholite ; encore est-il vraisemblable que les fibres capillaires brillantes dont elle se compose, sont des cristaux.

Gustave. — Ces touffes jaunes rayonnées sont donc de la carpholite ?

Mme de Beaumont. — Oui ; sa couleur est constamment le jaune de paille foncé. Les fibres sont si minces et adhèrent si peu entre elles, que la dureté du minéral n'est pas déterminée ; il se réduit aisément en poudre.

CAROLINE. — Il paraît être opaque.

Mme DE BEAUMONT. — Il l'est effectivement.

GUSTAVE. — Que devient cette substance traitée au chalumeau ?

Mme DE BEAUMONT. — Elle est presque infusible au chalumeau ordinaire, probablement à cause de la quantité de manganèse qu'elle contient ; mais le chalumeau alimenté par l'oxygène la fond en un émail brun opaque. Il est probable que vous n'en ferez jamais l'expérience, car c'est un minéral fort rare qu'on n'a trouvé encore qu'à Schlackenwald, en Bohème, et en très petite quantité.

CAROLINE. — A quelle espèce appartiennent ces fragments verts ?

Mme DE BEAUMONT. — A la *prehnite* divisée en *prehnite rayonnée* et *prehnite lamelleuse*. Je ne crois pas que vous puissiez confondre cette dernière avec aucun des minéraux verts déjà mentionnés.

CAROLINE. — Elle est, en effet, d'un vert éclatant, et tournant moins au bleu que celui de la chrysoprase.

Mme DE BEAUMONT. — Elle en diffère aussi par la cassure, qui, dans une direction, est lamelleuse et en feuilles un peu convexes ; le cristal primitif est un prisme rectangulaire (*fig.* 77) parfaitement reconnaissable, surtout dans la variété appelée *koupholite*, qui se trouve dans la vallée de Barèges, dans les Pyrénées.

GUSTAVE. — Comme ces cristaux sont minces !

Mme DE BEAUMONT. — Quand un cristal est moins étendu dans une dimension que dans les deux autres, on l'appelle *cristal en table*. J'ai des échantillons qui sont presque transparents et d'une couleur blanche-verdâtre. Quelques-uns des cristaux sont à six pans. (*fig.* 78.)

CAROLINE. — Voici un énorme fragment dans lequel je ne destingue point de cristaux.

Mme DE BEAUMONT. — Vous n'y voyez pas un cristal distinct, mais les arêtes de plusieurs cristaux forment une agrégation massive. Cette espèce a été apportée du Cap de Bonne-Espérance, où elle fut découverte par le colonel Prehn, d'où lui est venu le nom de prehnite.

GUSTAVE. — De quelle nature sont les petites masses d'un vert éclatant adhérentes à la surface de cet échantillon ?

Mme DE BEAUMONT. —C'est la prehnite lamelleuse. Les concrétions sont composées de lames divergentes comme les feuilles d'un livre à moitié ouvert, ce qui donne à la surface une forme cylindrique ou conique, et de là provient aussi la cassure lamelleuse et rayonnée. La prehnite fibreuse se trouve à Glasgow, dans le voisinage d'Edimbourg et dans plusieurs autres parties de l'Ecosse. Le vert en est généralement plus sombre que celui de la prehnite lamelleuse. C'est une concrétion de prismes aciculaires divergents de différents centres. Les deux espèces raient le verre, mais la dernière est la plus dure. L'une et l'autre deviennent électriques par échauffement *.

	CARPHOLITE (a).	PREHNITE lamelleuse (b)	PREHNITE rayonnée.	
			(c)	(d)
Silice........	37,53	5o	42,875	43,6o
Alumine.....	26,48	2o,4	21,5oo	23,oo
Chaux......	»	23,3	26,5oo	22,33
Magnésie....	»	o,5	trace.	»
Oxide de fer..	5,64	4,9	3	
—— de man-			o,25o	2,oo
ganèse....	17,99	»		»
Eau........	11,36	o,9	4,625	6,4o
Perte........	1,9o	»	1,25o	2,67
(a) Steinman. (b) Hassenfratz. (c) Gehlen. (d) Thomson.				

CAROLINE. — Cet échantillon appartient-il encore à la prehnite ?

Mme DE BEAUMONT. — Non ; c'est une substance très rare, appelée *sodalite*, apportée, il y a peu d'années, de Kanerdluersuk, dans le Groenland occidental, par le professeur Giesecké ; depuis lors on l'a trouvée aussi sur le Vésuve ; sa couleur est constamment le vert pâle ; elle est généralement cristallisée en forme de grenats dodécaèdres et en-

* Il existe un minéral blanc-verdâtre et fortement transparent sur les bords, qu'on trouve dans l'Inde et dans la Perse, et qui est connue généralement sous le nom de *jade orientale*. On le considère aujourd'hui comme une variété de prehnite. On s'en sert pour faire des vases et des poignées d'épées. Ce minéral est très estimé en Orient.

gagée dans le feldspath blanc. Quelquefois elle se présente disséminée en petites masses anguleuses sans régularité.

GUSTAVE. — Est-elle dure ?

Mme DE BEAUMONT. — A peu près comme le feld-spath, tenant le milieu entre le quartz et le verre. Ces derniers minéraux et plusieurs autres, jouissant d'une dureté particulière et invariable, servent en quelque sorte de *points fixes*, pour apprécier comparativement la dureté des autres substances. La sodalite fut ainsi appelée par le docteur Thomson, qui, l'ayant analysée, la trouva chargée d'une forte portion de soude.

CAROLINE. — Combien en contient-elle ?

Mme DE BEAUMONT. — De vingt-cinq à vingt-sept pour cent. La natrolite tire pareillement son nom de ce même alcali, qui est une de ses parties constituantes.

GUSTAVE. — Comment cela ?

Mme DE BEAUMONT. — La soude s'appelait autrefois *natron*. Au reste, cette dernière espèce diffère de la sodalite ; on la rencontre communément en concrétions uniformes, avec fibres divergentes, et cassure fibreuse compacte.

CAROLINE. — Sa couleur est-elle invariablement le jaune d'ocre ?

Mme DE BEAUMONT. — Toujours, dans les concrétions uniformes. Mais elle est généralement rubanée de bandes étroites d'une couleur plus claire, parallèles à la forme extérieure. L'autre espèce ressemble exactement, quant à son apparence, aux variétés cristallisées des deux sous-espèces suivantes, la *skolézite* et la *mésolite;* les unes et les autres se présentent en cristaux aciculaires qui sont généralement des prismes à quatre pans, terminés par des pyramides à quatre côtés (*fig.* 79). Quelquefois deux arètes latérales du prisme, quelquefois toutes les quatre ont des troncatures, modification qui peut affecter aussi deux arètes de la pyramide (*fig.* 80, 81, 82).

GUSTAVE. — Cependant voilà des cristaux transparents qui ne sont pas aciculaires.

Mme DE BEAUMONT. — Les cristaux de cette dimension sont fort rares; les prismes ont plus d'un huitième de pouce d'épaisseur. La forme la plus ordinaire de ces deux substances est un amas de fibres rayonnantes cristallisées à leurs extrémités; souvent aussi les masses coniques ou cunéiformes, composées de ces fibres, se coupent entre elles, et remplissent tout le vide qui les sépare, ce qui empêche la cristallisation, comme dans les échantillons que voici.

CAROLINE. — Ils ressemblent à un assemblage de brosses très raides.

Mme DE BEAUMONT. — La natrolite cristallisée et l'espèce suivante appelée *thomsonite,* furent longtemps confondues sous le nom de *mésotype;* mais la différence essentielle de leur composition les fait considérer maintenant comme des espèces distinctes. La chaux remplace dans la skolézite, la portion de soude qui existe dans la natrolite ; la mésolite paraît être un mélange des deux autres *.

GUSTAVE. — Je désespère de parvenir à les distinguer, tant elles ont de ressemblance entre elles ; elles sont toutes rayonnées, perlées et translucides, ou demi-transparentes ; quelques variétés seulement sont caractérisées par l'apparence plus délicate et plus soyeuse de la cassure.

Mme DE BEAUMONT. — Il faut les soumettre à l'analyse, à moins que vous ne connaissiez le gissement des échantillons, ce qui est un indice matériel. Vous ne pouvez appliquer le goniomètre réflecteur qu'à des cristaux distincts et entiers, parce que dans toutes ces substances, le clivage est très imparfait. Au chalumeau la skolézite se roule et s'entortille en cordons, ce qui peut servir à la distinguer.

CAROLINE. — Je suppose que ces minéraux proviennent de localités fort différentes.

Mme DE BEAUMONT. — La natrolite cristallisée n'a

* Le minéral appelé *ékebergite*, semble avoir, par sa composition, plus d'analogie avec la mésolite qu'avec toute autre substance ; mais comme je ne l'ai jamais vu, et que c'est une substance très rare, je n'ai pas cru nécessaire de lui donner place dans le système. Ses parties constituantes sont : silice, 46 ; alumine, 28,75 ; chaux, 13,50 ; soude, 5,25 ; oxyde de fer, 0,75 ; eau, 2,25 ; perte, 3,50. Il est gris-verdâtre, translucide sur les bords, ayant un double clivage, mais sans cristallisation. La cassure est quelquefois large-rayonnée ; son éclat est plus ou moins vif ; il raie le verre, et donne des étincelles au briquet. Pesanteur spécifique, 2,746.

été aperçue qu'à Burnt-Island, en Ecosse, en Souabe et dans l'Auvergne. La skolézite se trouve en Islande, dans les îles de Staffa et de Faro *; les mêmes îles fournissent la mésolite, qui se rencontre aussi en Bohême et dans le Tyrol. La thomsonite ** (M. Brooke lui a donné ce nom en l'honneur du docteur Thomson) ne se trouve qu'à Kilpatrick, dans le Dumbartonshire, et diffère des autres espè-

* Il est probable que les petits cheveux, semblables à des fibres, qui sont dans les cavités des roches de basalte et de trapp en Islande, appartiennent à la skolézite; ces roches étant tout-à-fait semblables à celles de Staffa.

**

	Natrolite.	Mésolite.	Skolézite.	Thomsonite.
Silice.............	48,0	47,0	46,5	36,8
Alumine.......	26,5	25,9	25,7	31,36
Chaux..........	»	9,8	14,2	15,4
Soude..........	16,2	5,1	»	»
Eau............	9,3	12,2	13,6	13,0
Magnésie......	»	»	»	2
Peroxyde de fer	»	»	»	6

Ces analyses sont le résultat des expériences faites durant trois ans, par les professeurs Fuchs et Gehlen, sur les différentes espèces de zéolite, que Haüy comprend sous le nom de *mésotype*, et que Werner appelle *zéolite rayonnée, fibreuse et aciculaire*. Les angles du prisme sont, dans la natrolite, de 91° 55′ et de 88° 55′; dans la mésolite, de 91° 25′, et 88° 35′; dans la skolézite, de 91° 20′, et 88° 40′.

ces par la cristallisation (*fig.* 83). Il n'est pas rare de rencontrer quelques-unes de ces substances privées de leur eau de cristallisation, opaques et sans éclat, avec une apparence de pulvérisation, ce qui les a fait appeler *zéolites farineuses*. Le minéral qui vient ensuite est la *stilbite*, ou *zéolite lamelleuse*.

GUSTAVE. — Cet échantillon paraît contenir deux espèces de cristaux; quel est celui qui appartient à la stilbite?

Mme DE BEAUMONT. — Ce sont les lames minces hexagonales (*fig.* 86); les autres parties sont de l'apophyllite; telle est la forme ordinaire du minéral. Quelquefois cependant les cristaux sont plus considérables, et ont plus d'épaisseur en proportion de leur volume (*fig.* 85.) Le noyau primitif est un prisme rectangulaire (*fig.* 84).

CAROLINE. — Il y a un éclat de perle fort délicat.

Mme DE BEAUMONT. — C'est là un de ses caractères distinctifs. Les cristaux n'ont qu'un seul clivage, et sont généralement un peu recourbés dans la direction de ce clivage. Ce minéral est très cassant, comme toutes les autres espèces de zéolite; traitées au chalumeau, elles écument violemment et se fondent ensuite en un grain blanc presque opaque; elles se convertissent en gelée à l'aide des acides. La stilbite n'a pas, comme les autres espèces, la propriété de s'électriser par échauffement *. Elle forme quelquefois des globules de la grosseur d'un petit pois qui accompagnent les lames hexagonales.

GUSTAVE. — Voici des cristaux trapézoïdaux dont j'ignore la nature (*fig.* 90); ils ressemblent à la leucite.

Mme DE BEAUMONT. — C'est l'analcime**, ayant par la cristallisation quelque affinité avec la leucite. Sa forme primitive est un cube; elle se présente en cristaux qui sont intermédiaires entre le cube et le trapézoèdre (*fig.* 89).

CAROLINE. — Vous nous avez déjà dit que cette forme pouvait également dériver du cube et du dodécaèdre rhomboïdal.

Mme DE BEAUMONT. — L'analcime n'est pas toujours blanche. Sa couleur est quelquefois le rouge d'ocre éclatant, particulièrement dans les stries qui raient sa surface.

CAROLINE. — Elle est, nonobstant ces stries, extrêmement cassante. Est-elle divisible par le clivage?

Mme DE BEAUMONT. — Oui, dans trois directions parallèles aux plans du cristal primitif; mais les surfaces produites par le clivage sont inégales. Sa pesanteur spécifique est de 2,24 : celle de la stilbite varie de 2,1 à 2,2 ; l'analcime devient faiblement électrique par le frottement.

---

* L'électricité positive se fixe à l'extrémité pyramidale des cristaux.

** Appelée aussi *cubicite.*

GUSTAVE. — Est-ce encore là de l'analcime ?

Mme DE BEAUMONT. — Ces cristaux appartiennent à la *chabasie*, et diffèrent beaucoup de ceux de l'analcime ; leur forme primitive est le rhomboïde un peu obtus (*fig.* 91), mais elle se rencontre rarement sans modifications (*fig.* 92, 93). Elle est à peu près aussi dure que l'analcime, rayant le verre avec difficulté, mais plus tendre que le feldspath ; cristaux généralement petits et sans couleur. La chabasie contient 21 pour 100 d'eau, c'est-à-dire en plus grande proportion que les autres espèces ; toutes admettent aussi un peu de soude, et seulement 2 ou trois pour cent de chaux.

CAROLINE. — Voici des cristaux blancs tout-à-fait curieux ; je vous prie de me les faire connaître (*fig.* 96).

Mme DE BEAUMONT. — Vous voyez là un échantillon d'harmotome *, appelée aussi *pierre de croix*, à cause d'une forme qui lui est particulière dans la

*

Analyse de	STILBITE.		ANALCIME.	CHABASIE.	HARMOTOME.
	Gehlen.	Vauqu.	Vauquelin.	Vauquelin.	Klaproth.
Silice	55,615	52	58	43,33	49
Alumine. . .	16,681	17,5	18	22,66	10
Chaux. . . .	8,150	9	2	3,34	"
Baryte. . . .	"	"	"	"	18
Soude. . . .	1,526	"	10	9,34	"
Potasse. . .	"	"	"	9,34	"
Eau.	19,300	18,5	8,5	21	15
Perte	"	3,0	3,5	0,33	2

cristallisation. Le fragment n'est pas un seul cristal, il se compose de deux cristaux pareils à ceux-ci (*fig*. 95), qui se traversent l'un l'autre en forme de croix. La forme primitive est un octaèdre composé de deux pyramides aplaties, dont la base commune est un carré (*fig*. 94), mais il est douteux qu'elle existe sans modifications; les cristaux *jumeaux* sont les plus communs.

GUSTAVE. — Voici de petites miettes détachées de l'échantillon; que faut-il en faire?

Mme DE BEAUMONT. — Ne les jetez pas; je vais chauffer la pelle, et vous pourrez la mettre dessus.

CAROLINE. — Elles acquièrent une faible phosphorescence.

Mme DE BEAUMONT. — S'il y en avait une quantité plus considérable, vous les verriez se colorer d'un jaune verdâtre éclatant.

GUSTAVE. — Et cet autre minéral, quel est-il? Il paraît d'abord plus transparent qu'il ne l'est en effet.

Mme DE BEAUMONT. — C'est la *laumonite*, découverte par Gillet-Laumont dans les mines de plomb de la Bretagne. Son éclat soyeux et sa disposition en forme de roseaux, la caractérisent suffisamment; elle est quelquefois cristallisée. Ces deux échantillons sont enduits de gomme, ce qui dénature un peu l'éclat qui leur est propre.

CAROLINE. — Dans quel dessein les avez-vous *gommés*?

Mme DE BEAUMONT. —Sans cette précaution ils se fendraient et tomberaient en pièces.

GUSTAVE. — D'où provient cette extrême fragilité?

Mme DE BEAUMONT. — Probablement de ce que la substance a perdu une partie de l'eau qu'elle contenait; et je présume qu'en la plongeant dans l'eau, on obtiendrait le même effet qu'avec la gomme. C'est un minéral assez rare; tel est aussi le dipyre, qui se rencontre disséminé avec des pyrites, dans une roche de stéatite matte.

CAROLINE. — Ces petites masses blanches sont-elles cristallisées?

Mme DE BEAUMONT. —Oui; mais les cristaux sont imparfaits; quelques-uns laissent apercevoir les indices d'un clivage. Ce minéral écume et devient phosphorescent au chalumeau. Les cristaux fortement transparents qui viennent ensuite, appartiennent à la méionite; quelques-uns des échantillons détachés sont des cristaux parfaits (*fig.* 100, 101). Le noyau primitif est un prisme carré, du moins on le présume d'après le clivage, et par l'analogie du cristal de méionite avec les autres minéraux qui dérivent de la même forme.

CAROLINE. — Mais cet échantillon présente un mélange de plusieurs autres substances.

Mme DE BEAUMONT. —Il y entre du mica et d'autres minéraux qu'on trouve sur le Monte-Somma, (près de Naples), et qu'on suppose d'origine volcanique. La méionite diffère des autres espèces de cette famille, en ce qu'elle contient une petite quantité de lithine *. Cette pierre termine la famille des zéolites.

GUSTAVE. — Vous allez maintenant nous entretenir de la pierre d'azur ou lazulite.

Mme DE BEAUMONT. — Cette famille est limitée à deux espèces qui sont toujours bleues. Ce minéral s'appelle aussi *lapis lazuli*; il est caractérisé par sa couleur d'azur éclatant.

GUSTAVE. — C'est une couleur magnifique; je n'ai jamais rien vu de pareil.

Mme DE BEAUMONT. — Excepté le bleu d'outre-mer, qui est fait de cette pierre.

CAROLINE. — C'est donc pour cela que le bleu d'outre-mer est supérieur à tous les autres.

Mme DE BEAUMONT. — La manière dont on le prépare mérite d'être connue; et peut-être serez-vous bien aise que je vous décrive l'opération. On commence par réduire la pièce d'azur en une poudre

	LAUMONITE.	DIPYRE.		MÉIONITE.
Analyse de	Vogel.	Vauquelin.		Gmelin.
Silice	49,0	60	Silice	40
Alumine	27,0	24	Alumine	30,6
Chaux	9,0	10	Chaux	22,1
Eau.	17,5	2	Soude et lithine . . .	2,4
Acide carboniq.	2,5	..	Oxyde de fer	1,0
Perte	..	4	Acide carbon. et perte.	3,1

grossière, qu'on fait chauffer au creuset pendant une heure; on y verse ensuite du vinaigre, et on laisse reposer le tout durant quelques jours. Lorsque le vinaigre est absorbé, on convertit la substance en poudre fine, en la pilant dans un mortier. On lessive plusieurs fois cette pâte avec de l'eau, pour la dégager du vinaigre, et on l'étend sur une table de porphyre ou d'agathe (comme les autres couleurs), jusqu'à ce qu'elle devienne une poudre impalpable.

CAROLINE. — Peut-on dès ce moment en faire des pierres de bleu?

Mme DE BEAUMONT. — Non; il faut la soumettre à un autre procédé pour éliminer les pyrites de fer qui s'y trouvent fréquemment disséminées. Après la préparation dont je viens de parler, la poudre est jetée dans un mélange fondu de résine, de cire et d'huile de lin; on pétrit le tout ensemble, et on le laisse refroidir. Ce mélange pâteux est mis dans un linge et trituré de nouveau dans un mortier avec de l'eau chaude. La première eau, ordinairement sale, est rejetée. La seconde donne un bleu de la première qualité. A chaque lessive opérée successivement sur le mélange, l'eau prend une couleur plus pâle, et à la fin elle est d'un gris terne. On laisse déposer séparément les eaux fournies par chaque lessive et l'on obtient ainsi des poudres bleues plus ou moins intenses et parfaitement dégagées de toutes les matières étrangères qui restent combinées avec le mélange résineux *.

GUSTAVE. — Ce procédé me paraît tellement singulier, que j'ai de la peine à concevoir comment on est parvenu à le découvrir. Quelle est la matière colorante de la lazulite?

Mme DE BEAUMONT. — Elle n'a pas été encore déterminée, malgré les nombreuses conjectures formées à cet égard. La pierre d'azur se trouve en masses roulées dans plusieurs contrées de l'Orient.

L'haüyne se présente toujours en grains, engagée dans les dépôts de lave; elle ne ressemble point au *lapis lazuli*.

CAROLINE. — Je vois en effet qu'elle est transparente, et d'origine volcanique, mais la trouve-t-on dans tous les amas de lave?

Mme DE BEAUMONT. — On ne l'a rencontrée qu'en Auvergne, à Andernach, et dans le voisinage de Rome. Haüy, dont cette pierre a plus tard porté le nom, l'appelle *latialite* **.

	Silice.	Alumine.	Chaux.	Sulfate de chaux.	Oxyde de fer.	Acide sulfurique.	Potasse.	Eau.	Perte.
LAZULITE. . . . Klaproth.	46	14,5	28	6,5	3,0	»	»	2,0	»
HAUYNE . . . . Vauquelin.	30	15,0	13,5	»	1,0	12,0	11,0	»	17,5

** La pesanteur spécifique de l'haüyne est, selon Gmelin,

La famille du feldspath, que vous allez voir maintenant, est d'une vaste étendue, et contient des substances très remarquables. Le feldspath lui-même est de plusieurs espèces ; dans son état le plus pur, on l'appelle *adulaire*; cette espèce se présente en beaux cristaux (*fig.* 104 *pl.* V) quelquefois opaques et quelquefois demi-transparents.

Gustave. — Les cristaux ont une de leurs faces profondément striée dans la direction de la plus longue diagonale ; apparemment cette forme n'est pas la primitive ?

Mme de Beaumont. — Le noyau primitif est un prisme oblique à pans rhomboïdaux, dont la base est un parallélogramme obliquangle (*fig.* 102). L'*adulaire* est en général cristallisée ; mais elle se rencontre aussi à l'état massif, et souvent elle est opalescente, comme dans ce fragment poli.

Caroline. — Je trouve cela fort beau ; cependant il me semble avoir déjà vu quelque chose de pareil.

Mme de Beaumont. — Oui ; c'est le petit fragment que j'ai dans une bague, et qu'on nomme *pierre de lune*. Ces cristaux engagés dans une enveloppe de porphyre, sont du feldspath *vitreux* ; ils paraissent fortement striés parallèlement à leur plus long côté ; la couleur de cette espèce est constamment le gris clair.

de 2,833. Neergaard l'élève à 3,10 ; et Gismondi à 3,33. Celle de la pierre d'azur est de 2,7 à 2,9.

Gustave. — Cependant voici des échantillons d'un gris plus sombre.

Mme de Beaumont. — Oh! non certainement; voyez les belles couleurs qu'ils reflètent; ils appartiennent au *spath de Labrador*.

Gustave. — En effet, je ne m'en apercevais pas d'abord. D'où proviennent ces couleurs magnifiques?

Mme de Beaumont. Elles sont produites par des paillettes brillantes d'un minéral appelé hypersthène.

Caroline. — C'est donc comme dans l'aventurine?

Mme de Beaumont. — C'est tout-à-fait différent. Dans l'aventurine les paillettes de mica ont assez de volume pour être aperçues sans difficulté, et sont disséminées dans le quartz sans régularité; dans le feldspath de Labrador, l'hyperstène n'est guère visible qu'au microscope, ou tout au plus à la loupe; et ses paillettes sont disposées dans la direction du clivage. Voici maintenant des échantillons de spath commun, soit cristallisé, soit à l'état massif (*fig*. 105).

Gustave. — Voilà un beau groupe de cristaux rougeâtres; leur éclat a un brillant particulier dont je n'ai point vu d'exemple.

Mme de Beaumont. — Ce fragment rouge de chair présente le même éclat sur la surface du clivage.

Le cristal que vous tenez à la main est une *macle* *
(*fig.* 108).

Gustave. — Je ne comprends pas ce mot.

Mme de Beaumont. — Il désigne un cristal qui parait avoir été divisé en deux parties égales, dont l'une aurait fait une révolution demi-circulaire. Supposons, pour exemple, que je divise ce cristal (*fig.* 106), ou du moins son modèle en bois, en deux parties, en le coupant suivant la ligne *a, b, c, d, e*. Si je retourne à moitié l'une des parties et que je les réunisse ensuite, elles formeront un angle en *b* (*fig.* 108); comprenez-vous maintenant ?

Gustave. — A peu près ; mais cela ne peut avoir lieu que dans les cristaux non symétriques, ou du moins lorsque la symétrie n'affecte que les parties *diamétralement opposées*.

Mme de Beaumont. — Votre supposition n'est pas exacte ; car l'octaèdre régulier est fréquemment *maclé*, en voici un échantillon (*fig.* 141 *pl.* V); avec un modèle en bois qui rend la modification palpable.

Caroline. — C'est vraiment curieux ; la section de l'octaèdre est un hexagone régulier (*fig.* 140).

Mme de Beaumont. — Par conséquent la partie supposée mobile parait n'avoir tourné que d'un sixième de sa circonférence, quoiqu'elle ait fait

---

* Terme de blason, qui signifie une manière de losange percée à jour par le milieu.

(Note du Traducteur.)

réellement une révolution demi-circulaire. Le cristal a trois angles rentrants.

GUSTAVE. — Le feldspath commun a-t-il des cristaux maclés ?

Mme DE BEAUMONT. — Cette forme est beaucoup plus rare dans le feldspath que dans les cristaux simples et les cristaux doubles ou *jumeaux*.

CAROLINE. — Qu'appelez-vous cristaux jumeaux ?

Mme DE BEAUMONT. — Ceux qui sont assemblés deux à deux, de manière que l'un pénètre dans l'autre. En vous promenant sur le pont de Westminster, vous en verrez une infinité depuis un jusqu'à trois pouces de long, qui sont engagés dans le granit dont le pont est pavé ; ils sont généralement d'un blanc grisâtre. Le feldspath est une partie constituante du granit, soit massif, soit cristallisé ; il existe aussi en forte proportion dans tous les porphyres. C'est un minéral fort abondant.

GUSTAVE. — Vous nous avez déjà dit qu'il est moins dur que le quartz.

Mme DE BEAUMONT. — Oui ; mais il est beaucoup plus dur que le verre. Vous pouvez, en prenant un morceau de quartz, vous convaincre avec quelle facilité il raie le feldspath. Deux des clivages sont, comme vous voyez, fort distincts ; le troisième est moins parfait, et la cassure, dans la direction de ce dernier, est inégale. La couleur qu'il affecte le plus rarement est le vert éclatant. Cette variété se trouve dans la rivière des Amazones, et s'appelle pour cette raison, *pierre des Amazones*.

Caroline. — Quelle est cette substance terreuse blanche?

Mme de Beaumont. — C'est du feldspath *décomposé*, qui sert à faire de la porcelaine.

Gustave. — Est-ce bien la même substance que le feldspath cristallisé?

Mme de Beaumont. — Je ne crois pas que cette espèce ait été analysée; mais on présume que la différence de sa texture provient de l'absence de la potasse, qui est une partie constituante du feldspath commun.

Le feldspath *compacte* ressemble tellement à la pierre de corne, que vous pourriez vous y méprendre; mais on les distingue par une épreuve fort simple; le premier est fusible au chalumeau, la pierre de corne ne l'est pas. La pesanteur spécifique de ces minéraux est environ de 2,56. Voici un minéral granulaire appelé *indianite*, parce qu'on ne l'a aperçu jusqu'à ce jour que dans la province de Carnate; il contient toujours ces petites taches blanchâtres, qui sont des grains de hornblende. Pour la dureté, il tient le milieu entre le feldspath et le verre. Ces cristaux, d'un vert sombre, se nomment *gieseckites*, ayant été découverts par le professeur Giesecke, à Akullcarafiarsuck, dans le Groenland; on ne leur connaît jusqu'à présent d'autre forme que le prisme hexagonal. La couleur du minéral est le vert foncé.

Gustave. — Il paraît y avoir un clivage parallèle aux plans terminants.

Mme DE BEAUMONT. — Il y a effectivement cette apparence, mais c'est une substance si rare, que je ne veux pas m'exposer à gâter mon échantillon en faisant l'essai du clivage. Le minéral d'un gris bleuâtre clair, disséminé dans ce fragment, est le *spodumène*. Il y a une texture cristalline, mais sans régularité dans la forme extérieure.

CAROLINE. — Diffère-t-il beaucoup du feldspath dans sa composition?

Mme DE BEAUMONT. — Leur principale différence consiste en ce que le spodumène contient de la *lithine*, alcali récemment découvert. Sa pesanteur spécifique est de 3,1 à 3,2. La *killinite* et l'*ambligonite* sont des variétés de ce minéral. L'*élaolite* (ou pierre grasse) a aussi beaucoup de ressemblance avec quelques espèces de feldspath. Sa couleur la plus ordinaire est le vert bleuâtre sombre, quelquefois le rouge de chair ou legris.

GUSTAVE. — Mais elle est plus transparente que le feldspath de ces mêmes couleurs, et son clivage me paraît moins parfait.

Mme DE BEAUMONT. — Sans doute; elle a de plus l'éclat *huileux*, ce qui l'a fait appeler pierre grasse. L'élaolite et le spodumène se rencontrent engagés dans le feldspath de Norwège, qui ressemble quelquefois à celui du Labrador; mais sa couleur est constamment le bleu d'outre-mer brillant. Il existe encore un minéral appelé *bergmannite*, qui se trouve dans les mêmes roches; on le décrit comme ressemblant, sous quelques rapports, à l'élaolite et à la scapolite; mais il est opaque. Ces cristaux blancs sont de l'apophyllite (*fig.* 109, 110, 111).

CAROLINE. — A leur éclat perlé, je les aurais rapportés à quelque espèce de zéolite.

Mme DE BEAUMONT. — La substance a été appelée *pierre œil-de-poisson*, parce qu'elle a cette apparence. Sa forme primitive est un prisme carré, dont les bases ont l'éclat de perle plus éclatant que les plans latéraux.

GUSTAVE. — Ces échantillons ne sont-ils pas associés à des cristaux de stilbite?

Mme DE BEAUMONT. — Oui; ces deux substances vont souvent de compagnie. La plupart des localités, riches en zéolites, fournissent aussi l'apophyllite. D'ailleurs, en comparant nos tables d'analyses, vous verrez que tous ces minéraux sont composés presque des mêmes substances, combinées en différentes proportions.

L'échantillon qui suit est la *pétalite*, minéral dont l'analyse a fait découvrir la *lithine*.

CAROLINE. — Il ressemble extraordinairement au quartz gras.

Mme DE BEAUMONT. — Oui; mais il n'est pas plus dur que le feldspath, et présente l'apparence d'un double clivage.

GUSTAVE. — Est-il toujours blanc?

Mme DE BEAUMONT. — Vous pourrez voir dans quelques fragments une teinte de rouge et de vert.

CAROLINE. — On serait tenté de prendre ces fragments pour autant de minéraux distincts.

Mme DE BEAUMONT. — La pétalite n'a pas été encore caractérisée d'une manière fixe et complète, comme une substance à part; on ne la trouve que dans la mine d'Uton, en Suède. Ce minéral, vert-grisâtre, est la *saussurite*, appelée tour à tour jade, feldspath tenace, variolite; ce qui a rendu sa classification fort embarrassante. Sa place naturelle était peut-être dans la famille de la zéolite, parce qu'elle contient de la soude; mais comme elle n'a aucune ressemblance extérieure avec les zéolites, qui toutes ont un grand air de famille, j'ai préféré la placer ici. Vous voyez que je ne suis pas toujours guidée par les *caractères* chimiques.

ANALYSES.

Analyse de	ADULAIRE.	FELDSPATH. commun.	FELDSPATH. compacte	INDIANITE.	GIESECKITE.	SPODUMÈNE.	SPODUMÈNE.	ELAOLITE.	APOPHYLLITE.	PÉTALITE.	SAUSSURITE.
	Chenevix.	Vauqu.	Vauqu.	Chenevix.	Stromeyer.	Berzelius.	Arwedson.	Klaproth.	Rose.	Arwedson.	Saussure.
Silice............	64	62,83	68	42,5	46,0798	67,5	66,4	46,50	52	79,212	49,00
Alumine..........	20	17,02	19	37,5	33,8280	27,0	25,3	30,25	»	17,225	24,00
Chaux............	2	3,00	1	15	»	0,63	»	0,75	24,5	»	10,50
Magnésie.........	»	»	»	»	1,2031	»	»	»	»	»	3,75
Potasse..........	14	13.00	5,5	»	6,2007	»	»	18	8,1	»	»
Soude............	»	»	»	»	»	»	»	»	»	»	5,50
Lithine..........	»	»	»	»	»	»	8,85	»	»	5,761	»
Oxyde de fer.....	»	1,00	4	3,0	3,3587	3	1,45	1	»	»	6,50
—— de manganèse.	»	»	»	trace.	1,1556	»	»	»	»	»	»
Eau..............	»	»	2,5	»	4,8860	0,53	0,45	2	15	»	»
Perte............	»	3,15	»	2,0	3,2881	1,34	»	1,50	0,4	»	0,75

GUSTAVE. — Cela est vrai; mais je vois de petites lames brillantes, engagées dans ce minéral, que j'aurais été bien surpris de trouver parmi les zéolites.

Mme DE BEAUMONT. — Ces paillettes éclatantes sont du schillerspath, qui accompagne fréquemment la saussurite. Celle-ci est difficilement frangible, et plus dure que le feldspath; quelques variétés raient le quartz.

Les deux espèces de la famille suivante (le mica) ne contiennent point de chaux; à cela près, leur composition ne diffère pas autant des minéraux précédents que leur apparence pourrait le faire croire.

CAROLINE. — Est-ce là du *mica?*

Mme DE BEAUMONT. — Non; c'est un minéral appelé lépidolite; il a tant d'analogie avec le mica qu'on pourrait le considérer comme une variété de cette substance; sa couleur est le lilas rougeâtre ou le blanc d'argent; mais la variété blanche est plus opaque que le mica.

GUSTAVE. — Les lames de l'échantillon blanc sont plus grandes et moins serrées ensemble que dans les fragments lilas.

Mme DE BEAUMONT. — La lépidolite blanche est cristallisée; ces lames sont des prismes à six pans; ce qui est aussi la forme du mica. Le noyau primitif est un prisme rhomboïdal (*fig.* 112).

CAROLINE. — Je serais bien aise de voir quelques cristaux de mica; j'ai toujours cru qu'il n'existait qu'en lames et en paillettes.

Mme DE BEAUMONT. — J'ai ce que vous désirez dans ces petits cristaux d'un jaune foncé (*fig.* 113, 114).

GUSTAVE. — Ils sont magnifiques; c'est absolument la couleur de la topaze; mais j'aperçois à leurs extrémités le même genre de brillant qui distingue les grandes lames.

Mme DE BEAUMONT. — Le mica est une substance cristallisée qui n'a qu'un seul clivage; et ce clivage s'obtient si facilement que le moindre effort suffit pour *effeuiller* les cristaux.

CAROLINE. — Il peut se faire alors que ces grandes lames soient des portions de cristaux.

Mme DE BEAUMONT. — Rien n'est plus certain. Vous pouvez observer que le mica (particulièrement les variétés grises ou brunes - sombres) a un éclat demi-métallique. Le noir et le rose pâle sont les couleurs qu'il affecte le plus rarement. En masse il a peu de dureté, et il suffit d'un clou pour l'entamer; mais les parcelles dont il se compose sont si dures, que les arêtes des lames raient le verre le plus dur.

GUSTAVE. — Il a cela de commun avec le charbon.

CAROLINE. — A-t-on fait du mica quelque application utile ?

Mme DE BEAUMONT. — En Sibérie, où ce minéral est abondant, on exploite le granit pour en retirer du mica, dont on fait des vitres pour les fenêtres, ou pour les lanternes, et qu'on applique généralement aux divers usages pour lesquels les Européens emploient le verre. Voici une variété grise-jaunâtre, qu'on a appelée *nacrite*, parce qu'elle possède à un haut degré l'éclat de perle ou *nacré*; du reste, elle ne paraît différer du mica sous aucun autre rapport.

Gustave. — Quelle est la pesanteur spécifique de ces substances?

Mme de Beaumont. —Celle du mica varie de 2,6 à 2,79; celle de la lépidolite est entre 2,8 et 2,9.

Caroline. — Cette famille n'a pas d'autres espèces?

Mme de Beaumont. —Non; nous voici donc parvenus à la famille des *schistes*: la première espèce est le *schiste argileux*, minéral très abondant, et qui, par parenthèse, vous est parfaitement connu.

Caroline. — Oh, certainement. Il ressemble de tout point à l'ardoise sur laquelle nous dessinons.

Mme de Beaumont. — On en trouve dans le Cornouaille de très belles variétés, qui présentent toutes les nuances de couleurs, le rose, le lilas, le gris, le vert clair, etc.

Gustave. —D'où proviennent les taches vertes, dans quelques fragments du schiste commun?

Mme de Beaumont. — D'un mélange de chlorite. Voici maintenant des échantillons du *schiste à aiguiser*, connu dans le commerce sous les noms de *queue* de Turquie et *queue* d'Allemagne.

Caroline. —Vous voulez parler des pierres dont on se sert pour aiguiser les couteaux ou les rasoirs?

Mme DE BEAUMONT. — Précisément ; ces pierres sont beaucoup plus dures que le schiste argileux.

GUSTAVE. — Hormis un seul fragment qui a deux couleurs, les échantillons n'ont pas l'apparence schisteuse.

Mme DE BEAUMONT. — La texture est schisteuse dans les grandes masses, mais les petits fragments ont la cassure esquilleuse. Le nom de *schiste à aiguiser* fut donné primitivement aux variétés vertes et grises de Turquie, mais on l'applique maintenant à plusieurs autres espèces de schistes qui ont la dureté suffisante pour servir de pierre à aiguiser. On les appelle aussi *novaculaires* du mot latin *novacula* qui signifie un rasoir. L'échantillon qui a fixé votre attention par sa double teinte jaunâtre et grise-pourpre, est la *queue* d'Allemagne. Les deux couleurs y sont séparées par une ligne droite suivant laquelle la pierre est susceptible de se fendre. Les deux espèces précédentes diffèrent considérablement dans leur composition : le schiste argileux contient seulement de 38 à 48 pour cent de silice, et le schiste à aiguiser 72.

CAROLINE. — Ces échantillons bruns sont-ils du schiste?

Mme DE BEAUMONT. — C'est le *schiste alumineux* de Withy dans le comté d'York. Les morceaux noirs viennent de Norwège. Remarquez celui-ci, qui contient entre ses *feuillets*, de petits cristaux aciculaires d'alun.

Gustave. —Cet alun a-t-il la même saveur que les grands cristaux qui sont sur la commode?

Mme DE Beaumont. —Goûtez-le.

Gustave. —Quelle différence! l'autre est aigre, sans être bien désagréable; mais celui-ci est tout-à-fait répugnant.

Caroline. —Il a le goût de l'encre; quelle en est la raison?

Mme DE Beaumont. —L'alun naturel contient une petite quantité de sulfate de fer qui entre comme ingrédient principal dans la composition de l'encre. Mais l'alun répandu dans le commerce n'a point ce sulfate; le schiste alumineux même n'a pas toujours ces petits cristaux d'alun; ils sont le résultat d'une efflorescence qui a lieu dans le minéral, lorsqu'il est resté quelque temps exposé à l'air.

Gustave. —J'avais toujours cru qu'il n'existait qu'une seule espèce de schiste. Comment appelez-vous le morceau?

Mme DE Beaumont. —C'est le *schiste à dessiner*, nommé vulgairement *craie noire*, on ne sait trop pourquoi, car il ne contient aucun des ingrédients dont se compose la craie. La cassure est souvent conchoïde et terreuse; ce minéral est tendre et se taille facilement en crayon pour dessiner. On le tire pour cet usage, de l'Italie et de l'Espagne. Il diffère des autres espèces, en ce qu'il contient 11 pour cent de carbone; il doit à cet alliage la propriété de servir à tracer.

Caroline. —C'est la substance que j'ai entendu

constamment appeler craie d'Italie. Mais voici un échantillon sur lequel on aperçoit de petits cristaux.

Mme DE BEAUMONT. — Les cristaux sont du carbonate de chaux ; mais l'échantillon appartient à une autre espèce de schiste appelé *cosse bitumineuse*. Elle contient une si forte proportion de bitume et de carbone, que dans les pays où elle se trouve, elle remplace le charbon. Elle est en général brune-noirâtre ; sa cassure est schisteuse à feuillets droits. A Kimmeridge dans le Dorset-Shire, on l'appelle charbon de Kimmeridge.

La dernière espèce est le *schiste adhérent*, dont nous avons déjà parlé à propos de la ménilite. Quelques naturalistes le classent dans la famille de l'argile, mais sa structure compacte et schisteuse m'a déterminée à le placer ici.

CAROLINE. —De quoi se compose-t-il?

Mme DE BEAUMONT. —Il contient une portion de silice, égale à la moitié de son poids.

GUSTAVE. — Comment pourrait-on alors le ranger avec l'argile? Cette dernière substance n'a point de rapport avec la silice.

Mme DE BEAUMONT. — Cela serait absurde, si les minéraux compris dans la classe de l'argile, étaient principalement composés d'alumine ; mais en réalité, la plupart de ces minéraux contiennent plus de silice que d'alumine ; cependant, même dans ce dernier cas, ils présentent le caractère de l'alumine, en ce qu'ils sont tendres et friables ; mais on les place dans le genre *siliceux*, et non dans le genre *alumineux*, qui comprend exclusivement les substances qui ont plus de la moitié de leur masse composée d'alumine.

CAROLINE. — Mais a-t-on jamais trouvé l'argile ou plutôt l'alumine dans son état de pureté naturel.

Mme DE BEAUMONT. — Je ne le crois pas; elle se rencontre toujours combinée avec la silice, ou avec l'acide sulfurique, ou avec l'eau, ou avec ces trois corps ensemble.

GUSTAVE. —Cette belle terre blanche est-elle un mélange d'alumine et de silice?

Mme de BEAUMONT. —Oui; c'est l'argile à porcelaine, ainsi appelée à cause de l'emploi qu'on en fait dans les manufactures de porcelaine. Il est probable que ses parties constituantes ne sont pas en égale proportion dans les différents échantillons. Celui-ci, qui vient de la Saxe, contient 52 pour cent de silice, 47 d'alumine et 6 d'oxyde de fer. Il ressemble beaucoup au feldspath décomposé, qui se prête aux mêmes usages. Il est maigre au toucher et assez dur.

CAROLINE. —On le sent rude au toucher comme le sable.

Mme DE BEAUMONT. — L'argile à potier, au contraire, est molle et savonneuse au toucher, ce qui provient apparemment de la finesse de la silice qu'elle contient.

GUSTAVE. — Voilà un fragment qui ressemble à la *terre de pipe.*

Mme DE BEAUMONT. — C'en est effectivement; on appelle ainsi la variété la plus blanche et la plus pure de l'argile à potier.

CAROLINE. — Avez-vous quelque morceau de l'argile dont on fait les briques?

Mme DE BEAUMONT. — Oui; on la désigne communément par le nom de *glaise*. Elle varie considérablement dans sa composition, comme dans son apparence extérieure; c'est un mélange artificiel de sable et d'alumine, coloré généralement par l'oxyde et le carbonate de fer. Celle qu'on trouve dans le voisinage de Londres est solide, et d'une couleur brune-jaunâtre; mais la glaise est quelquefois friable.

GUSTAVE. — En voyant des nuances si multipliées, je crains fort d'être embarrassé pour reconnaître cette espèce d'argile.

Mme DE BEAUMONT. — Comme elle n'a aucun caractère bien fixe qui la distingue, il faut, avant de l'examiner, vous rappeler la composition générale de la glaise. Toutes les substances de cette famille exhalent, lorsqu'on souffle dessus par expiration, une odeur particulière appelée argileuse. Faites-en l'expérience sur ce fragment d'argile durcie, ou pierre d'argile.

CAROLINE. — C'est ce qu'on pourrait appeler une odeur terreuse.

GUSTAVE. — Elle n'a rien de désagréable. Mais qu'entendez-vous par pierre d'argile ?

Mme DE BEAUMONT. — C'est toujours la même substance dans un état durci. Je ne sache pas qu'elle ait été analysée avec exactitude, mais elle contient de la silice et de l'alumine. Elle est passablement dure, et sa cassure approche de la conchoïde.

On trouve dans la Lusace supérieure, une variété d'argile agréablement nuancée de lilas et de jaune; mais l'espèce la plus abondante est l'*argile schisteuse*.

CAROLINE. — Ce fragment noir est-il un minéral schisteux?

Mme DE BEAUMONT. — Oui; il est toujours noir ou à peu près. Il contient souvent des coquillages ou des plantes pétrifiées.

GUSTAVE. — Cet échantillon présente de belles pétrifications de feuilles et de tiges.

Mme DE BEAUMONT. — Ce sont le plus souvent des roseaux ou de la fougère. Les petites plantes sont généralement couchées dans la direction des couches du minéral, mais les fortes tiges sont debout, et traversent les couches. On a trouvé à Nassau un de ces troncs pétrifiés qui avait 40 pieds de haut, et un pied de diamètre à l'une de ses extrémités. Ce minéral se trouve en masse stratiforme, contigu à la cosse bitumineuse.

CAROLINE. — Je ne crains pas d'oublier celui-là; mais voici une pierre remarquable par son apparence poudreuse.

Mme DE BEAUMONT. — On l'appelle *pierre pourrie*, sans doute à cause de sa grande frangibilité. Ces fragments viennent du Derbyshire, où l'on suppose qu'ils ont été produits par une décomposition de pierre calcaire noire, qui contient du bitume et une forte dose d'alumine. La pierre calcaire a disparu presque en totalité par l'effet de la décomposition, mais il n'est pas rare d'en rencontrer des débris solides dans l'intérieur des pierres pourries. Jetez une goutte d'acide sur l'échantillon.

Gustave. — Il éprouve une violente effervescence.

Caroline. — Je suppose qu'une partie de bitume a disparu dans la décomposition, car la pierre pourrie est d'un gris clair, au lieu d'être noire, comme la pierre calcaire enfermée dans l'intérieur.

Mᵐᵉ de Beaumont. — Cela est très probable. La pierre pourrie est poreuse et légère.

Gustave. — Se prête-t-elle à des applications utiles?

Mᵐᵉ de Beaumont. — Elle est d'un usage presque universel pour polir le verre et les pierres précieuses qui n'ont pas trop de dureté. Les théières et une infinité de vases vernissés se polissent avec la pierre pourrie. Le tripoli, autre pierre destinée aux mêmes usages, est classé dans la famille du schiste, quoiqu'il soit presque entièrement composé de silice.

Caroline. — Il ressemble beaucoup à la pierre d'argile, à part sa couleur très jaune.

Gustave. — Le trouve-t-on à Tripoli?

Mᵐᵉ de Beaumont. — C'est de là qu'on l'a apporté primitivement, et il en a conservé le nom; mais il se rencontre en France, en Toscane et dans plusieurs autres localités. Il existe encore un minéral qui sert à polir; on le trouve en masses considérables; il est quelquefois friable, sa texture est schisteuse. On l'appelle *schiste à polir*.

CAROLINE. — Toutes ces espèces ont entre elles une si grande ressemblance, qu'il est tout-à-fait impossible de s'y reconnaître.

Mme DE BEAUMONT. — Elles ont aussi des différences qu'il faut remarquer. Le schiste à polir se distingue des minéraux semblables, par sa légèreté, et par des couches alternantes de blanc et de gris. Au reste, je ne vous promets pas que vous reconnaîtrez désormais tant de substances diverses, pour les avoir examinées une fois en courant, mais il y aurait peu d'avantage pour vous à nous y arrêter plus long-temps; c'est une étude que vous pourrez faire plus utilement par la suite.

Cependant je ne quitterai pas cette famille sans vous dire un mot de la collyrite, minéral remarquable en ce qu'il contient environ 42 pour 100 d'eau.

GUSTAVE. — La proportion est extraordinaire; comment cette substance peut-elle rester à l'état solide ?

Mme DE BEAUMONT. — Elle est blanche ou blancherougeâtre, presque matte, et quelquefois faiblement translucide. On la trouve dans le Stephen'spit, près de Schemmitz, en Hongrie.

Nous allons terminer ici notre entretien, pour mettre quelque intervalle entre la famille de l'argile et la suivante, qui contient encore des variétés capables de porter la confusion dans votre esprit par leur similitude avec quelques-uns des minéraux précédents. Voici l'analyse des variétés de l'argile ; ne manquez pas d'y jeter un coup d'œil demain avant que nous abordions la famille de la lithomarge.

	TERRE à porcelaine.		ARGILE à potier.	SCHISTE À POLIR		PIERRE pourrie.	TRIPOLI
				commun	friable.		
	Vauqu.	Rose.	Vauqu.	Bucholz.	Bucholz	Philipps	Bucholz
Silice. . . .	55	52	43,5	79	87	4	81
Alumine . .	37	47	33,2	1	0,5	86	1,5
Chaux.. . .	2	»	3,5	1	0,5	»	trace.
Oxide de fer	0,5	0,33	1	4	1,6	»	8
Eau.	14	»	18	14	10	»	6,55
Carbone.. .	»	»	»	»	»	10	»
Acide sulf. .	»	»	»	»	»	»	3,45
Perte. . . .	1,5	0,67	0,8	1	0,5	»	1,50

NEUVIÈME ENTRETIEN.

Famille de la lithomarge. — De la hornblende. — De l'augite. — De la magnésie. — Du talc.

Mme DE BEAUMONT, CAROLINE, GUSTAVE.

Mme DE BEAUMONT. — La famille dont nous allons nous occuper aurait pu n'en former qu'une seule avec la précédente. Ce qui a déterminé les minéralogistes à les séparer, c'est que dans celle-ci la plupart des espèces contiennent une portion de magnésie, quoique cet ingrédient ne soit qu'accidentel dans quelques-unes.

La lithomarge (moelle de pierre) a deux espèces : la lithomarge *friable*, et la lithomarge *endurcie*. La dernière présente fréquemment des nuances de rouge, de pourpre et de jaunâtre.

CAROLINE. — Ces nuances sont-elles produites par l'oxyde de fer, comme dans le jaspe et dans d'autres minéraux ?

Mme DE BEAUMONT. — Le fer en est quelquefois le

principe; mais le pourpre et le cramoisi de ces échantillons sont dus à un alliage de sulfure de mercure, qui est, dans le fait, un vermillon naturel. La cassure de la lithomarge *endurcie* est en général large, conchoïde et matte. Mais quand elle approche de la variété friable, sa cassure est écailleuse et faiblement luisante, comme si elle avait été frottée par une surface polie.

GUSTAVE. — Cette apparence semble appartenir exclusivement à ces échantillons blancs qui ont une espèce de texture fibreuse. La substance paraît fort tendre.

Mme DE BEAUMONT. — Elle l'est en effet; de plus, elle happe fortement à la langue, propriété qui lui est commune avec l'espèce suivante, la pimélite, qu'on distingue par sa couleur verte.

CAROLINE. — Elle se présente sous des apparences très diverses. Les échantillons que vous en avez, varient depuis la consistance la plus dure jusqu'à l'état terreux.

Mme DE BEAUMONT. — Il est probable que la pimélite est une variété de la chrysoprase, puisqu'elle est colorée par l'oxyde de nickel, et que les deux minéraux se rencontrent ensemble.

GUSTAVE. — Cette pierre est peut-être une chrysoprase privée en partie de l'eau qu'elle contient ordinairement.

Mme DE BEAUMONT. — Elle a bien cette apparence; mais la pimélite friable contient, suivant Klaproth, 38 pour 100 d'eau, et la chrysoprase n'en contient

point; on serait donc fort embarrassé d'expliquer
le changement qui a dû s'opérer, si cette substance
a été dans l'origine une variété de chrysoprase. Les
échantillons les plus friables sont d'un vert jaunâtre éclatant. Ils sont, aussi bien que la lithomarge,
gras et onctueux au toucher. On a supposé autrefois que tous les minéraux à texture grasse conte-
naient de la magnésie; mais la pimélite n'en contient pas 2 pour 100; et plusieurs variétés d'argile,
ainsi que la *pierre à figure*, jouissent de la propriété onctueuse sans avoir aucun alliage de magnésie.

CAROLINE. —Ce morceau sculpté appartient-il à
ce que vous appelez *pierre à figure?*

Mme DE BEAUMONT. —Oui; on lui a donné ce nom
parce que les Chinois s'en servent pour faire des
portraits, des vases et d'autres ouvrages pareils,
cette pierre étant fort tendre et aisément sectile.

GUSTAVE. —J'ai vu de ces portraits, et je ne trouve
pas qu'ils soient faits d'une matière fort agréable
à la vue; ils ressemblent exactement aux *figures
de riz.*

Mme DE BEAUMONT. —On est tombé dans une
étrange méprise en s'imaginant que la plupart des
figures sculptées des Chinois étaient faites d'une
composition de riz. La pâte de riz est quelquefois
employée pour cet objet, mais le plus souvent on
fait usage de la pierre à figure. Elle est généralement blanche-verdâtre ou brune. On trouve cependant
dant dans la Transilvanie, une variété couleur de

chair pâle. Pour vous assurer si vos ciselures sont faites de cette pierre, ou avec du riz, il vous suffira d'en racler une parcelle, et de la mettre sur la pelle chaude ou sur des charbons ardents; le riz exhalera une odeur semblable à celle du pain brûlé.

CAROLINE. — J'en ferai l'essai en rentrant à la maison. Ces petits fragments bruns-sombres sont-ils de la pierre à figure?

Mme DE BEAUMONT. — C'est une substance encore plus tendre, le *savon de montagne*, regardé par quelques-uns comme une simple variété de l'espèce suivante, le *bol*. Tous les deux sont éclatants, savonneux au toucher, et happant à la langue; il est probable aussi que la terre jaune est une autre variété de bol. Ces minéraux ont, en masse, une apparence argileuse; mais la cassure, dans le savon de montagne, est moins matte que dans les autres variétés. Le bol proprement dit est généralement rouge.

GUSTAVE. — Vous m'avez dit, ce me semble, que l'ocre jaune était une terre; ressemble-t-il à ce minéral?

Mme DE BEAUMONT. — C'est précisément la même chose. La *terre verte* fournit aussi une couleur aux peintres, sous le nom de *vert de montagne*. Elle est fort tendre, mais plus pesante que les autres espèces, sans doute parce qu'elle contient une forte proportion de fer. Sa pesanteur spécifique est de 2,5 à 2,6; celle du bol, de 1,4 à 2.

CAROLINE. — Voilà un beau vert foncé; ne m'a-vez-vous pas dit que c'était la matière colorante de l'héliotrope?

Mme DE BEAUMONT. — C'est un minéral que vous avez vu très souvent.

GUSTAVE. — Est-ce la terre à foulon?

Mme DE BEAUMONT. — Oui; on en faisait un usage beaucoup plus étendu qu'aujourd'hui, avant l'invention du savon. C'est avec cette terre qu'on dégraissait les draps et toutes les étoffes de laine, et de là vient le nom de terre à foulon. La meilleure qualité se trouve en Angleterre, et, dans un temps, l'exportation en était prohibée sous les peines les plus sévères. La cimolite, originaire de l'île de Cimolie, a été pendant des siècles, employée au même usage, soit dans cette île, soit dans les pays voisins.

CAROLINE. — Ce fragment, qui porte l'empreinte d'un sceau, est-il de la cimolite?

Mme DE BEAUMONT. — C'est un minéral appelé terre de Lemnos, parce qu'on ne le trouve que dans cette localité. Les habitants de l'île le considèrent comme infiniment précieux, au point qu'on ne le retire de la terre qu'une seule fois l'an, en présence du clergé et des magistrats et avec une solennité religieuse.

GUSTAVE. — A quoi peut-il donc servir?

Mme DE BEAUMONT. — La terre de Lemnos est employée comme remède. Déjà, du temps d'Homère, elle était vantée comme antidote contre le poison, et pour se garantir de la peste. Je suis convaincue qu'elle n'a pas la moindre vertu curative, ce qui ne l'empêche pas de figurer encore dans les pharmacies de l'Italie, et de quelques autres contrées.

CAROLINE. — Il est bien étrange qu'on n'ait pas reconnu plus tôt sa nullité; quelle est la composition de cette terre?

Mme DE BEAUMONT. — La même à peu près que celle de la terre à foulon; elle contient cependant moins d'eau et un peu plus de silice. Mais cette famille est en général si peu importante, qu'il faut nous hâter d'arriver à celle des hornblendes. Les trois premières espèces, la hornblende, l'actinote, et la trémolite, ont entre elles une si grande resremblance, que bien des minéralogistes les considèrent comme des variétés de la même substance, différant principalement par la nature des minéraux dans lesquels on les trouve engagées. Cependant, comme cette cause produit une différence très marquée dans leur composition, il sera plus convenable de les diviser.

GUSTAVE. — La forme des cristaux ne devrait-elle pas décider la question?

Mme DE BEAUMONT. — C'est bien la cristallisation qui a fait connaître, en dernier lieu, l'analogie de ces substances; mais les premiers cristaux de trémolite, qui furent mesurés avec le goniomètre commun (le seul connu à cette époque), étant très imparfaits, on trouva, je crois, une différence de deux degrés entre ces cristaux et ceux de la hornblende et de l'actinote. La différence tombait sur les angles du prisme, qu'on supposait être la forme primitive; car les plans terminants des cristaux étaient tout-à-fait différents de ceux de la hornblende. L'opération répétée plus tard sur d'autres cristaux avec le goniomètre réflecteur, a prouvé que la forme primitive des trois espèces était un prisme oblique, dont les plans latéraux forment des angles de 124° 36' et de 55° 24'.

CAROLINE. — On pourrait inférer de là que ces trois minéraux passent par transition les uns dans les autres.

Mme DE BEAUMONT. — Cette transition a lieu effectivement. L'actinote tient le milieu entre la hornblende, qui est généralement noire ou d'un vert très sombre, et la trémolite qui est constamment d'une couleur claire. L'actinote est toujours verte.

GUSTAVE. — Y a-t-il plusieurs sortes de hornblendes? Je parle de la hornblende noire.

Mme DE BEAUMONT. — Non; les variétés massives s'appellent *hornblende commune;* et les portions cristallisées, *hornblende basaltique.* Quand elle se présente par couches dans les montagnes, elle a quelquefois la texture schisteuse. La hornblende basaltique est opaque. Les autres variétés sont parfois faiblement translucides sur les bords, surtout si la couleur incline au vert. Voici des cristaux (*fig.* 115, 116, 117) qui viennent de Suède.

Caroline. —Ils ont l'éclat luisant du feldspath.

Mme de Beaumont. — Dans la hornblende massive, la texture est souvent fibreuse ; elle ressemble alors au schorl commun, au point qu'il devient difficile d'en faire la différence.

Caroline. — Mais le schorl n'a pas cet éclat luisant.

Mme de Beaumont. — Ce n'est pas non plus une propriété constante dans la hornblende ; mais le schorl est plus dur et plus cassant. La hornblende est une des substances les plus difficilement frangibles que nous connaissions. S'il vous prend fantaisie d'aller minéraliser dans les roches qui contiennent cette pierre, munissez-vous d'un fort marteau ayant un manche de baleine, car un marteau ordinaire se briserait dès les premiers coups. C'est un minéral fort abondant, qui est une partie constituante d'une espèce de roches, comme le feldspath l'est du granit.

Caroline. — L'actinote semble se présenter aussi sous bien des apparences diverses.

Mme de Beaumont. — Elle se divise en actinotes *granulaire*, *commune*, *asbestoïde* et *vitreux*. La variété granulaire se présente en grains cristallisés engagés dans le carbonate de chaux. Ces grains sont généralement arrondis, toujours translucides et de couleur verte ; on l'appelle quelquefois *pargasite*, parce qu'elle se trouve à Pargas dans la Finlande. L'actinote commune est quelquefois cristallisée, mais plus souvent fibreuse et à fibres

20

divergentes. Elle est très peu éclatante, ce qui la distingue de la variété vitreuse.

GUSTAVE. — L'actinote vitreuse cristallise-t-elle?

Mme DE BEAUMONT. —Oui; voici des cristaux vert sombre engagés dans le talc, qui sont de l'actinote vitreuse (*fig.* 118, 119). Les plus beaux échantillons viennent de Zillerthal dans le Tyrol. Remarquez maintenant l'actinote asbestoïde.

CAROLINE. —Elle paraît plus tendre que les autres espèces; les fibres sont recourbées et disposées en petits faisceaux.

Mme DE BEAUMONT. —Une de ses variétés se compose de petites fibres capillaires dont les couleurs sont le gris verdâtre ou le vert clair très mat. On l'a appelée amianthoïde, à raison de sa ressemblance avec l'amianthe; mais elle diffère de celle-ci par la flexibilité des fibres.

GUSTAVE. — Ces minéraux sont-ils aussi durs que la hornblende?

Mme DE BEAUMONT. — L'actinote commune et la *vitreuse* sont aussi dures, mais plus cassantes; leur dureté tient le milieu entre le feldspath et le verre. La trémolite se trouve principalement associée aux minéraux calcaires et magnésiens. Elle contient une plus grande proportion de chaux que les autres espèces, mais point d'alumine. La plus belle des sous-espèces est la trémolite commune qui est ordinairement blanche, et dont les variétés fibreuses ont un éclat soyeux magnifique.

Caroline. — Cet échantillon lilas est-il de la même espèce?

Mme de Beaumont. — Oui; mais c'est la couleur la plus rare dans la trémolite. Les cristaux sont généralement verdâtres (*fig*. 120, 121), quelquefois gris et faiblement translucides. La trémolite vitreuse se présente en longues fibres minces, ordinairement parallèles, mais parfois recourbées ou ondoyantes. Ne touchez pas à ces échantillons; les fibres ou cristaux aciculaires dont elle est composée, sont si minces et si aigus, qu'ils pénètrent facilement dans la peau. Il m'est arrivé d'éprouver une vive douleur aux doigts pendant plusieurs jours, pour avoir manié un fragment de trémolite vitreuse.

Gustave. — La qualification de vitreuse lui convient à merveille. Mais voici apparemment d'autres sous-espèces.

Mme de Beaumont. — Ce sont la trémolite asbestiforme, et la *compacte*, sous-espèce beaucoup plus rare, découverte en Écosse par le docteur Macullock.

Caroline. — J'aurais pris cette dernière pour du marbre, si je l'eusse rencontrée.

Mme de Beaumont. — Il y a bien quelque rapport dans l'apparence extérieure. Mais n'oublions pas que tous les marbres s'entament avec le couteau, et deviennent effervescents à l'aide des acides; ce qui n'a pas lieu dans la trémolite compacte. Je conviens qu'elle ressemble à beaucoup d'autres substances, et je me suis trouvée fort embarrassée la première fois que je l'ai vue. La pesanteur spécifique de la trémolite varie de 2,77 à 3,0 ; celle de l'actinote, de 2,5 à 3,4. L'actinote asbestoïde est la plus légère.

La pesanteur spécifique de la hornblende est moins variable. Elle est généralement de 3,1.

Outre les divisions précédentes, on a distingué d'autres variétés de hornblende par les noms de *calamite* et de *caranthine* ; mais je regarde ces sous-divisions comme superflues.

GUSTAVE. — Cette famille est donc terminée?

Mme DE BEAUMONT. — Plusieurs espèces restent encore à examiner. Commençons par le *diallage*, qu'on peut diviser en trois sous-espèces : la *smaragdite,* qui est toujours verte ; le *schillerspath*, et la *bronzite,* qui sont généralement de couleur brune , et caractérisés par un éclat demi-métallique.

CAROLINE. — Est-ce le nickel qui colore la smaragdite? elle est d'un très beau vert.

Mme DE BEAUMONT. — Sa matière colorante est l'oxyde de chrôme. La smaragdite forme une partie de la roche connue sous le nom de *verde di corsica*, que l'on taille en dalles et en colonnes. Elle se trouve associée à la saussurite. Elle paraît quelquefois granulaire. Le schillerspath ne contient point de chrôme, et doit sa couleur olive-foncée à l'oxyde de fer. Il se présente généralement en petites masses arrondies empâtées dans la serpentine.

Gustave. — Cristallise-t-il? voilà des surfaces qu'on dirait produites par le clivage.

Mme de Beaumont. — Je ne crois pas que ce minéral prenne jamais une forme extérieure régulière; mais il a un clivage très distinct. La smaragdite en a deux. La bronzite est suffisamment caractérisée par sa couleur brune-jaunâtre éclatante, et par l'apparence fibreuse de sa cassure.

Caroline. — Elle paraît susceptible d'être facilement réduite en fibres minces, ce qui lui donne une sorte d'opalescence.

Mme de Beaumont. — Elle devient très belle, quand elle est polie avec une surface convexe, comme l'*œil de chat*. L'anthophyllite et l'hyperstène ressemblent beaucoup à la bronzite. J'ai là un fragment d'anthophyllite cristallisée, engagé dans la même substance.

Gustave. — Comment savoir que ce n'est pas de la bronzite?

Mme de Beaumont. — Il est plus dur et plus cassant que la bronzite. En l'examinant vous y reconnaîtrez les indices de quatre clivages, dont deux parfaitement distincts, et les autres moins. Voici un échantillon contenant des grenats et du mica, qui vient du Groenland. Ces minéraux sont fréquemment micacés.

Caroline. — Où est donc l'hyperstène?

Mme de Beaumont. — C'est ce minéral brun-sombre.

GUSTAVE. — Il est évident que cette substance a été primitivement du bois.

Mme DE BEAUMONT. — Elle en a tellement l'apparence, que votre induction est fort naturelle ; cependant je la crois fausse. La couleur de l'hyperstène est plus sombre que celle des autres espèces.

CAROLINE. — Son opalescence est tout-à-fait cuivrée. Est-elle plus dure ou plus tendre que les autres espèces ?

Mme DE BEAUMONT. — Elle est beaucoup plus dure, et raie la hornblende commune. Sa pesanteur spécifique est de 3,39. Bronzite, 3,2 ; anthophyllite, 3,1. On a trouvé l'hyperstène sur la côte de Labrador en masses roulées ou engagée dans la feldspath. Le docteur Macalloch en a découvert une variété dans l'île de Rum.

ANALYSES.

Analyse par	HORNBLENDE commune.	ACTINOTE commune.	ACTINOTE asbestoïde.	ACTINOTE vitreuse.	TRÉMOLITE commune.	TRÉMOLITE vitreuse.	SMARAGDITE.	BRONZITE.	SCHILLERSPATH.	ANTOPHYLITE.	HYPERSTÈNE.
	Laugier.	Bergman.	Vauquel.	Laugier.	Hisinger.	Klaproth.	Vauquel.	Klaproth.	Heyer.	John.	Klaproth.
Silice............	42	64	47	50	59,244	65	50	60	52	56	54,25
Alumine.........	12	2,7	»	0,75	0,888	»	11	»	23,33	13,30	2,5
Chaux..........	11	9,3	11,3	9,75	15,200	18	13	»	7	3,33	1,50
Magnésie........	2,25	20	7,3	19,25	22,133	10,33	6	27,5	6	14	14
Oxyde de fer....	30	4	20	11	1,311	0,16	5,5	10,5	17,5	6	24,50
—— de manganèse.	0,25	»	10	0,50	1	»	»	»	»	3	trace.
—— de chrôme...	»	»	»	3	»	»	7,5	»	»	»	»
—— de cuivre....	»	»	»	»	»	»	1,5	»	»	»	»
Potasse..........	trace.	»	»	0,50	»	»	»	»	»	»	»
Eau............	0,75	»	»	»	»	»	»	0,5	»	1.43	1
Eau avec acide carbonique.......	»	»	»	5	0,020	6,5	»	»	»	»	»
Perte............	»	»	»	»	0,204	0,01	5,5	1,5	»	2,94	2,50

Je vais distinguer quatre espèces dans la famille de l'augite, bien que l'*identité* de leur forme primitive ait déterminé quelques minéralogistes à les considérer comme des variétés d'une seule substance. La division que j'adopte m'a paru plus méthodique.

La *sahlite* et l'*augite* commune, semblables entre elles, ont en même temps beaucoup d'analogie avec les variétés verdâtres de la hornblende.

GUSTAVE. — Voici en effet des cristaux (*fig.* 122, 123) parfaitement semblables à ceux de la hornblende basaltique.

Mme DE BEAUMONT. — La ressemblance n'est point *parfaite*. Les plans terminants et les angles du prisme sont différents; ces derniers sont de 87° 5′ et de 92° 55′. La forme primitive se rencontre rarement; on la détermine par les clivages, qu'il est facile d'obtenir dans la sahlite (l'augite cède au clivage avec quelque difficulté). Conséquemment les surfaces ainsi produites sont planes et brillantes dans la sahlite; mais dans l'augite elles sont inégales, surtout dans la direction des plans terminants. C'est ce qui établit la principale différence entre les deux espèces.

CAROLINE. — Voici donc un fragment de sahlite?

Mme DE BEAUMONT. — Oui; les cristaux d'augite sont généralement petits. Ces petits cristaux noirs se trouvent dans les amas de lave.

La coccolithe est simplement l'augite dans la forme granulaire. Elle est souvent noirâtre.

CAROLINE. — Je vois que les grains ne sont pas empâtés dans une autre substance; ils paraissent tenir ensemble par compression.

Mme DE BEAUMONT. — Elle a moins d'éclat que les autres espèces, d'ailleurs sa forme granulaire la distingue suffisamment. La fassaïte ou pyrogome semble ne différer de l'augite commune que par la forme de ses cristaux secondaires généralement terminés en pyramides, et par une couleur verte plus éclatante. Je ne crois pas qu'on l'ait analysée.

CAROLINE. — Ces minéraux diffèrent-ils par la dureté ou par la pesanteur?

Mme DE BEAUMONT. — Très peu. Ils sont tous assez durs pour rayer le verre, mais quelques-uns l'entament faiblement. Leur pesanteur spécifique varie de 3,2 à 3,4. La surface des cristaux est généralement brillante, soit dans la fassaïte, soit dans le diopside, autre espèce d'augite que je crois la plus belle de toutes, par sa couleur blanche verdâtre et son éclat demi-transparent.

GUSTAVE. — Je lui trouve beaucoup de ressemblance avec votre prehnite française.

Mme DE BEAUMONT. — Oui; mais la cristallisation est tellement différente que vous ne prendrez jamais l'une pour l'autre. Le diopside se rencontre généralement accompagné de grenats précieux d'un rouge hyacinthe, et du mica verdâtre cristallisé, et la combinaison de ces deux couleurs y produit un effet très agréable, Il fut appelé *alalite* par Bonvoisin, qui le découvrit à Ala dans les Alpes piémontaises, et qui donna le nom de *mussite* à une variété presque opaque, trouvée dans la montagne de la *Mussa*. Celle-ci est plus grise que l'alalite, et sa cassure paraît légèrement rayonnée.

CAROLINE. — On remarque entre ces minéraux la même espèce de rapport que dans la famille précédente entre la hornblende, l'actinote et la trémolite.

Mme DE BEAUMONT. — Absolument. Vous verrez par les tables d'analyses, qu'il y a très peu de différence entre eux, comme entre les résultats obtenus par différentes expériences faites sur la même espèce.

L'augite est la dernière famille du genre siliceux. L'échantillon qui suit est un hydrate de magnésie.

| Analyse de | AUGITE. | | COCCOLITE. | SAHLITE. | | DIOPSIDE. |
	Klaproth.	Vauquel.	Vauqu.	Vauqu.	Hisinger.	Laugier.
Silice..........	48	52	50	53	54,18	57
Chaux..........	24	13,2	24	20	22,72	16,5
Magnésie, ...	8,74	10	10	19	17,81	18,25
Alumine......	5	3,33	1,5	3	»	»
Oxyde de fer..	12	14,66	7	»	2,18	6
—— de manganèse........	1	2	3	4	1,45	6
Potasse.........	trace.	»	»	»	»	»
Eau...........	»	»	»	»	1,20	»
Perte..........	1,25	4,81	4,5	1	0,40	2,25

Gustave. — Qu'appelez-vous *hydrate?* J'entends ce mot pour la première fois.

Mme de Beaumont. — Il désigne la combinaison d'une terre ou d'une autre substance simple avec de l'eau; et par *combinaison*, je n'entends pas un mélange *artificiel*, mais une *union chimique*, la seule que l'on considère dans toutes les substances qui contiennent de l'eau comme partie constituante.

Caroline. — Quelle différence entre cet hydrate et la magnésie! Il est tout-à-fait nacré et lamelleux comme le talc.

Gustave. — Il est curieux de voir un composé de magnésie et d'eau si solide, si compacte et translucide en même temps. Quelle est sa pesanteur spécifique?

Mme de Beaumont. — Elle est de 2,13. C'est une substance rare, trouvée seulement dans deux localités; d'abord à Hobokein, dans le New-Jersey, et ensuite à Aust, dans l'île Shetlan, mais en petite quantité. La famille suivante est celle du talc; première espèce, le talc.

Caroline. — Vous nous avez déjà dit que le talc se distinguait du mica en ce qu'il est flexible sans être élastique. Mais les lames de votre échantillon sont si petites qu'il serait difficile de voir si elles sont élastiques.

Mme de Beaumont. — Cet essai ne serait guère praticable. Mais le talc et le mica ne diffèrent pas seulement par leur degré de flexibilité. Si vous essayez de rayer le mica, vous le sentirez rude et piquant;

au lieu que le talc est tendre et savonneux au toucher, cédant facilement à la pression du couteau, qualités qui appartiennent à la variété durcie aussi bien qu'au talc lamelleux et terreux. D'ailleurs, son éclat est plus nacré que celui du mica; il est généralement de couleur blanche ou verte.

GUSTAVE. — Voici un échantillon d'un beau vert éclatant; mais je n'y vois pas de grandes lames comme dans votre talc de Sibérie.

Mme DE BEAUMONT. — Les lames de talc n'excèdent guère une dimension de quelques pouces. Il cristallise plus rarement que le mica, mais dans ce cas il a la même forme. La substance appelée communément *craie de France* est du tal endurci.

CAROLINE. — D'où provient la texture savonneuse de ces minéraux ?

Mme DE BEAUMONT. — De la forte proportion de magnésie qui entre dans leur composition. Sur cent parties, le talc en a trente de cette terre, et la serpentine précieuse n'en a pas moins de 44.

GUSTAVE. — C'est la première fois que j'entends parler de la serpentine précieuse. En voici un échantillon pareil à votre dalle verte que je prenais pour du marbre.

Mme DE BEAUMONT. — C'est la serpentine *commune*. Les minéraux appelés vulgairement *marbre de Portsoy* et de *Mona*, en sont des variétés. Vous en verrez ici des échantillons de deux espèces. Quelques-uns des plus beaux fragments sont tirés d'une montagne voisine du Cap Lizard, dans le Cor-

nouaille. La serpentine précieuse n'a d'autre couleur que le vert foncé; elle est plus transparente
que la serpentine commune. Coupée en tranches
minces, elle offre des parties transparentes et d'autres presque noires.

CAROLINE. — Cet échantillon appartient-il à la
même substance ?

Mme DE BEAUMONT. — Oui ; mais cette variété
d'un vert jaunâtre est plus tendre, et sa cassure se
rapproche d'avantage de la conchoïde. Les deux
espèces sont néanmoins plus dures que la serpentine commune, et ont un éclat faiblement luisant.

GUSTAVE. — Vous nous avez dit, ce me semble,
que les taches et les veines blanches qu'on voit dans
la serpentine, étaient du marbre ou carbonate de
chaux.

Mme DE BEAUMONT. — Cela était vrai pour le plateau vert dont nous parlions; mais il n'en est pas
de même de toutes les espèces de serpentine. Dans
celle du Cornouaille, par exemple, les taches proviennent d'un mélange de stéatite, minéral fréquemment associé à la serpentine. Les roches du
Cap Lizard et les baies environnantes présentent
des couches de serpentine dont vous ne pouvez concevoir la beauté sans les avoir vues. Elles sont nuan-
cées du vert le plus brillant, avec des teintes brunes
et rouges, et entrecoupées de grandes veines de
stéatite d'un blanc jaunâtre, entremêlé de pourpre.

CAROLINE. — Vos échantillons peuvent donner
une idée de leur apparence magnifique.

Mme DE BEAUMONT. — Voici de la stéatite du même canton, mais elle est presque à l'état friable. Celle de la Save est plus compacte; on l'a nommée *pierre à savon*, parce qu'elle est singulièrement grasse au toucher. Il est probable que le talc terreux passe à la stéatite; et dans la réalité, toutes les espèces de cette famille ont entre elles une ressemblance évidente. Ce minéral vert-grisâtre, appelée *pierre à pot*, paraît d'abord n'être qu'une variété de la serpentine; mais la magnésie qu'il contient est à l'état de carbonate.

CAROLINE. — Le nom que porte ce minéral est-il fondé sur quelque raison particulière?

Mme DE BEAUMONT. — Sur les bords du lac de Come, où ce minéral est très abondant, on a exploité pendant plusieurs siècles des carrières de pierre à pot. Là, on la façonne et on la taille en pots, en jarres et en vases de cuisine, qui résistent à l'action du feu, remplacent avantageusement nos casseroles en métal, d'autant mieux qu'ils ne sont solubles dans aucun liquide. L'intérieur des fours en est souvent revêtu, et j'ai moi-même une théière et un service de déjeûner, faits de la même pierre.

GUSTAVE. — Ce doit être un article productif dans le pays.

Mme DE BEAUMONT. — Certainement, les vases de pierre à pot y sont l'objet d'un commerce considérable, et s'exportent dans les contrées voisines. Sa pesanteur spécifique est de 2,88.

CAROLINE. — Voilà un échantillon tellement semblable à la serpentine précieuse, que vous l'aurez sans doute placé ici par inadvertance.

Mme DE BEAUMONT. — Votre supposition ne me surprend pas ; mais vous serez détrompée en comparant la dureté respective des deux substances. Le *jade* raie le feldspath, et la serpentine est plus tendre que le verre. Celle-là est une substance remarquable par son peu de frangibilité. C'est pour cette raison qu'elle est très estimée des peuples qui habitent les îles de la mer du sud (gissement principal du jade), qui en font des hachettes et des couteaux. Je ne doute pas que mon échantillon n'ait servi de hachette. La plupart de leurs sculptures sont faites avec des instruments de jade. Sa couleur est constamment le vert de mer foncé.

GUSTAVE. — C'est en effet un très joli fragment. Mais celui-ci, qu'est-ce que c'est ? Il ressemble au talc.

Mme DE BEAUMONT. — C'est la chlorite lamelleuse, jouissant d'une cristallisation tout-à-fait particulière. Les petites masses noirâtres disséminées sur l'échantillon, se composent de plusieurs lames minces, hexagonales, disposées de manière à former les segments de deux cônes appliqués base à base (*fig.* 126).

CAROLINE. — Cela est vraiment curieux ; mais voici un fragment où les cristaux ont une autre forme.

Mme DE BEAUMONT. — Ils sont néanmoins produits

de la même manière, excepté que dans ceux-ci l'axe passe par deux *angles opposés* des lames. Quelques-uns des cristaux sont fendus, et laissent voir l'arrangement des lames (*fig.* 127). La chlorite n'est pas souvent cristallisée; elle se présente généralement en écailles ou en petites paillettes, comme le talc. Quand elle est plus compacte, elle est souvent schisteuse, et quelquefois terreuse.

GUSTAVE. — N'est-ce pas la chlorite terreuse qui se rencontre dans le cristal de roche?

Mme DE BEAUMONT. — Oui; elle n'est pas constamment verte comme les autres sous-espèces, mais quelquefois brune et grise. Elle contient en oxyde de fer environ la moitié de son poids. Toutes les variétés de chlorite en ont aussi une forte portion, ce qui paraît constituer la principale différence entre cette substance et le talc.

CAROLINE. — N'est-ce pas là de l'*asbeste?*

Mme DE BEAUMONT. — C'est l'asbeste flexible ou amianthe.

GUSTAVE. — J'ai vu de l'amianthe au Musée britannique, et même une étoffe faite de cette matière, dans laquelle on prétend que les anciens enveloppaient les corps des morts avant de les brûler.

Mme DE BEAUMONT. — Elle était fort convenable pour cet objet, puisqu'elle se compose de longues fibres soyeuses, capables de résister à la chaleur la plus intense; elle se fond très difficilement même au chalumeau. Elle est si abondante dans la Corse, qu'on l'emploie au lieu d'étoupes ou de laine pour emballer les minéraux. On en a trouvé dans l'île d'Anglesey, en exploitant les carrières de serpentine, et les mineurs ne pouvant se persuader que ce fût un minéral, disaient que c'était du coton.

CAROLINE. — Ils prenaient l'amianthe pour du coton pétrifié.

GUSTAVE. — N'y a-t-il pas une autre espèce d'asbeste?

Mme DE BEAUMONT. — Oui, l'asbeste *commune*, différant seulement de l'amianthe en ce qu'elle est plus dure et nullement flexible. Cet échantillon couleur de soufre, et l'asbeste d'un vert éclatant, trouvée dans la serpentine du Cornouaille, sont les plus belles variétés que je connaisse. L'espèce *endurcie* a tant de ressemblance avec le bois, qu'on l'appelle *asbeste ligniforme*.

GUSTAVE. — Mais outre son apparence ligniforme, elle paraît contenir une quantité de flocons brillants.

Mme DE BEAUMONT. — Ces parties brillantes sont du talc mêlé à l'asbeste. Toutes ces variétés ont la texture fibreuse; elles sont tendres et peu flexibles. Dans l'espèce ligniforme, les fibres ne sont pas droites, mais entrelacées.

CAROLINE. — Voici un morceau extraordinairement léger.

Mme DE BEAUMONT. — C'est une autre sous-espèce appelée *liége de montagne*. Elle contient, comme vous voyez, de petites fibres d'amianthe.

Gustave. — Je suppose que cet étrange minéral est tout-à-fait poreux ?

Mme de Beaumont. — Il l'est beaucoup, et flotte sur l'eau. Mais la variété qu'on nomme *cuir de montagne* n'est pas moins curieuse.

Caroline. — Oh! maintenant, vous vous moquez de nous ; c'est là un morceau de quelque vieux gant.

Mme de Beaumont. — Prenez une loupe, et examinez ce côté de l'échantillon ; ou bien allumez la chandelle et essayez de le brûler.

Caroline. — J'aperçois quelque apparence de fibres.

Gustave. — Et la substance est réellement incombustible ; voyez, le feu n'a fait que la rendre plus blanche.

Mme de Beaumont. — La seule différence entre cette variété et l'amianthe, c'est qu'ici les fibres sont tellement entremêlées qu'il est impossible de les séparer.

Gustave. — Cette famille me plairait davantage si elle contenait des minéraux cristallisés.

Mme de Beaumont. — Les espèces en sont si bien caractérisées, que la forme cristalline, si elles la possédaient, n'ajouterait rien à la facilité qu'on a de les reconnaître. Cependant la stéalite se présente quelquefois en faux cristaux, semblables à ceux de quartz (*fig.* 36) ; c'est même un des exemples les plus remarquables de ce qu'on appelle fausse cristallisation.

ANALYSES.

Analyse de	TALC.	SERPENTINE commune.		SERPENTINE précieuse.	PIERRE à pot.	PIERRE de bache.	STÉATITE.
	Klaproth.	John.	Vauquelin.	Hisinger.	Tromsdorf.	Kastner.	Klaproth.
Silice..............	62	31,5	44	43,07	39	50,5	59,5
Magnésie..........	30,5	47,25	44	40,37	16	31,0	30,5
Alumine..........	»	3	2	0,25	»	10	»
Chaux............	»	0,5	»	0,5	»	»	»
Oxyde de fer......	2,5	5,5	7,3	1,17	10	5,5	2,5
—— de manganèse.	»	1,5	1,5	»	»	»	»
—— de chrôme. ...	»	»	2	»	»	0,05	»
Potasse...........	2,75	»	»	»	»	»	»
Acide carbonique.	»	»	»	»	20	»	»
Eau..............	0,5	10,5	»	»	10	2,75	5,5
Matière volatile...	»	»	»	12,45	»	»	»
Perte.............	1,75	»	»	2,19	»	0,2	2

Les deux minéraux qui suivent appartiennent à la famille de la chrysolite. Leur différence est peu sensible, si ce n'est que la chrysolite est cristallisée et l'olivine granulaire.

CAROLINE. — La chrysolite n'est-elle pas une pierre précieuse?

Mme DE BEAUMONT. — Oui; mais elle a moins de valeur que d'autres pierres qui ne sont pas plus belles, parce qu'elle n'est pas assez dure.

GUSTAVE.—Est-elle moins dure que l'améthyste?

Mme DE BEAUMONT. — Oui; elle tient le milieu, par la dureté, entre l'améthyste (ou le quartz) et le feldspath. La forme primitive est un parallélépipède rectangulaire (*fig.* 128), mais elle se rencontre rarement. Voici le cristal le plus ordinaire (*fig.* 129).

CAROLINE. — Je vois que les plans latéraux sont striés en longueur. Mais comment peut-on reconnaître les fragments qui ne laissent apercevoir aucune trace de cristallisation?

Mme DE BEAUMONT. — Vous les distinguerez sans difficulté des minéraux qui ont le plus d'analogie avec la chrysolite, tels que la tourmaline, le béryl et le grenat grossulaire; il vous suffit pour cela de savoir que la chrysolite est plus tendre qu'aucune de ces substances, et qu'elle ne devient pas électrique par échauffement.

GUSTAVE. — Je crois aussi que la couleur servirait au besoin de caractère distinctif; c'est un vert jaune éclatant tout-à-fait remarquable.

Mme DE BEAUMONT. — On ne doit pas trop se fier à la couleur; elle est quelquefois d'un jaune brun, et ressemble beaucoup à quelques variétés du phosphate de chaux. L'*olivine* tire son nom de sa couleur olive-claire, la seule qu'on lui connaisse présentement. Elle n'est pas tout-à-fait aussi transparente ni aussi dure que la chrysolite, quoiqu'elle contienne plus de silice. Le fer est sa matière colorante.

CAROLINE. — Quelle est la pesanteur spécifique de ces deux minéraux?

Mme DE BEAUMONT. — Chrysolite 3,4; olivine 3,2 ou 3,3. J'oubliais de vous dire que la chrysolite s'électrise par frottement. Mais je crois vous avoir montré dans cette séance assez de minéraux pour exercer votre mémoire jusqu'au prochain entretien. Nous nous occuperons alors de la famille des *rubis*, qui tient la première place dans le *genre alumineux*.

	SILICE.	MAGNÉSIE.	CHAUX.	OXYDE de fer.	PERTE.
Chrysolite. Klaproth.	39	43,5	»	19	»
Chrysolite. Vauquelin.	38	5o,5	»	9,5	2
Olivine.... Klaproth.	5o	38,5	8,25	12	»

DIXIÈME ENTRETIEN.

Famille des rubis. — De la néphéline. — De la topaze. — De la cyanite. — Du zircon. — De l'émeraude. — Chiastolite. — Remarques sur la seconde division de la classe terreuse.

Mᵐᵉ DE BEAUMONT, CAROLINE, GUSTAVE.

Mᵐᵉ DE BEAUMONT. — Je vous promets ce matin une séance très intéressante ; presque tous les minéraux dont j'ai à vous parler, revêtent la forme cristalline. Nous commencerons par le *corindon*, dont il y a trois espèces : les variétés transparentes s'appellent *saphirs* ; les variétés non transparentes soit massives, soit cristallisées, sont comprises sous la dénomination générale de *corindon* ; et le corindon granulaire se nomme *éméril*.

GUSTAVE. — Vous avez ici un assortiment complet d'échantillons depuis les beaux cristaux transparents, jusqu'au sable brun-sale.

Mᵐᵉ DE BEAUMONT. — Vous n'avez pas encore vu l'éméril dans sont état naturel ; celui-ci a été moulu et lessivé. Vous n'ignorez pas sans doute qu'après le diamant le saphir est la substance la plus dure que l'on connaisse ; cependant il est presque entièrement composé d'alumine.

CAROLINE. — Cela n'est pas plus incroyable que la composition du diamant, que vous prétendez être la même substance que le charbon. Quelle est la forme primitive du saphir ?

Mme DE BEAUMONT. — C'est un rhomboïde légèrement aigu (*fig.* 130). On la rencontre rarement, mais elle s'obtient par le clivage, au moins dans le corindon. La forme la plus ordinaire est un prisme hexagonal, ou une double pyramide hexagonale aiguë qui laisse apercevoir souvent des portions des plans primitifs ou des faces produites par d'autres modifications (*fig.* 132, 133, 134). Voici de petits saphirs rouges qui se rapprochent plus de la forme primitive qu'aucun des autres cristaux (*fig.* 131).

GUSTAVE. — Ils sont réellement très parfaits, mais..

Mme DE BEAUMONT. — *Mais* que voulez-vous dire, mon cher ami ?

GUSTAVE. — J'allais faire une observation puérile sur la couleur ; je ne songeais plus à ce que vous nous avez dit, qu'il y a des saphirs de toutes les couleurs.

Mme DE BEAUMONT. — Oui, sans doute. Les saphirs rouges s'appellent *rubis orientaux ;* on les distingue facilement du *rubis spinelle* par leur dureté et par leur pesanteur spécifique qui varie de 3,9 à 4,2, tandis que celle du spinelle n'excède pas 3,8. Les variétés vertes sont les plus rares dans cette espèce de minéraux. Mais tous les saphirs d'une couleur pure sont très estimés, en raison de leur dureté et de leur brillant. Les cristaux de corindon ressemblent à quelques-uns des saphirs cristallisés, mais ils sont généralement de couleur grise tirant au sombre, et opaques ou à peu près.

CAROLINE. — Voilà des cristaux d'une grande dimension; connaissez-vous leur gissement?

Mme DE BEAUMONT. — On les trouve près de Madras, empâtés dans du granit. Le corindon de Carnate est ordinairement d'une couleur grise verdâtre éclatante; il se rencontre engagé dans l'*indianite*; il y en a aussi de bleus et de rouges, mais ces couleurs ont peu d'éclat, quoique le corindon rouge incline toujours au cramoisi.

GUSTAVE. — Voici un echantillon rose et bleu qui me plaît beaucoup, est-ce du corindon?

Mme DE BEAUMONT. — C'est une variété récemment découverte en *Piémont*. On la trouve abondamment dans l'Inde; brûlée et pulvérisée, elle supplée à la poudre d'émeril.

CAROLINE. — Qu'appelle-t-on éméril natif? apparemment c'est l'éméril dans son état naturel.

Mme DE BEAUMONT. — On en distingue deux espèces; cet échantillon gris-brun foncé est de la variété la plus commune; il a une apparence de sable. L'autre espèce est très compacte, avec cassure inégale ou esquilleuse; l'éméril granulaire contient une forte proportion d'oxyde de fer. Le chrysobéryl est une autre pierre précieuse dont j'ai un échantillon dans ce cristal d'un vert très pâle.

CAROLINE. — Il est beaucoup plus pâle et plus jaune que la chrysolite; quelques-uns de ces fragments jouissent de l'opalescence.

GUSTAVE. — C'est vrai; ils ont un éclat bleuâtre flottant, comme la *pierre de lune*.

Mme DE BEAUMONT. — La forme primitive est un parallélépipède à peu près semblable à celui de la chrysolite, et la même analogie se remarque entre les cristaux secondaires des deux substances (*fig*. 135, 136).

Le chrysobéryl le cède rarement au saphir pour la dureté, et sa pesanteur spécifique est de 3,6.

CAROLINE. — Sans recourir à la pesanteur spécifique, il me semble que la cassure conchoïde le distingue suffisamment du saphir, qui paraît céder constamment au clivage.

Mme DE BEAUMONT. — C'est là une idée spécieuse; mais le chrysobéryl a un clivage double, quoiqu'il soit difficile de l'obtenir; et le saphir cède plus difficilement au clivage que le corindon.

Le rubis spinelle, à l'exception d'une variété bleue, s'était toujours présenté en grains cristallisés. C'est tout récemment que le docteur Davy a découvert, dans l'île de Ceylan, de petits spinelles engagés dans le marbre blanc.

GUSTAVE. — Les spinelles bleus ne sont donc pas en grains?

Mme DE BEAUMONT. — Non ; il s'en trouve en Suède qui sont de la grosseur d'un pois, parfaitement cristallisés et engagés pareillement dans du marbre blanc ; mais les spinelles détachés que vous voyez ici se rencontrent dans le sable de Ceylan, en grains arrondis et cristallisés, avec des saphirs, des chrysobéryls et d'autres substances.

CAROLINE. — Voici des échantillons d'un bleu pourpré mate ; je suppose qu'ils n'ont jamais été taillés ni polis, comme les spinelles rouges.

Mme DE BEAUMONT. — Non ; et quand même leur couleur serait bonne, ils ne sont pas assez transparents pour être employés dans la bijouterie. Ce n'est pas que le spinelle de l'Inde soit toujours rouge ; sa couleur est quelquefois le blanc jaunâtre, le blanc verdâtre, le pourpre pâle (quelques variétés même sont presque sans couleur) ; mais il jouit constamment d'une belle transparence. Ce minéral et les deux substances suivantes, la *ceylanite* et l'*automolite*, cristallisent en octaèdre régulier, forme primitive, et sous d'autres formes dérivées de l'octaèdre (*fig.* 137, 138, 141). Les petits cristaux vert sombre que vous voyez sur cet échantillon, sont de la ceylanite ; on ne les distingue pas facilement, parce qu'ils sont parsemés de mica, et associés à d'autres minéraux.

GUSTAVE. — Malgré leur teinte noirâtre, ils sont très brillants.

Mme DE BEAUMONT. — Les cristaux de ceylanite sont en général très petits ; l'automolite se présente en morceaux plus considérables, d'un bleu foncé mate. Ces deux substances ont la même forme que le spinelle, mais elles sont moins dures. Une différence encore plus essentielle, c'est que le spinelle doit sa belle couleur rouge à l'oxyde de chrôme, tandis que l'automolite contient de 24 à 28 pour cent d'oxyde de zinc, et le reste se compose principalement d'alumine.

GUSTAVE. — La pesanteur spécifique de l'automalite doit être plus forte que celle des deux autres espèces.

Mme DE BEAUMONT. — Cela est vrai ; elle s'élève jusqu'à 4,2 et 4,6. Celle du spinelle varie de 3,5 à 3,8. La ceylanite ne dépasse pas 3,7 ou 3,8.

L'andalusite, dernière espèce de la famille des rubis, n'a point de ressemblance extérieure avec les précédentes ; mais j'ai cru devoir la placer ici, en raison de sa dureté, et parce qu'elle se compose presque en totalité d'alumine.

CAROLINE. — Est-elle aussi dure que le spinelle ?

Mme DE BEAUMONT. — Cela est probable ; mais la dureté de l'andalusite est sujette à plus de variation. Les cristaux sont des prismes rectangulaires.

GUSTAVE. — Ils sont grands et bien formés. Mais on ne peut distinguer leur couleur ; ils sont tout couverts de petites paillettes.... de mica, n'est-il pas vrai ?

Mme DE BEAUMONT. — En effet ; ce minéral est toujours accompagné de mica, mais il n'en est pas constamment enveloppé. Sa couleur est le gris clair, et quelquefois le rouge de chair, inclinant au lilas. Il a très peu d'éclat, et une faible apparence de clivage parallèle aux plans latéraux du prisme. L'andalusite et toutes les substances de la même famille sont infusibles au chalumeau. L'échantillon qui vient à la suite est la *néphéline*, appelée aussi feldspath infusible.

ANALYSES.

Analyse de	SAPHIR.	CORINDON.		ÉMÉRIL.	CHRYSOBÉRYL.	SPINELLE.		AUTOMOLITE.	CEYLANITE.	ANDALUSITE.
	Chenevix.	Klaproth.	Chenevix.	Vanquelin.	Klaproth.	Klaproth.	Vanquelin.	Collet-Descotiles.	Ékeberg.	Vauqu.
Alumine.	90	84	86,50	53,83	71,5	74,50	82,47	60	68	52
Silice.	7	6,5	5,25	12,66	18	15,50	»	4,75	2	32
Chaux.	»	»	»	1,66	6	0,75	»	»	»	»
Magnésie.	»	»	»	»	»	8,25	8,78	»	12	»
Oxyde de fer. .	1,2	7,5	6,50	24,66	1,5	1,50	»	9,25	16	»
—— de chrôme	»	»	»	»	»	»	6,57	»	»	»
—— de zinc. . .	»	»	»	»	»	»	»	24,25	»	»
Potasse.	»	»	»	»	»	»	»	»	»	8
Eau.	»	»	»	»	»	»	»	»	»	6
Perte.	1,8	2	1,75	7,19	3	»	2,18	1,75	2	»

CAROLINE. — Parmi tant de fragments réunis, je ne distingue pas la néphéline.

Mme DE BEAUMONT. —Ce sont les cristaux transparents incolores; on les rencontre avec la méïonite; souvent les cristaux des deux substances adhèrent ensemble; mais on les distingue par la forme de la cristallisation. La néphéline se présente en prisme hexagonal, quelquefois en table épaisse à six pans. On appelle *spath glacé*, une variété composée de petits cristaux en tables, entassés pêle-mêle. On comprend dans cette famille un autre minéral appelé bucholzite * que je n'ai jamais vu.

GUSTAVE. — De quoi se compose la néphéline?

Mme DE BEAUMONT. — De silice et d'alumine dans une proportion à peu près égale. La bucholzite est proprement un *silicate* d'alumine. On appelle ainsi la silice en combinaison chimique avec l'alumine, à la manière des acides. La silice, en effet, remplit fréquemment le rôle d'un acide, et les composés qui en résultent sont des *silicates*.

La famille suivante comprend trois substances : la topaze, la pyrophysalite et la pyénite. Elles diffèrent sensiblement en apparence, et très peu dans leur composition.

CAROLINE. — On ne s'en douterait pas; voici un morceau qui ressemble beaucoup au feldspath blanc.

Mme DE BEAUMONT. — C'est la *pyrophysalite*,

* De Bucholz, célèbre minéralogiste.

substance plus dure que le feldspath, et dont la pesanteur spécifique est d'environ 3. 4. Traitée au chalumeau, elle bouillonne fortement et demeure infusible. Vous n'êtes donc pas exposée à la confondre avec le feldspath. Ce minéral ne se trouve qu'à Fahlun en Suède. Mais vous ne faites aucune attention à mes topazes; c'est ici que la cristallisation est agréablement diversifiée.

GUSTAVE. — Je les ai déjà remarquées. Mais quelle est leur forme primitive? j'aime à commencer par là.

Mme DE BEAUMONT. — On n'a pas déterminé encore d'une manière satisfaisante la forme primitive de la topaze. Les cristaux secondaires peuvent dériver de l'octaèdre rectangulaire (*fig.* 142), ou d'un prisme tétraèdre (*fig.* 143). Mais le seul clivage qu'il soit possible d'obtenir est parallèle aux bases d'un prisme. Dans tous les fragments que j'ai là, vous voyez qu'il y a deux faces opposées parfaitement planes et brillantes.

CAROLINE. — A cela près, la cassure est conchoïde à petits grains. Je suppose que tous ces échantillons sont des fragments de cristaux.

GUSTAVE. — Les topazes sont-elles habituellement cristallisées?

Mme DE BEAUMONT. — Oui; il y en a d'une forme très arrondie, particulièrement au Brésil et dans la *Nouvelle-Galles* du sud; mais elles ont toujours la texture parfaitement cristalline. En Sibérie les topazes se rencontrent par groupes avec des cristaux de quartz. En Saxe, ce minéral forme une partie constituante d'une roche primitive qui est un agrégat de topaze, de quartz et de schorl, et qui porte le nom de roche-topaze. Les cristaux n'ont pour l'ordinaire qu'un seul *plan terminant* (*fig.* 146) perpendiculaire à l'axe. Les topazes à double pointement cristallisé sont rares; dans ce cas les deux sommets terminants ne sont pas semblables, et les cristaux sont électriques par la chaleur. Les topazes de Sibérie sont généralement terminées par deux plans formant une arète; quelques-unes ont leur pointement formé par quatre petits plans et même plus (*fig.* 145, 147). Ces petits cristaux viennent du Mont-Saint-Michel dans le Cornouaille; en voici de plus gros apportés du Brésil (*fig.* 144).

GUSTAVE. — Y a-t-il beaucoup de localités qui fournissent la topaze?

Mme DE BEAUMONT. — De toutes les pierres précieuses, la topaze est celle que la nature a disséminée dans le plus grand nombre de contrées. Sa pesanteur spécifique n'est guère inférieure à celle du spinelle, mais sa dureté est beaucoup moindre; cette particularité est utile à connaître pour distinguer la topaze rouge du spinelle taillé, avec lequel elle a une ressemblance qui pourrait vous embarrasser.

CAROLINE. — d'où viennent ces belles variétés couleur de rose?

Mme DE BEAUMONT. — Du Brésil; mais la couleur que vous admirez n'est point naturelle. Ce sont des topazes d'un jaune foncé qu'on a exposées pendant quelques heures à une chaleur intense. Je conviens cependant qu'il existe des topazes colorées naturellement d'un beau rouge foncé.

La pyénite ne se présente pas en cristaux parfaits, mais en concrétions prismatiques minces, de forme hexagonale; elle a un clivage dans la direction des plans terminants, mais non perpendiculaire à l'axe des prismes.

Gustave. — A voir la texture de ce minéral, on le prendrait pour une espèce de schorl.

Mᵐᵉ de Beaumont. — C'est à raison de cette texture qu'on l'a appelé assez mal à propos béryl schorliforme. Ses couleurs sont le lilas pâle, le jaune de paille ou de soufre; la pyénite est translucide sur les bords, et aussi dure que la pyrophysalite. Ces trois minéraux contiennent de l'acide fluorique, mais dans une proportion si variable, qu'ils ne sont pas comptés parmi les minéraux *acidifères*.

Caroline. — Nous arrivons à la cyanite; voici des échantillons bleus qui appartiennent sans doute à cette famille?

Mᵐᵉ de Beaumont. — Elle comprend, outre la cyanite, le spath bleu et quelques autres substances.

La cyanite est à mon avis un très beau minéral, par le brillant de sa couleur bleue, et par son éclat nacré; j'admire surtout la variété nommée sapparite, qui jouit d'une opalescence parfaite. Le nom de sappare a été donné à la cyanite en général ; Haüy l'appelle *disthène,* parce que quelques cristaux acquièrent par le frottement l'électricité positive, et d'autres l'électricité négative. La cristallisation est lamelleuse dans une seule direction parallèle à deux des plans latéraux (*fig.* 149, 150).

GUSTAVE. — Les cristaux ont beaucoup d'éclat ; quelques-uns sont presque transparents.

CAROLINE. — Voici un échantillon rayonné ; il ne diffère de la cyanite que par sa couleur blanche-rougeâtre.

Mme DE BEAUMONT. — C'est une substance appelée *rhétizite;* en voici un fragment de couleur grise nuancée de noir ; cette dernière teinte est attribuée à un mélange de *plombagine,* nommée vulgairement plomb noir. La rhétizite est quelquefois d'un rouge éclatant. On voit au musée de Londres un petit cristal de cyanite, long d'environ trois quarts de pouce , empâté dans un fragment de quartz transparent. Elle se rencontre généralement engagée dans le talc ou dans le schiste micacé.

CAROLINE. — Ce minéral compacte est-il une variété de cyanite?

Mme DE BEAUMONT. — Non ; c'est le *spath bleu.* Sa couleur est moins foncée, et n'a pas la teinte pourprée qui distingue l'espèce précédente. Il est seulement translucide sur les bords. Cassure esquilleuse ; pesanteur spécifique , 3. La vallée de

Murz dans la Stirie est la seule localité où l'on ait rencontré le spath bleu. La *fibrolite* est encore plus rare ; le comte de Bournon a aperçu le premier ce minéral engagé dans l'indianite.

GUSTAVE. — Probablement elle tire son nom de sa texture fibreuse ; elle ressemble singulièrement à quelques variétés de zéolites rayonnées.

Mme DE BEAUMONT. — Oui ; mais elle est plus dure que le quartz, et infusible au chalumeau. Après cette espèce, vient la grenatite ou staurotide, dont vous avez déjà vu des fragments cristallisés.

CAROLINE. — Je ne me les rappelle pas.

Mme DE BEAUMONT. — On les rencontre dans les couches de talc ou de schiste, associés à des cristaux de cyanite.

GUSTAVE. — J'allais vous prier de me faire connaître ces prismes bruns-rougeâtres, lorsque Caroline vous a parlé de la rhétizite.

Mme DE BEAUMONT. — Les doubles cristaux de ce minéral sont d'un effet très agréable. Ils se coupent quelquefois à angles droits (*fig.* 153), et quelquefois obliquement (*fig.* 154).

CAROLINE. — Ces cristaux accolés deux à deux sont fort curieux ; mais les petits cristaux isolés (*fig.* 152) ont leurs arêtes plus aiguës. Cet échantillon gris n'est-il pas une grenatite ?

Mme DE BEAUMONT. — C'est un minéral beaucoup plus tendre nommé pinite. Ces deux substances n'ont d'autre analogie que leur cristallisation en prisme hexagonal ; j'ai un échantillon de pinite, qui est un prisme à douze pans (*fig*. 155) ; la couleur intérieure est rougeâtre mêlée de vert.

CAROLINE. — Ce minéral, s'il était moins opaque, ressemblerait beaucoup au mica.

Mme DE BEAUMONT. — Son clivage est le même que celui du mica, mais il est moins parfait ; la pinite se laisse facilement couper en tous sens.

ANALYSES.

Analyse de	TOPAZE.		PYROPHYSALITE.	PYÉNITE.	CYANITE.	SPATH BLEU.	FIBROLITE.	GRENATITE.	PINITE.
	Vauquelin.	Berzelius.	Vauqu.	Vauqu.	Saussure.	Collet-Descotils.	Chenevix.	Vauquelin.	Klaproth.
Alumine........	48	58,38	57,74	51	55	74	58,25	47	63
Silice..........	30	34,01	34,46	38,43	30	14	38,00	30.6	29. 5
Chaux..........	»	»	»	»	»	3	»	3	»
Magnésie.......	»	»	»	»	»	5	»	»	»
Potasse........	»	»	»	»	»	0,25	»	»	»
Acide fluorique.	18	7,79	7,77	8,84	»	»	»	»	»
Oxide de fer...	2	»	»	»	6	0,75	»	15,3	6,75
Eau...........	»	»	»	»	»	5	»	»	»
Perte.........	2	»	0,13	1,73	5	1	3,75	4.1	0.75

La famille du zircon comprend : le *zircon*, l'*hyacinthe* et l'*eudyalite*, que nous aurions classée parmi les grenats, si elle ne contenait pas dix pour cent de zircone.

GUSTAVE. — Cristallise-t-elle dans la même forme que le grenat?

Mme DE BEAUMONT. — Oui ; sa forme est généralement le dodécaèdre avec des truncatures sur les bords. Voici un échantillon en partie cristallisé et engagé dans la sodalite; ce qui la distingue spécialement du grenat, c'est que sa couleur incline plus fortement au lilas. Sa pesanteur spécifique est de 2,9. Je m'étonne que l'eudyalite soit aussi légère, la zicorne étant la plus pesante de toutes les terres. La pesanteur spécifique du zircon et de l'hyacinthe varie de 4. 5 à 4,7. On ne saurait trouver entre ces derniers minéraux, une différence bien réelle, puisque leur composition est la même ainsi que la forme primitive (*fig.* 156). Les cristaux rouges ou bruns-rougeâtres s'appellent *hyacinthes*; leur forme est généralement celle des *figures* 158, 160; le zircon ou zirconite au contraire, revèt de préférence les formes tracées ici (*fig.* 157 et 159).

GUSTAVE. — Il est curieux de voir la cristallisation varier en même temps que la couleur. Les zircones sont-elles constamment de couleur brune?

Mme DE BEAUMONT. — Non; dans l'île de Ceylan, d'où nous tirons les deux espèces, le zircon est

tour à tour gris-verdâtre ou bleuâtre, blanc-
jaunâtre, et quelquefois sans couleur. On trouve
aussi des hyacinthes en France et des zircons en
Norwège. Je puis vous montrer un cristal de zircon engagé dans la siénite, ayant un pouce de
long sur un quart de pouce de diamètre; c'est le
plus gros que j'ai jamais vu.

CAROLINE. — Je ne trouve pas tous ces échantillons gris très agréables; est-ce qu'on les taille dans
la bijouterie?

Mme DE BEAUMONT. — On en fait un usage fré-
quent même dans l'horlogerie. L'éclat huileux du
zircon, qu'il conserve même lorsqu'il est poli,
permet de le substituer au diamant; mais il est
moins dur que le rubis spinelle, et plus cassant.

GUSTAVE. — L'éclat de ces minéraux est en effet
particulier; il suffirait pour les distinguer, indépendamment de la pesanteur spécifique*.

	Silice.	Zircon.	Chaux.	Soude.	Oxyde par fer.	Oxyde de manganèse.	Acide muriatique.	Eau ou matière volatile.	Perte.
Zircon.... Klaproth.	33	65	»	»	1	»	»	»	1
Hyacinthe Vauquelin.	31	66	»	»	2	»	»	»	1
Eudyalite. Stromeyer.	52,47	10,89	10,14	13,92	6,85	2,47	1,03	1,80	»

Mme DE BEAUMONT. — Voici maintenant des cristaux dont je n'ai pas besoin de vous dire le nom.

CAROLINE. — Oh ! certainement ; il ne faut que voir les émeraudes pour les reconnaître ; leur couleur est assez caractéristique.

GUSTAVE. — Vous m'avez dit, ce me semble, que le vert de l'émeraude était produit par le chrôme ; cependant, c'est une couleur bien supérieure à celle de la smaragdite.

Mme DE BEAUMONT. — Je crois que si la smaragdite était aussi transparente que ces émeraudes, vous ne trouveriez pas une grande différence. L'émeraude et le béryl semblent être absolument la même substance, si ce n'est que la matière colorante du béryl est le fer. Leur forme primitive est le prisme hexagonal ; mais cette forme est très souvent modifiée. (*fig.* 161 , 162 , 163 , 164.)

CAROLINE. — Ce cristal jaune est-il un béryl ?

Mme DE BEAUMONT. — Oui ; mais cette couleur est rare. Les béryls sont ordinairement bleus ou vert de mer, et c'est pour cette raison qu'ils ont été appelés *aigue marine*, nom qui est encore le plus usuel.

GUSTAVE. — Comment pourrais-je distinguer l'un de l'autre, le béryl jaune et la topaze, taillés ?

Mme DE BEAUMONT. — Par leur pesanteur spécifique : celle du béryl n'excède pas 2,78 ; tandis que celle de la topaze va au-delà de 3. Ajoutez que le béryl n'est point tout – à – fait aussi dur que la topaze.

Caroline. — Ayez la complaisance de me montrer comment ce cristal est dérivé de la forme primitive. Je ne puis le comprendre (*fig.* 165).

Mme de Beaumont. — Ce n'est pas un béryl, ma chère, mais un cristal d'euclase; sa forme primitive est le prisme rhomboïdal oblique. On ne l'a pas encore rencontré sans modifications; mais le docteur Nossaston a trouvé, par le clivage, que les angles formés par les plans latéraux, sont de 115°, 10′ et 64° 50′. Je ne suis pas surprise que vous ayez pris ce fragment pour un béryl; la couleur et les cannelures des plans latéraux établissent une grande analogie entre les deux substances, et d'ailleurs l'euclase contient de la glucine. Les premiers cristaux de ce minéral qui furent apportés en Angleterre, s'y vendirent pour des topazes vertes. Sa cristallisation est néanmoins très différente, et sa grande frangibilité le distingue également de la topaze et du béryl. L'euclase admet plusieurs clivages; le plus facile à obtenir est parallèle aux plus courtes diagonales du prisme.

Gustave. — Trouve-t-on ces minéraux en Angleterre ?

Mme de Beaumont. — Non; l'euclase vient du Pérou et du Brésil, où on la rencontre en cristaux isolés et peu abondants. Le Pérou est à présent la seule localité qui fournisse des émeraudes; mais on présume que les anciens amateurs, passionnés de cette pierre précieuse, la tiraient de l'Éthiopie. Elle se trouve par occasion empâtée dans le quartz et dans le schiste micacé. On a découvert près de Limoges une variété d'émeraude jaune-verdâtre et presque opaque, qui est bien loin d'être pure. Les béryls sont moins rares et plus disséminés sur le globe. On les rencontre fréquemment engagés dans le granit, ou en groupes isolés, associés à l'ocre de fer. On a trouvé ce minéral à Cairngorm, en Écosse, et dans le comté de Wicklow, en Islande[*]. Voici maintenant un échantillon qui n'appartient plus à la famille de l'émeraude, la dernière des minéraux terreux. C'est une substance particulière qui n'a pas encore été soumise à l'analyse.

Caroline. — Elle paraît se composer de petits cristaux blancs disséminés dans le schiste.

Mme de Beaumont. — On l'appelle *chiastolite*, ou *spath creux*. Si vous examinez les cristaux, vous

	Alumine.	Silice.	Glucine.	Chaux.	Oxyde de fer.	Oxyde de chrôme.	Oxyde d'étain.	Eau.	Perte.
Émeraude. *Klaproth.*	16	64, 5	13	1,6	»	3,25	»	2	»
Béryl. .... *Vauquelin.*	15	68	14	»	1	»	»	»	»
Euclase. ... *Berzelius.*	30,56	43,32	21,78	»	2,22	»	0,70	»	1,42

les trouverez réellement percés de cavités remplies de la même qualité de spath qui leur sert d'enveloppe (*fig.* 166).

CAROLINE. — Je trouve cela fort curieux ; le fait est-il constant et invariable ?

Mme DE BEAUMONT. — Oui ; mais dans les cristaux d'une plus grande dimension, la substance noire qui remplit les cavités, s'étend jusqu'aux angles du prisme (*fig.* 167).

GUSTAVE. — C'est un cristal magnifique, qui semble se composer de cinq prismes noirs. J'en suis d'autant plus émerveillé, qu'il ne ressemble à rien de ce que nous avons vu.

Mme DE BEAUMONT. — Il reste un petit nombre d'autres minéraux , tels que l'humite, la chrichtonite, la mélilite, qui n'ont été classés dans aucun système , parce qu'on ne s'est pas encore occupé de leurs analyses. Comme ils sont très peu importants et que je n'en ai pas des échantillons , nous ferons bien de passer immédiatement à la classe des *minéraux terreux acidifères ,* en commençant par les substances qui sont composées de terre calcaire combinée ave un acide.

CAROLINE. — La chaux se combine-t-elle avec un grand nombre d'acides ?

Mme DE BEAUMONT. — Sans doute ; mais de toutes ces combinaisons, c'est le carbonate de chaux qui est le plus abondamment répandu dans la nature sous les diverses formes de pierre calcaire, craie, marbre ou spath calcaire. La famille des carbonates peut se diviser en trois parties : les *carbonates purs* dont il y a huit espèces, les *carbonates de magnésie*, et ceux où l'argile domine. Mais comme cette classe de minéraux est très vaste, je vous propose d'en différer la revue jusqu'à demain.

ONZIÈME ENTRETIEN.

Minéraux calcaires. — Famille des carbonates. — Des phosphates. — Des fluates. — Des sulfates. — Des boro-silicates. — Des tungstates. — Des arseniates. — Des silicates. — Sels d'alumine. — De magnésie. — De baryte. — De strontiane. — Sels alcalins.

Mme DE BEAUMONT, CAROLINE, GUSTAVE.

Mme DE BEAUMONT. — La première espèce de carbonate de chaux s'appelle *spath schisteux,* à cause de sa texture.

GUSTAVE. — Je l'aurais nommée de préférence spath lamelleux, parce que, malgré son opacité, elle paraît avoir une texture cristalline.

Mme DE BEAUMONT. — Son apparence lamelleuse n'est pas l'effet du clivage, mais le résultat d'une cristallisation interrompue. La cassure n'est pas toujours à feuillets droits, et la direction des lames est perpendiculaire à l'axe du rhomboïde primitif. Quelques-unes des lames laissent apercevoir sur leurs bords un clivage réel et distinct. Chauffé sur des charbons ardents, ce minéral acquiert de la phosphorescence avec une lueur jaune pâle.

Caroline. — Je le crois extrêmement tendre.

Mme de Beaumont. — Oui ; mais l'échantillon qui suit l'est à un tel point, qu'il devient impossible de le manier.

Gustave. — Il a, comme le talc, un bel éclat argenté.

Mme de Beaumont. — On le nomme *aphrita* ou terre écumeuse, dénomination qu'on pourrait également appliquer à l'espèce suivante, le *lait de montagne.*

Caroline. — Ce dernier n'a pas la même apparence ; il est tout-à-fait mat et terreux ; je l'aurais pris pour de la craie.

Mme de Beaumont. — En le comparant avec la craie, vous trouverez une différence sensible. Le lait de montagne et l'aphrite sont d'une grande légèreté ; quelques variétés flottent sur l'eau. On regarde le premier comme une déposition des courants d'eaux qui passent sur des roches calcaires ; c'est un minéral très abondant en Suisse, où il sert à blanchir les maisons, et se prête encore à d'autres usages pour lesquels nous employons la craie. Voici maintenant un échantillon de craie.

Gustave. — Je n'en ai point vu de pareille à celle-là ; la craie n'est-elle pas toujours blanche et tendre?

Mme de Beaumont. — Vous n'avez vu jusqu'ici

que du *blanc de craie*. C'est une préparation qu'on obtient en lessivant de la craie pilée, et en faisant sécher la portion la plus fine du sédiment; ce procédé élimine toutes les parcelles de silice, et donne une substance plus blanche et plus compacte que la craie dans son état naturel; celle-ci est généralement d'un blanc jaunâtre, ou tirant sur le gris.

CAROLINE. — Ceci est selon toute apparence la pierre calcaire *commune*.

Mme DE BEAUMONT. — Tous ces échantillons gris et jaunâtres sont de la pierre calcaire commune. On la distingue de quelques autres espèces par la qualification de *compacte*. La cassure varie, mais elle est généralement grande, conchoïde et esquilleuse.

GUSTAVE. — Il me semble que les carbonates de chaux sont faciles à reconnaître, par leur effervescence.

Mme DE BEAUMONT. — Et même par leur peu de dureté; car ils s'entament tous avec le couteau.

CAROLINE. — Le marbre n'appartient-il pas à la pierre calcaire compacte?

Mme DE BEAUMONT. — Il faut distinguer deux sortes de marbre; le *compacte*, qui présente l'apparence d'une cristallisation imparfaite, avec la cassure lamelleuse grenue. Tel est le marbre de Plymouth, remarquable par des veines et des taches rouges; il contient beaucoup de corps organiques pétrifiés. Le marbre gris du Derbyshire se compose presque en totalité de pétrifications.

GUSTAVE. — Je me souviens d'avoir vu dans la salle du Musée Britannique une table dont le plateau est de ce même marbre.

Mme DE BEAUMONT. — Les pétrifications se nomment vulgairement *pierres à vis*. D'autres marbres contiennent des coquillages ; telle est la belle espèce qu'on trouve à Bleiberg dans la Carinthie ; on l'appelle *lumachelle* ou *marbre-feu* à raison des belles couleurs qu'il reflète.

CAROLINE. — Voici un échantillon aussi brillant que l'opale.

GUSTAVE. — Est-ce de la pierre calcaire compacte?

Mme DE BEAUMONT. — C'est le minéral appelé pierre *oviforme* ou pierre œuf de poisson, dénomination que justifie l'apparence de sa texture.

CAROLINE. — Il ressemble parfaitement au *frai de poisson* pour la couleur et pour tout le reste.

Mme DE BEAUMONT. — A voir cette pierre, on ne dirait pas qu'elle fournit à l'architecture les meilleurs matériaux qui existent. La plus belle variété s'exploite à Ketton dans le comté de Northampton.

Le *spath calcaire* ou *pierre calcaire lamelleuse* n'aura d'intéressant pour vous que sa cristallisation, plus diversifiée que celle d'aucune autre substance. Le comte de Bournon, dans le savant Traité qu'il a composé sur ce minéral, a compté jusqu'à cinquante-six modifications, dont les combinaisons diverses produisent plus de 690 formes distinctes.

GUSTAVE. — Ce nombre est prodigieux !

Caroline. — L'imagination a de la peine à se représenter autant de manières de disposer les plans.

Mme de Beaumont. — Il est constant, néanmoins, que ces modifications existent. Bournon les a déterminées sur les cristaux de sa collection, et a calculé tous les *décroissements* qui les produisent. Vous avez déjà vu quelques-unes des formes les plus simples ; le rhomboïde primitif (*fig.* 168), le rhomboïde équiaxe (*fig.* 170), le prisme hexagonal, le dodécaèdre métastatique et le *cristal dent de chien*. Un fait digne de remarque, c'est que le beau spath calcaire du Derbyshire est d'un jaune de topaze foncé, comme les grands cristaux de mon cabinet, tandis que le spath calcaire du comté de Leicester, est tout-à-fait sans couleur, et en très petits cristaux.

Gustave. — Vous avez là des fragments d'un beau jaune clair, mais les cristaux sont imparfaits.

Mme de Beaumont. — Ce sont des rhomboïdes aigus accolés ensemble, dont vous ne voyez que la moitié. Cette variété vient d'Alston-Moor (*fig.* 176). Le comte de Bournon distingue quatorze rhomboïdes aigus. Celui-ci (*fig.* 173) s'appelle rhomboïde *inverse*, parce que les angles plans sont les mêmes que dans le rhomboïde primitif, quoique le solide soit aigu.

Caroline. — Voilà des cristaux qui très certainement ne sont pas du carbonate de chaux.

Mme de Beaumont. — Cette substance appelée *pierre à sablon de Fontainebleau*, n'est réellement

que le carbonate de chaux entresemé d'une grande
quantité de sable blanc; les cristaux sont des rhomboïdes inverses pareils à ceux de carbonate pur,
à cela près que la surface ressemble à la pierre à
sablon.

GUSTAVE. — Ce fait me paraît bien étrange! mais
probablement il n'est pas le résultat d'une combinaison chimique; autrement la cristallisation ne
serait plus la même.

Mᵐᵉ DE BEAUMONT. — Votre observation est juste.
L'union du sable et du carbonate de chaux est purement mécanique. Ne vous souvient-il pas d'a-
voir vu au Musée Britannique un fragment de spath
calcaire rhomboïdal, d'une belle transparence, sur
lequel on a écrit ces mots : *double réfraction?*

CAROLINE. — Je me le rappelle très bien; les lettrs
ont l'apparence d'y être écrites deux fois.

GUSTAVE. — J'ai ouï dire que c'était du *spath
d'Islande.*

Mᵐᵉ DE BEAUMONT. —On lui donne fréquemment
ce nom, bien que la propriété de réfléchir deux
fois l'image des objets, appartienne à tous les carbonates de chaux; mais il est probable que ce fait
a été remarqué d'abord dans des fragments transparents venus de l'Islande. J'en ai moi-même un
bel échantillon.

CAROLINE. —Quand je fais tourner le cristal, il
y a une des deux lignes qui paraît se mouvoir, jusqu'à ce qu'à la fin les deux lignes se confondent en
une seule.

Gustave. — Comment expliquez-vous cette particularité?

Mme DE BEAUMONT. — Il me serait impossible de vous en donner une explication satisfaisante, puisque vous n'avez aucune notion préliminaire sur les principes de l'optique, et sur la réfraction de la lumière.

Le spath calcaire d'Islande a quelquefois une belle teinte lilas; voici un échantillon du Shropshire, dont la couleur est le rose pâle.

Gustave. — Et les petits cristaux qu'on voit par-dessus, sont du quartz, apparemment.

Mme DE BEAUMONT. — Oui; le spath calcaire se rencontre associé à une grande variété de minéraux, tels que le fluate de chaux, les pyrites, le sulfure de plomb, et autres mines métalliques.

Avez-vous remarqué comme les *jointures* naturelles sont visibles et distinctes dans la plupart de ces cristaux?

Caroline. — Sans doute; et dans celui-ci particulièrement, les divisions sont si bien marquées, qu'il céderait au clivage presque de lui-même, dans la direction parallèle au rhomboïde primitif.

Gustave. — Voici un échantillon qui paraît avoir un autre clivage perpendiculaire à l'axe du rhomboïde.

Mme DE BEAUMONT. — Ce n'est pas un véritable clivage, mais une texture analogue à celle que nous avons déjà observée dans le spath schisteux. Je pourrais vous montrer encore une foule de cristaux appartenants à la même substance ; mais cet examen demande beaucoup de temps et d'attention, vous y consacrerez une autre matinée.

La pierre calcaire *lamelleuse grenue* comprend une grande variété de minéraux généralement appelés *marbres*. Le plus bel exemple de ce genre de texture est le *marbre de Paros*.

CAROLINE. — Je distingue très bien l'espèce dont vous parlez ; c'est un marbre composé de gros grains qui tous ont séparément la texture lamelleuse, avec cassure très éclatante.

Mme DE BEAUMONT. — Le marbre de Carrare est moins translucide, et se compose de plus petits grains.

GUSTAVE. — Il ressemble d'une manière étonnante à du beau sucre blanc.

Mme DE BEAUMONT. — Il contient parfois de petits cristaux de quartz, nommés diamants de Carrare ; ces deux variétés et beaucoup d'autres que fournissent l'Italie, la Grèce et les îles de l'Archipel, étaient employées par les anciens dans les ouvrages de sculpture ; mais de nos jours, on se sert presque exclusivement du marbre de Carrare.

Toutes ces pierres calcaires contiennent fort rarement des pétrifications. Vous avez vu sans doute la pierre calcaire fibreuse ?

CAROLINE. — Ne l'appelle-t-on pas aussi *spath satiné ?*

Mme DE BEAUMONT. — Oui, à cause de son éclat soyeux ; on en fait quelquefois des colliers et d'autres ornements. Mais il ne faut pas croire que *toutes* les pierres calcaires fibreuses aient cette belle apparence ; dans quelques variétés les fibres sont beaucoup plus grossières.

GUSTAVE. — Quelle est cette substance ?

Mme DE BEAUMONT. — On la nomme *pierre de pois* ou *pisiforme*. L'autre côté de l'échantillon est poli, et vous pouvez voir que les petites concrétions globulaires qui le composent, sont en lames concentriques.

CAROLINE. — Oui ; ces concrétions, à leur petitesse près, ne ressemblent pas mal à un oignon coupé par le milieu.

Mme DE BEAUMONT. — La pierre de pois se rencontre en masses considérables dans le voisinage des sources chaudes de Carlsbad en Bohême, qui contiennent des matières calcaires. Chacune des petites concrétions sphériques contient quelques grains de sable fin. Pour expliquer leur formation, on suppose que des bulles d'air répandues dans l'eau attirent à elles des particules calcaires, jusqu'à ce que la concrétion soit assez pesante pour tomber au fond de l'eau, où plusieurs concrétions s'attachent ensemble. Dans quelques-unes, on aperçoit des dépositions alternantes de sable et de carbonate de chaux. Ce dernier ressemble au carbonate de chaux qu'on a reconnu dans les sources du Derbyshire appelées communément sources pétrifiantes.

GUSTAVE. — Je me souviens d'avoir vu à Matlock, du genêt et un nid d'oiseau que le peuple nous assurait être pétrifiés; mais je présume qu'ils étaient seulement incrustés.

Mme DE BEAUMONT. — Oui, et rien davantage. Si vous eussiez brisé les prétendues pétrifications, vous auriez trouvé l'intérieur sans aucune altération apparente. La substance qui forme ces incrustations s'appelle *tuf calcaire*. Parmi mes échantillons, vous verrez des incrustations formées sur la mousse.

CAROLINE. — Le tuf calcaire est-il du carbonate de chaux pur?

Mme DE BEAUMONT. — On ne l'a pas encore analysé; mais il est très probable qu'il contient du fer et qu'il doit à cet alliage sa couleur grise ou jaunâtre. Il est généralement facile à casser.

Le carbonate de chaux, en se dégageant par déposition de l'eau qui le contient, produit les stalactites; mais comme ce procédé est plus lent que celui de la formation du tuf calcaire, les stalactites ont fréquemment la forme cristalline.

GUSTAVE. — Voilà un échantillon qui, à part sa forme extérieure, ressemble au spath calcaire.

Mme DE BEAUMONT. — Les stalactites ne se présentent pas toujours suspendues aux voûtes des cavernes. Elles forment fréquemment des incrustations sur les murs latéraux d'où l'eau s'échappe goutte à goutte. Ces concrétions abondent dans les carrières de pierre.

CAROLINE. — Mais puisque vous supposez le carbonate de chaux déjà en dissolution dans l'eau quelle est la cause qui le fait passer de nouveau à l'état de *précipité* (substance concrète)?

Mme DE BEAUMONT. — Il faut vous dire d'abord que le carbonate de chaux insoluble dans l'eau pure, est tenu en dissolution par la surabondance d'acide carbonique contenu dans certaines sources. Cette eau imprégnée de carbonate de chaux filtre lentement à travers le rocher jusqu'à ce qu'elle parvienne aux parois d'une caverne. Là, avant qu'il se soit formé une goutte assez volumineuse pour tomber par son propre poids, une partie de l'acide carbonique s'évapore dans l'air, les particules calcaires se *précipitent* et restent attachées à la voûte. Chaque goutte successive laisse une déposition de même nature, et de là résulte enfin une stalactite.

GUSTAVE. — C'est un phénomène fort intéressant; la lenteur du procédé laisse aux particules calcaires le temps de s'arranger avec une régularité parfaite qui produit une texture lamelleuse.

CAROLINE. — Et souvent les concrétions sont couvertes de petits cristaux.

Mme DE BEAUMONT. — Quelquefois la filtration de l'eau est si rapide, que les gouttes atteignent le plain-pied de la caverne avant le dégagement des particules calcaires; dans ce cas, les concrétions croissent en hauteur à partir du plain-pied, et sont appelées stalagmites. Il arrive aussi que des concrétions supérieures et inférieures s'opèrent simultanément, se rencontrent et produisent ces magnifiques piliers qui semblent supporter la voûte de la grotte. La grotte la plus renommée par ses stalactites est celle d'Antiparos, dont vous avez probablement lu la description.

GUSTAVE. — Oui ; et si la description est exacte, ce doit être une des merveilles les plus étonnantes de la nature.

Mme DE BEAUMONT. — Il est à regretter que cette localité n'ait pas été explorée par un minéralogiste. On ne connaît, avec quelque exactitude, que la partie appelée *la grotte*. Les stalactites étaient fort estimées des anciens, qui les désignaient sous le nom d'albâtre. C'est ici la dernière sous-espèce de pierre calcaire ; l'espèce suivante a quelque ressemblance avec le spath calcaire, mais sa composition est différente.

CAROLINE. — A-t-elle un nom particulier ?

Mme DE BEAUMONT. — On l'appelle *pierre calcaire vésuvienne bleue*. C'est un *sous-carbonate* de chaux, c'est-à-dire qu'il contient une moindre proportion d'acide carbonique que les autres espèces, et environ onze pour cent d'eau. La cassure est imparfaitement lamelleuse ; elle paraît compacte, ou tournant à la cassure esquilleuse.

GUSTAVE. — Le nom de cette pierre me porte à croire qu'elle est constamment de couleur bleue.

Mme DE BEAUMONT. — Oui ; on l'emploie quelquefois dans les ouvrages de mosaïque pour représenter le ciel, mais plusieurs teintes célestes exigent un bleu plus foncé. On n'a trouvé cette pierre que dans le voisinage du Vésuve ; elle est plus dure que les autres carbonates de chaux, et sa pesanteur spécifique est de 2,738.

La *lucullite* ou marbre noir a deux variétés, *compacte* et *lamelleuse*.

CAROLINE. — La première variété n'est pas tout-à-fait noire.

Mme DE BEAUMONT. — Dans son état naturel, oui ; mais quand elle est polie, sa couleur est le noir très intense. Deux fragments frottés l'un contre l'autre ou entamés avec le couteau, émettent une odeur plus désagréable que celle du quartz gras.

GUSTAVE. — Est-ce la même espèce d'odeur ?

Mme DE BEAUMONT. — Oui ; mais il existe une variété si fétide qu'on la nomme pierre puante ; faites-en l'essai.

CAROLINE. — En vérité, l'odeur n'est pas supportable. Faut-il l'attribuer au bitume ?

Mme DE BEAUMONT. — J'aimerais mieux l'attribuer au sulfure d'hydrogène. Parmi les nombreuses analyses qui ont été faites de la pierre puante, je n'en connais qu'une où il soit question du bitume. Mais on trouve en Dalmatie une pierre calcaire noire, tellement bitumineuse, qu'on peut la couper comme le savon ; dans le pays, on l'emploie pour bâtir, et quand les murs d'une maison sont achevés, on y met le feu pour brûler et dégager le bitume.

GUSTAVE. — Mais quel est l'avantage de ce procédé?

Mme DE BEAUMONT. — Après la combustion du

bitume, la maçonnerie reste parfaitement blanche. On a grand soin de ne pas élever la chaleur à une intensité trop forte ; autrement la pierre passerait à l'état de *chaux vive*.

CAROLINE. — N'est-ce pas en brûlant la pierre dans un four qu'on obtient la chaux vive ?

Mme DE BEAUMONT. — Oui ; l'effet de cette combustion est d'éliminer l'acide carbonique. La même substance a une autre variété nommée *madréporite*, sa texture ayant quelque analogie avec celle des madrépores. Elle a une cassure petite, lamelleuse, à feuillets non droits. Elle émet une odeur moins forte que la pierre puante. Pesanteur spécifique de la pierre puante, 2,7.

GUSTAVE. — Voici des cristaux dont la blancheur éclatante annonce le spath calcaire.

Mme DE BEAUMONT. — Ce sont des fragments d'*arragonite*, pierre ainsi appelée pour avoir été découverte en premier lieu dans l'Arragon ; on l'a désignée long-temps par le nom de *carbonate de chaux dur*, parce qu'elle est plus dure que les autres espèces. Mais on ignorait la différence réelle entre l'arragonite et les autres carbonates de chaux. Il a été reconnu plus tard que ce minéral contient trois ou quatre pour cent de carbonate de strontiane, ce qui produit une altération matérielle dans sa cristallisation. La forme primitive est un octaèdre alongé (*fig*. 206), ayant à sa base un angle de 115°, 56', en sorte que les prismes à six pans formés par la réunion de trois de ces octaèdres, ne sont pas réguliers ; trois de leurs angles sont plus obtus que les trois autres. Vous comprendrez mieux cela en considérant le sommet d'un de ces cristaux (*fig.* 207).

CAROLINE. — C'est une particularité digne de remarque ; voici néanmoins un prisme hexagonal qui paraît régulier.

Mme DE BEAUMONT. — Il ne l'est pas ; c'est une agrégation de plusieurs prismes rhomboïdaux modifiés. Examinez ce grand échantillon, qui est de la même forme ; vous verrez que la base a une apparence rayonnée, et que les autres faces ont un angle tant soit peu rentrant, parallèle aux arêtes latérales (*fig.* 208) Les agrégats de quatre cristaux (*fig.* 209, 210) sont les plus agréables de tous.

GUSTAVE. — Ils sont petits, mais d'une perfection admirable.

Mme DE BEAUMONT. — Les cristaux transparents ne sont pas communs ; on vient tout récemment d'en trouver à Kosel en Bohême qui sont très bien cristallisés et d'une transparence parfaite ; ils ont deux ou trois pouces de long. Une des plus belles variétés a été nommée *fleur de fer*.

CAROLINE. — L'échantillon que vous avez là est d'une rare délicatesse.

GUSTAVE. — Comme il ressemble à la belle coraline blanche (plante marine) !

CAROLINE. — Il paraît couvert de petits cristaux, et a des parties transparentes.

25..

Mme DE BEAUMONT. — Les pointements de quelques *bourgeons*, si je puis parler ainsi, sont parfaitement bien cristallisés.

GUSTAVE. — Où trouve-t-on ces fragments?

Mme DE BEAUMONT. — Dans les mines de fer de la Styrie et de la Carinthie. On trouve à Torquay, dans le Dévonshire, une variété blanche d'arragonite qui ressemble beaucoup à la zéolite fibreuse. Pesanteur spécifique de l'arragonite en général, 2,9.

ANALYSES.

Analyse de	Spath schisteux.	Aphrite.	Craie.	Pierre calcaire compacte.		Spath calcaire.	Sinter calcaire.	Pierre calcaire vésuvienne bleue.	Lucullite.	Arragonite.
	Bucholz.	Bucholz.	Bucholz.	Simon.	Simon.	Phillips.	Bucholz.	Klaproth.	John.	Stromeyer
Chaux	55	51,5	56,5	53	48	55,5	56	58	53,37	94,82
Acide carbonique	41,7	39	43	42,5	38	44	43	28,5	41,5	94,82
Silice	»	5,7	»	1,12	7	»	»	»	1,25	»
Alumine	»	»	»	1	4	»	»	0,25	1,25	»
Charbon	»	»	»	»	»	»	»	0,25	1,25	»
Oxyde de fer	»	3,3	»	0,75	2	»	»	0,50	1,25	»
—— de manganèse	3	»	»	»	»	»	»	0,28	0,75	0,09
Carbonate de strontiane	»	»	»	»	»	»	»	»	»	4,08
Potasse et acides minéraux	»	»	»	»	»	»	»	»	2,13	»
Soufre	»	»	»	»	»	»	»	»	0,25	»
Eau	»	1	0,5	1,63	1	0,5	1	11	»	0,98
Perte	0,3	»	»	»	»	»	»	0,25	»	0,01

Nous arrivons maintenant à la seconde division de cette famille ; elle comprend les minéraux composés de carbonate de chaux avec une forte proportion de carbonate de magnésie.

CAROLINE. — Nous allons voir par conséquent des formes cristallines tout-à-fait différentes de celles qui précèdent.

Mme DE BEAUMONT. — Votre induction n'est pas juste. Entre les angles du rhomboïde primitif de la *dolomie* et ceux du rhomboïde de carbonate de chaux, la différence n'est que d'un degré et dix minutes. Les angles obtus ont 186° 15′.

GUSTAVE. — Sans le secours du goniomètre, la cristallisation ne servirait de rien pour distinguer ces deux substances.

Mme DE BEAUMONT. — Sans contredit ; mais l'action des acides vous présente un moyen très simple pour découvrir si le carbonate de chaux contient de la magnésie. La dolomie n'est susceptible que d'une très faible effervescence.

Voilà des cristaux d'une grande dimension et à peu près transparents, qui viennent de Traversella en Piémont.

CAROLINE. — Je n'ai rien vu d'aussi volumineux parmi vos cristaux primitifs de spath calcaire.

Mme DE BEAUMONT. — Les rhomboïdes primitifs du spath calcaire sont généralement petits.

GUSTAVE. — En voici un qui est modifié.

Mme DE BEAUMONT. — Il est digne de remarque que la dolimie présente infiniment peu de variétés dans la forme cristalline. Je n'ai jamais rencontré dans ses cristaux primitifs une modification tendante à produire un rhomboïde aigu, tandis que le spath calcaire en offre plus de cinquante. Parmi les autres variétés de cette substance, on distingue la *dolomie commune*, semblable au marbre de Carrare, mais d'une texture moins serrée et aisément frangible ; elle se présente généralement associée à des mines métalliques. La dolomie *compacte* ou pierre *calcaire magnésienne* est la plus abondante ; j'en ai des fragments apportés des comtés de Nottingham et de Leicester.

Caroline. — Elle diffère peu de la pierre calcaire commune ; se prête-t-elle aux mêmes usages ?

Mme de Beaumont. — On estime qu'elle est supérieure à toutes les autres espèces, pour faire du mortier, parce qu'elle est moins prompte que la chaux pure à absorber l'acide carbonique de l'atmosphère. On a trouvé près de Sunderland une espèce de dolomie compacte qui est flexible. Je vais vous en montrer une lame mince qui jouit particulièrement de cette propriété.

Gustave. — Ce fait me parait plus surprenant que la flexibilité de la pierre à sablon, parce que la dolomie est beaucoup plus compacte.

Mme de Beaumont. — J'oubliais de vous dire que la dolomie lamelleuse est quelquefois appelée *spath amer*, et qu'il existe une variété verdâtre nommée *miémite*, parce qu'on l'a découverte à Miemo en Toscane.

L'espèce qui suit est la *gurhofite*, ainsi nommée parce qu'elle n'a été aperçue qu'aux environs de Gurhoff dans la Basse-Autriche.

Caroline.—Elle est extraordinairement compacte.

Gustave.—J'ai déjà vu quelque chose de semblable, sans pouvoir me rappeler ce que c'est.

Mme de Beaumont. —C'est probablement la demi-opale, qui a beaucoup de ressemblance avec la gurhofite; mais celle-ci est toujours blanche, et seulement translucide sur les bords.

Sans être un minéral très abondant, le *spath perlé* est plus répandu que les espèces précédentes, et se présente dans des situations très diverses. Voilà des échantillons qui vous le montrent associé tour à tour avec la mine de plomb, les pyrites de cuivre, le quartz et le spath calcaire.

Caroline. — Les cristaux sont entortillés de la manière la plus étrange (*fig.* 211).

Mme de Beaumont. — C'est une forme caractéristique dans le spath perlé.

Caroline. — Il serait bien difficile de calculer leurs angles avec exactitude.

Mme de Beaumont. — Et l'on ne pourrait guère compter sur le résultat de l'opération; mais il est probable que les angles sont les mêmes que dans les cristaux de dolomie. La couleur de ce minéral est généralement le blanc jaunâtre ou le brun, avec un vif éclat nacré.

CAROLINE. — Voici d'énormes cristaux qui me paraissent complètement incrustés de spath perlé.

Mme DE BEAUMONT. — Ce sont des cubes de fluor. Le spath perlé paraît très brillant parce qu'on voit simultanément les bords d'une multitude de petits cristaux. Il a plus de dureté que le spath calcaire ; mais il est rayé par la dolomie. Le *spath perlé fibreux* est une variété moins commune ; elle se présente en faisceaux divergents de petits cristaux aciculaires, ou en petites masses uviformes à texture fibreuse. La pesanteur spécifique du spath perlé est de 2,88. Généralement parlant, tous ces minéraux se distinguent du carbonate de chaux *simple*, par une plus grande dureté, par une pesanteur spécifique plus forte, et par une très faible effervescence avec les acides.

| | DOLOMIE | | | GURHOFITE. | SPATH PERLÉ. |
| | commune. | lamelleuse. | compacte. | | |
Analyse de	Klaproth	Klaproth	Thomson	Klaproth	Hisinger.
Carbonate de chaux	52	68	56,8	70	49,19
——— de magnésie..	48	25,5	40,84	30	44,39
Oxyde de fer......	0,2	1	0,36	»	3,4
——— de manganèse.	»	»	»	»	1,5
Argile, eau, etc...	»	4	2	»	»
Eau...............	»	»	»	»	0,13
Perte..............	»	1,5	»	»	1,39

GUSTAVE. — Comment appelez-vous cette substance terreuse?

Mme DE BEAUMONT. — C'est la *marne terreuse*,
dont l'apparence varie considérablement, parce
qu'elle est un mélange, moitié chimique et moitié
mécanique, de carbonate de chaux, d'alumine et
de sable.

CAROLINE. — Elle a quelque analogie avec la
terre grasse; mais elle est plus molle au toucher.

Mme DE BEAUMONT. — La *marne endurcie* a une
tout autre apparence; elle est compacte comme
quelques variétés d'argile commune.

GUSTAVE.—Fait-elle effervescence avec les acides?

Mme DE BEAUMONT. —Elle se met promptement
en effervescence, propriété qui la distingue de l'argile. Elle se présente en masses arrondies, et quelquefois en petits noyaux agglutinés ensemble.
Très souvent ces agrégations ont de nombreuses
cavités remplies en tout ou en partie de spath
calcaire. J'en ai un fragment taillé et poli.

CAROLINE. — Cette couleur brune-sombre n'est
pas sans beauté.

GUSTAVE. — Les veines blanches de spath calcaire
dont il est sillonné, produisent un effet très agréable. L'a-t-on employé quelquefois comme marbre ?

Mme DE BEAUMONT. — Jamais cette espèce, qui
appartient à la classe des *septaria;* mais les marbres de Florence et de Cottam sont des variétés de
marne endurcie. Leur couleur dominante est le

jaune de crème; ils représentent des ruines et des paysages qu'on dirait tracés avec le bistre *.

CAROLINE. — J'en ai vu des fragments au Musée. Il en est un qui représente des arches, des murs en ruines et des figures.

Mme DE BEAUMONT. — On a eu grand tort d'y tracer des figures, qui pourraient faire croire que les autres dessins du marbre sont pareillement l'ouvrage de l'art. La partie brune des *septarias* sert à faire la préparation appelée *ciment de paveur*. Le *schiste marne bitumineux* est encore une variété de la même substance, à texture schisteuse, et avec alliage de bitume. Il est constamment de couleur noire, et contient fréquemment des pétrifications de poissons.

La famille des phosphates de chaux n'a que deux espèces, l'*apatite* et la *phosphorite*.

GUSTAVE. — Diffèrent-elles l'une de l'autre?

Mme DE BEAUMONT. — Leur apparence diffère et leur composition est presque la même. L'apatite est généralement cristallisée et fortement transparente ou translucide; mais la phosphorite est constamment amorphe et opaque.

CAROLINE. — A la forme et à la couleur, j'aurais pris ces échantillons pour des béryls cristallisés (*fig.* 212).

Mme DE BEAUMONT. — L'apatite a une ressemblance

* Suie délayée servant à laver les dessins.

(*Note du traducteur.*)

si frappante avec plusieurs minéraux, que les minéralogistes la confondaient fréquemment avec eux, avant qu'ils l'eussent traitée par l'analyse. C'est pour cette raison que Verner lui donna le nom d'*apatite*, dérivé du grec απαταω (tromper). Elle est quelquefois de couleur lilas, et présente une grande analogie avec le fluor; mais sa cassure est généralement conchoïde *.

GUSTAVE. — Vous avez là de petits cristaux transparents et tout-à-fait incolores (*fig.* 2 13).

Mme DE BEAUMONT. — On en voit un au Musée qui est de la même forme et d'une grande beauté. Il a plus d'un pouce de diamètre. Quelques variétés vertes et bleuâtres sont appelées *moroxites ;* d'autres, colorées du vert-jaune pâle, se nomment *pierres d'asperges*. L'apatite est plus dure que

	Chaux.	Acide phosphorique.	Acide carbonique.	Acide muriatique.	Acide fluorique.	Silice.	Oxyde de fer.
Apatite. . . . Klaproth.	55	45	»	»	»	»	»
Apatite. . . . . Klaproth.	53,75	46,25	»	»	»	»	»
Phosphorite. Pelletier.	59	34	1	0,5	2,5	0,5	1

le spath calcaire ; la phosphorite l'est un peu moins.

CAROLINE. — Voilà une cassure dont je n'ai point vu d'exemple.

Mme DE BEAUMONT. — Elle présente l'apparence qu'on nomme *floriforme* ; c'est le caractère le plus distinctif de cette substance qui, à vrai dire, ne se fait pas reconnaître par des marques très positives. Jusqu'à ce jour, on ne l'a trouvée que dans l'Estramadure, et à Shlackenwald en Bohême. On trouve en Hongrie une variété de phosphorite terreuse, remarquable par une texture peu serrée. Les deux espèces, chauffées sur des charbons, acquièrent de la phosphorescence, propriété qui est commune à un grand nombre de combinaisons calcaires. Quelques-uns des carbonates et presque tous les fluates jouissent de la phosphorescence. Une variété de fluate de chaux porte le nom de chlorophane, parce qu'étant soumise à l'action du feu, elle émet une brillante lumière verte. Je vais en faire l'expérience sur ce fragment.

GUSTAVE. — Jusqu'à présent, son apparence n'a rien de remarquable.

Mme DE BEAUMONT. — Il faut un peu de temps pour que le feu lui communique la chaleur suffisante. Sa couleur est généralement le brun pourpré. Le clivage est moins distinct que dans le fluor lamellaire commun, ou spath fluor.

CAROLINE. — Voyez maintenant avec quelle rapidité elle passe à la couleur verte.

GUSTAVE. — La voilà devenue tout-à-fait brillante comme une émeraude.

Mme DE BEAUMONT. — Vous pouvez réitérer plusieurs fois l'expérience sans endommager la chlorophane, si la chaleur n'est pas trop forte. Les cristallisations de fluor sont belles et variées ; quelques-unes sont de formes assez compliquées, particulièrement dans les fragments extraits des mines de plomb de Beeralston (*fig.* 222, 223).

CAROLINE. — Je me rappelle avoir vu beaucoup de fluor dans le Derbyshire ; est-ce le même dont on fait des vases et des chandeliers ?

Mme DE BEAUMONT. — Non ; vous allez en voir un échantillon dans quelques instants ; mais en attendant considérez ces cristaux (*fig.* 220).

CAROLINE. — Ce sont des cubes avec bisellement sur les bords.

GUSTAVE. — Le cube est donc le cristal primitif ?

Mme DE BEAUMONT. — On le croirait au premier coup d'œil ; mais le clivage conduit à une forme bien différente. Vous pouvez vous en former une idée en examinant ces cristaux brisés.

GUSTAVE. — Je vois que le clivage n'est point parallèle aux plans d'un cube.

Mme DE BEAUMONT. — Non ; il est parallèle aux plans d'un octaèdre, dont voici le modèle (*fig.* 216). La figure 218 représente une forme intermédiaire entre l'octaèdre et la dodécaèdre. Cependant le cube et quelques formes qui en paraissent dérivées sont incomparablement plus communs.

Caroline. — Je suis toujours étonnée que dans une infinité de minéraux la forme primitive se rencontre si rarement. Dans quel pays trouve-t-on ces cristaux d'un pourpre sombre (*fig.* 221)?

Mme de Beaumont. — Dans les mines d'étain et de cuivre du Cornouaille ; on y trouve aussi en abondance le fluor vert-pâle, qu'on emploie comme flux pour fondre la mine de cuivre. C'est là le premier parti qu'on a tiré de ce minéral ; son nom même dérive du mot *flux*, en allemand *fluss*. Il est rarement sans couleur. Les variétés rose et bleu clair ne sont pas communes. Celle-là se rencontre dans le Mont-Saint-Gothard en cristaux octaèdres. Vous n'aurez aucune peine à distinguer le fluor des autres minéraux. Sa cristallisation est généralement très parfaite, et le clivage s'obtient avec la plus grande facilité. Dans les cristaux transparents les divisions des lames sont presque toujours visibles.

Gustave. — Quel est ce métal qui accompagne le fluor ?

Mme de Beaumont. — C'est le sulfure de plomb. Le fluor se rencontre fréquemment dans les mines de plomb. L'espèce qu'on emploie dans les ouvrages d'ornement, a une texture fibreuse grossière, ou formée en colonnes, comme l'améthyste, et se présente en concrétions considérables dans les roches calcaires du Derbyshire. Dans son état naturel elle affecte différentes nuances de bleu, et de gris, ou le jaune de topaze. Les riches teintes de pourpre foncé qui distinguent ces échantillons, s'obtiennent en échauffant les variétés bleues que les mineurs appelaient *jean-bleu*.

CAROLINE. — On peut dire que c'est un des plus beaux minéraux que nous ayons vus.

Mme DE BEAUMONT. — Faites attention au grand nombre de substances qui l'accompagnent.

GUSTAVE. — Je le vois bien; on trouve réunis dans le même échantillon des cristaux de quartz, le spath perlé, le carbonate de chaux, et la mine de plomb.

Mme DE BEAUMONT. — Le fluor du Cornouaille se rencontre associé avec le mica, les topazes, l'apatite, le quartz et l'oxide d'étain.

Le fluor compacte n'est pas commun. Il a de l'analogie avec plusieurs autres minéraux et notamment avec le feldspath compacte, mais celui-ci est plus dur. Il est très peu de minéraux acidifères qu'on ne puisse entamer avec le couteau.

CAROLINE. — Les carbonates sont-ils les seuls qui deviennent effervescents avec les acides?

Mme DE BEAUMONT. — Oui; mais le fluor jouit exclusivement d'une propriété fort remarquable.

GUSTAVE. — Je suis impatient de la connaître.

Mme DE BEAUMONT. — L'acide fluorique qui est une des parties constituantes de ce minéral, est le seul qui ait le pouvoir d'attaquer le verre. Il est aériforme, comme l'acide carbonique, et si on le dégage au moyen d'un autre acide (l'acide sulfurique ou nitrique, par exemple, un morceau de verre exposé au contact du gaz sera immédiatement corrodé.

CAROLINE. — J'ai ouï dire qu'on gravait sur verre ; est-ce avec de l'acide fluorique?

Mme DE BEAUMONT. — Sans doute. On applique sur le verre une couche mince de vernis, on trace sur le vernis le dessin qu'on se propose de graver sur le verre ; on place le verre ainsi préparé sur un vase contenant du fluor pilé et de l'acide sulfurique ; toutes les parties du verre protégées par le vernis restent sans altération ; mais celles que le burin avait mises à découvert prennent l'apparence d'un verre broyé. Je suis persuadée que vous avez vu des vitres ornées de dessin, par ce procédé.

GUSTAVE. — Je n'y avais jamais songé ; mais il est probable que les croisées de notre escalier ont été dépolies avec l'acide fluorique.

Mme DE BEAUMONT. — Pouvez-vous en douter? Je vais maintenant vous montrer une variété de fluor terreux, à texture peu serrée, et de couleur grise ou pourpre.

CAROLINE. — L'échantillon pourpre paraît tout-à-fait mate à côté du fluor cristallisé.

Mme DE BEAUMONT. — La teinte est souvent encore plus sombre et virant tout-à-fait au noir *. Le fluor, soit compacte, soit folié, est plus dur

* Le spat fluor contient, suivant Thomson, chaux , 67,34 ; acide fluorique , 32,66.

que l'apatite, et raie facilement le carbonate de chaux ; mais les *sulfates* de chaux sont généralement fort tendres. Le sulfate de chaux ou gypse a deux espèces, dont l'une contient de l'eau, et l'autre en est dépourvue ; on appelle la dernière *gypse sans eau*, ou *anhydrite* ; elle est plus dure que le carbonate de chaux. Au reste, les deux espèces fournissent de nombreuses variétés.

Gustave. — Que représentent ces échantillons transparents cristallisés ?

Mme de Beaumont. —Le gypse lamelleux, ou sélénite : il n'a qu'un seul clivage distinct, mais qui s'obtient avec la plus grande facilité. Je veux vous donner une portion de ce volumineux fragment.

Caroline. — Il est tout-à-fait incolore, et d'une transparence admirable.

Gustave. — N'a-t-il pas quelque ressemblance avec la stilbite ?

Mme de Beaumont. — Oui; elle a le même éclat nacré, particulièrement dans les masses en feuillets curvilignes; mais cela est à peine sensible dans les petits cristaux que j'ai (*fig.* 225). La forme primitive est un prisme droit, dont les bases sont des parallélogrammes (*fig.* 224). Avant l'invention du verre, la sélénite suppléait, dit-on, à l'usage des vitres.

Caroline.—Comment ne préférait-on pas le mica ?

Mme de Beaumont. — Le mica, peut-être, aurait mieux valu; mais il est peu de localités qui le fournissent d'une assez grande dimension ; au lieu qu'en France, en Espagne , et dans tout le sud de l'Europe , la sélénite est très abondante et d'une exploitation facile. Les Romains la tiraient de l'île de Chypre , d'Espagne et même de l'Afrique ; ils s'en servaient pour donner du jour à leurs serres chaudes. Le *gypse lamelleux grenu* a la même analogie avec la sélénite , que le marbre avec le spath calcaire.

GUSTAVE. — Ce fragment ressemble au marbre de Paros.

Mme DE BEAUMONT. — Oui ; mais il est si tendre qu'on ne peut en tirer parti pour la statuaire. On en fait des vases, et d'autres objets d'ornement. On croit que les Romains éclairaient leurs temples avec des lampes placées dans des vases de gypse, parce que ce minéral est quelquefois parfaitement translucide.

	CHAUX.	ACIDE sulfurique.	EAU.	PERTE.
Gypse compacte. *Gerhard.*	34	48	18	»
—— lamelleux.. *Kirwan.*	32	3o	38	»
—— Spathique ou sélénite... *Bucholz.*	33,9	43,9	21	2,1

CAROLINE. — Ces fragments gris et jaunâtres appartiennent-ils à la même espèce ?

Mme DE BEAUMONT. — Oui ; sa couleur est quelquefois le rouge de brique, ce qu'il faut attribuer à un mélange d'ocre de fer.

GUSTAVE. — Voici du spath satiné, n'est-il pas vrai ?

Mme DE BEAUMONT. — C'est le *gypse fibreux*, que bien des gens achètent pour du spath satiné, lorsqu'il est tourné ou taillé en ornement. Les fibres, ou plutôt les filons dont il se compose sont parfaitement droits et parallèles, au lieu que dans le spath satiné, ils forment une texture ondoyante.

CAROLINE. — D'ailleurs, le spath satiné est plus dur, et devient effervescent avec les acides, ce que ne fait pas le gypse.

Mme DE BEAUMONT. — Ajoutez à cela que le gypse est moins pesant ; sa pesanteur spécifique n'excède pas 2,2 ou 2,3.

Le gypse *terreux* est généralement jaunâtre et très friable ; mais l'espèce compacte est à peu près aussi dure que les autres variétés. Il ne se trouve pas en Angleterre. D'un autre côté, les comtés de Nottingham et de Derby contiennent plusieurs carrières de gypse grenu, dont on se sert pour faire des engrais et du *plâtre de Paris*.

GUSTAVE. — Comment se prépare le plâtre de Paris ?

Mme DE BEAUMONT. — En brûlant le gypse pour éliminer l'eau qu'il contient, on le convertit en une poudre blanche. Dans cet état, il a tant d'affinité avec l'eau, qu'il s'unit très promptement avec elle, et de ce mélange résulte une substance qui ressemble au gypse par sa composition, quoique d'une texture différente.

CAROLINE. — Je vous remercie beaucoup de cette explication; car il m'est souvent arrivé de faire avec le plâtre de Paris, des empreintes de cachets ou de médailles, sans pouvoir me rendre un compte de ce que l'eau devenait; j'ai été long-temps à concevoir que l'eau put devenir solide autrement que par la congélation.

Mme DE BEAUMONT. — Les variétés de l'anhydrite sont les mêmes à peu près que celles du gypse. L'anhydrite lamelleuse a reçu de quelques minéralogistes le nom de *muriacite*, parce qu'elle contient parfois une légère portion de sel commun, ou *muriate de soude* *. Elle diffère essentiellement

	ANHYDRITE.		VULFINITE.
Analyse de	compacte.	rayonnée.	
	Klaproth.	Klaproth.	Vauquelin.
Chaux..........	42	42	92
Acide sulfurique.	56,50	57	92
Silice............	»	0,5	8
Muriate de soude.	0,25	»	»
Oxyde de fer.....	»	0,10	»
Perte...........	1,28	»	»

La glaubérite, suivant Brongniart, contient sur 100 parde la sélénite pour la cristallisation ; la forme primitive est un prisme carré (*fig.* 227) admettant diverses modifications dont, à la vérité, les exemples sont rares ; elle a un triple clivage généralement assez distinct.

Gustave. — Cet échantillon a beaucoup d'éclat et de transparence.

Mme de Beaumont. — Sa couleur la plus ordinaire est le rouge de chair très pâle, et rarement le jaune pâle, le violet ou le gris ; les autres variétés sont blanches ou blanches-bleuâtres. Elle est supérieure à la sélénite par sa pesanteur spécifique, qui varie de 2,85 à 3. L'anhydrite siliceuse ne se trouve qu'à Vulpino, en Italie ; on l'a, pour cette raison, appelée *vulpinite;* mais elle est plus connue, en Italie, sous le nom de *marmo bardiglio de bergamo,* et le comte de Bournon l'appelle *bardiglione.* Les sulfates de chaux sont très abondants ; mais les autres combinaisons de la matière calcaire sont plus rares, et présentent peu de variétés. Aux minéraux que nous venons de voir, on ajoute, pour compléter cette famille, deux autres substances qui admettent, comme le sulfate de chaux, quelques ingrédients étrangers. La glaubérite, minéral très rare, se rencontre cristallisée et engagée dans le sel de roche, à Villaruba, dans la Nouvelle-Castille. Sa forme est un

ties, 49 d'anhydro-sulfate de chaux, et 51 d'anhydro-sulfate de soude.

prisme très oblique (*fig.* 228) ressemblant au rhomboïde aigu.

CAROLINE. — De quoi se compose-t-elle, indépendamment de la chaux et de l'acide sulfurique?

Mme DE BEAUMONT. — Elle contient 51 pour cent de sulfate de soude, appelé communément *sel de glauber*; et le sulfate de chaux qu'elle contient est dégagé d'eau. Sa dureté excède celle du gypse.

GUSTAVE. — Et ce minéral fibreux appartient-il aussi à la famille des sulfates?

Mme DE BEAUMONT. — Oui; même cette substance était comptée parmi les anhydrites fibreuses, avant que les analyses de Stromeyer eussent démontré que c'était une combinaison de plusieurs sels. On l'a nommée depuis lors *polyhallite* *. On la trouve à Ischet dans la Haute-Autriche, disséminée dans le sel de roche stratiforme. Sa couleur rouge de brique est indubitablement produite par l'oxide de fer mêlé à la polyhallite, mais sans combinaison chimique. Il est probable que sa texture peu translucide provient de la même cause.

---

*   *Polyhallite, d'après Stromeyer.*

Sulfate de chaux sec.	22,36
Hydro-sulfate de chaux.	28,64
Sulfate de magnésie.	20,11
Sulfate de potasse.	27,40
Muriate de soude.	0,19
Oxyde de fer.	0,32

CAROLINE. — Cristallise-t-elle?

Mme DE BEAUMONT. — On n'a jamais rencontré de cristaux de polyhallite ; mais il peut se faire qu'il en existe. Ce minéral un peu plus dur que le carbonate de chaux, est rayé par le fluor ; il est aisément frangible. La chaux combinée avec la silice et l'acide boracique, forme la *datholite* et la *botryolite*, différant l'une de l'autre en ce que la datholite est cristallisée, au lieu que la botryolite, comme son nom l'indique, se présente en masses botryoïdales (uviformes), dont la cassure est terreuse en petit, et imparfaitement fibreuse ou esquilleuse dans les concrétions plus considérables.

CAROLINE. —Comment distinguer la datholite des minéraux qui lui ressemblent?

Mme DE BEAUMONT. —Rien n'est plus facile, lorsqu'elle est cristallisée. Voilà des cristaux assez bien caractérisés (*fig.* 229, 230). Elle n'est pas susceptible d'effervescence ; son peu de dureté la distingue du feldspath blanc , ou adulaire. Quoique moins tendre que les autres minéraux calcaires, elle cède facilement au couteau. Les cristaux sont généralement d'un sombre mate à l'extérieur, mais la cassure a l'éclat vitreux. Pesanteur spécifique, 2,98.

GUSTAVE. — Voici probablement un autre échantillon de datholite?

Mme DE BEAUMONT. — Point du tout ; c'est une combinaison de chaux et d'acide tungstique, appelée *tungstate de chaux*. Elle a bien quelque ressemblance avec la datholite, mais sa pesanteur spécifique est de 5,5 ou 6.

Caroline — Je vois que les cristaux sont des octaèdres.

Mme DE BEAUMONT. —Oui, mais remarquez qu'ils ne sont pas *réguliers ;* la forme la plus commune est celle-ci (*fig.* 23i), mais le cristal primitif est plus aigu. Ce minéral est infusible au chalumeau, mais il décrépite et devient opaque. L'*arséniate* de chaux, appelé aussi *pharmacolite*, se présente en petites concrétions globulaires, qui sont composées de cristaux capillaires disposés de manière à former une texture rayonnée ; vous pouvez voir de ces concrétions disséminées sur ce fragment de granit.

Gustave. — Leur couleur rose est-elle produite par l'arsenic?

Mme DE BEAUMONT. — On l'attribue à l'arséniate de cobalt; mais cette teinte n'affecte que la surface. La couleur intérieure est le blanc de neige. Le *silicate* de chaux s'appelle aussi *spath en table*, probablement parce qu'il est susceptible de se diviser en lames épaisses.

Caroline. — Ne nous avez-vous pas dit que la substance blanche et brillante qui accompagne la pierre cannelle, était du spath en table ?

Mme DE BEAUMONT. —Oui, sans doute; mais sa couleur est plus généralement verdâtre ou tirant sur le gris; il a une texture cristalline, avec apparence d'un double clivage. Il est translucide et à peu près aussi dur que la datholite.

27

314   ONZIÈME ENTRETIEN.

GUSTAVE. — Voici, je crois, des grenats engagés dans le spath en table.

Mme DE BEAUMONT. — Il se trouve associé avec des grenats, à Dognatska, dans le bannet de Temeswar, qui est après l'île de Ceylan, le seul gissement du spath en table.

CAROLINE. — A-t-on rencontré en Angleterre des combinaisons calcaires autres que les carbonates, sulfates et fluates de chaux ?

Mme DE BEAUMONT. — Le *phosphate* de chaux se trouve dans le Cornouaille, dans les veines d'étain du Mont-Saint-Michel, et à Stenna-Gwin. Il a été aperçu dans du granit à Calderbeck dans le Cumberland ; la mine de Pengelly-Croft dans le Cornouaille, contient le tungstate de chaux, associé à des filons d'étain. La datholite ne se trouve qu'aux environs d'Arendahl et de Southofen en Norwège *.

Analyse de	DATHOLITE.	BORACITE.	TUNGSTATE de chaux.		ARSÉNIATE de chaux.	SILICATE de chaux.
	Klapr.	Klapr.	Klapr.	Berzel.	Klapr.	Klapr.
Chaux	35,5	13,5	17,60	19,40	25	45
Silice	36,5	36	3	»	»	50
Acide borique . .	24	39,5	»	»	»	»
—— tungstique.	»	»	77,15	80,41	»	»
—— arsénique..	»	»	»	»	50,54	»
Eau	4	6,5	»	»	24,46	5
Oxyde de fer . .	trace.	1	»	»	»	»
Perte	»	3,5	1,65	0,18	»	»

Gustave. — Nous voici arrivés, je crois, aux minéraux alumineux *acidifères*.

Mme DE BEAUMONT. — L'alumine est, après la chaux, celle des terres qui se combine avec le plus grand nombre d'acides. La première famille contient deux combinaisons différentes d'alumine avec l'acide sulfurique ; on appelle *sous-sulfates* les combinaisons où l'acide sulfurique existe en moindre proportion.

L'alun est un *sulfate*. Vous l'avez déjà vu sous la forme d'une efflorescence blanche qui s'attache au schiste alumineux ; il se rencontre aussi, mais rarement, à l'état massif avec texture fibreuse. Il se distingue des autres minéraux de même apparence, par une grande solubilité et par une saveur particulière.

Caroline. — Cet échantillon, qu'on prendrait pour de la terre à porcelaine, est-il une autre espèce d'alun ?

Mme DE BEAUMONT. — Non ; c'est un sous-sulfate d'alumine, appelé *aluminite*. Il a réellement beaucoup de ressemblance avec la terre à porcelaine ; mais il est si compacte qu'il ne tache pas les doigts, bien qu'il soit gras au toucher comme la stéatite. Si vous en pulvérisez quelques miettes, et que vous les jetiez dans un verre d'eau, au lieu de se combiner avec le liquide comme la terre à porcelaine, elles tomberont immédiatement au fond du verre. La *pierre d'alun* est une autre variété qui compose une colline entière à Tolfa près de Rome ; c'est de là qu'on tire l'*alun de Rome*, le plus estimé pour sa qualité.

GUSTAVE. — Il paraît plus dur que l'aluminite.

Mme DE BEAUMONT. — Il l'est beaucoup plus en effet, et a presque la saveur de l'alun natif. Pour former de l'alun, on commence par broyer la pierre alumineuse et par la faire chauffer pendant douze ou quatorze heures, dans un fourneau disposé à cet effet. Cela s'appelle *rôtir* l'alun. On répète l'opération jusqu'à ce que tous les morceaux soient également calcinés; on les dispose ensuite sur un plancher incliné, en couches parallèles séparées par des rigoles pleines d'eau. On arrose fréquemment la pierre d'alun jusqu'à ce qu'elle tombe en poudre; alors on la fait bouillir dans une quantité suffisante d'eau, en ayant soin de battre continuellement le mélange; au bout de vingt-quatre heures, vous éteignez le feu, vous laissez reposer la liqueur, pour faire précipiter les parties non dissoutes. Cela fait, vous faites écouler la liqueur claire par un robinet de bois, dans des réservoirs carrés pareillement en bois, dans lesquels votre liqueur cristallise.

GUSTAVE. — Quelle est la forme des cristaux?

Mme DE BEAUMONT. — L'octaèdre régulier avec des truncatures sur les angles et quelquefois sur les arêtes. Vous pouvez vous créer de jolis échantillons pour votre cabinet, en mettant du charbon désulfuré, ou quelque autre minéral peu compacte dans une forte solution d'alun. Vous obtiendrez par déposition plusieurs groupes de petits cristaux d'une apparence très brillante.

Le phosphate d'alumine est appelé *wavellite*, en l'honneur du docteur Wavell du Dévonshire. On le trouve disséminé sur des fragments de quartz et de schiste, en petites sphères de la grosseur d'un pois, ou un peu plus.

CAROLINE. — Les globules sont parfaitement arrondis.

GUSTAVE. — Vous en avez qui sont brisés et laissent apercevoir la texture rayonnée ; vous nous avez déjà cité ce minéral comme un modèle de cette texture.

Mme DE BEAUMONT.—Quelques-uns des fragments conservent intacts les pointements des cristaux, et il est facile de voir que la forme de ces pointements donne au minéral une apparence sinueuse.

CAROLINE. — Je vois bien cela ; mais les cristaux sont encore plus parfaits dans ces petits faisceaux capillaires (*fig.* 234).

Mme DE BEAUMONT. — La couleur extérieure est généralement le brun d'ocre, mais, dans la partie extérieure, la wavellite du Dévonshire et du Cornouaille, est blanche-grisâtre, avec transparence dans les fragments peu épais. Les variétés verte et noire-opaque se trouvent en Irlande.

GUSTAVE. — C'est un minéral très curieux. Mais je ne connais pas ces cristaux bleus-foncés.

Mme DE BEAUMONT.—Ils appartiennent à une substance nommée *azurite*, qui se rencontre rarement cristallisée, et plus fréquemment en petites masses irrégulières, engagées dans le quartz. On la confondait avec le *lapis lazuli*, avant que l'analyse eût déterminé sa composition; cependant la couleur est bien différente.

CAROLINE. — L'azurite me paraît moins belle, outre qu'elle est seulement translucide.

Mme DE BEAUMONT. — C'est une combinaison de phosphate d'alumine avec le phosphate de magnésie, et sa couleur peut être attribuée au phosphate de fer, qui est constamment bleu.

La cryolite est un fluate d'alumine; il y en a deux variétés, originaires l'une et l'autre du Groenland.

GUSTAVE. — Voici une échantillon d'une blancheur magnifique; la cryolite cristallise-t-elle?

Mme DE BEAUMONT. — Je ne le crois pas; mais sa texture est lamelleuse, et on arrive par le clivage à un parallélépipède rectangle; exposée à la flamme d'une chandelle, elle fond comme la glace, avant d'avoir atteint l'intensité de la chaleur rouge; plongée dans l'eau, elle devient beaucoup plus translucide: tels sont ses deux caractères les plus distinctifs.

CAROLINE. — L'expérience est facile à faire, et paraît fort curieuse. Ne trouve-t-on la cryolite que dans le Groenland?

Mme DE BEAUMONT. — Je ne connais point d'autre localité qui la fournisse. Il est à remarquer que la cryolite blanche se présente sans aucun mélange étranger, au lieu que la variété brune contient de la galène, des pyrites de fer, du carbonate de fer, du quartz et du feldspath. J'ai ici de petits cristaux et des fragments couleur d'ambre, engagés dans un morceau de bois bitumineux, qui appartiennent à la *mellite* ou mellate d'alumine (*fig.* 235, 236) *.

GUSTAVE. — Si je venais à rencontrer un morceau de ce minéral, je le prendrais pour de l'ambre.

Mme DE BEAUMONT. — L'ambre ne cristallise jamais; il émet au feu une odeur agréable, et devient noir et brillant, au lieu que la mellite ac-

Analyse de	Pierre d'alun.		Aluminite.	Wavellite.	Azurite.	Cryolite.	Mellite.
	Vauq.	Klapr.	Stromeyer	Fuchs.	Fuchs.	Klapr.	Klapr.
Silice............	24	56,5	»	»	2,10	»	»
Alumine.........	43,92	19,0	29,86	37,20	35,73	23,5	16
Magnésie........	»	»	»	»	9,34	»	»
Soude...........	»	»	»	»	»	36	»
Potasse.........	3,08	4,0	»	»	»	»	»
Acide sulfurique.	25	16,5	23,37	»	»	»	»
—— phosphoriq.	»	»	»	35,12	41,81	»	»
—— mellitique..	»	»	»	»	»	»	46
Acide fluorique et eau.........	»	»	»	»	»	40,5	»
Oxyde de fer. ..	»	»	»	»	2,64	»	»
Eau............	4	3	46,76	28	6,06	»	38
Perte..........	»	1	»	»	2,32	»	»

quiert, dans le même cas, la couleur et la texture de la craie. Tous ces minéraux, la pierre d'alun exceptée, sont fort rares.

Caroline. — Cet échantillon est-il encore de l'aluminite?

Mme de Beaumont. — Non; c'est le carbonate de magnésie, suffisamment distingué des autres espèces, parce qu'il fait, lentement à la vérité, effervescence avec les acides. Il est aussi dur que le spath calcaire, et se rencontre, en petite quantité, dans plusieurs parties du Continent. La variété d'Italie est en poudre blanche ou en petits blocs arrondis. Ce minéral contient 28 pour cent de carbonate de chaux. Parmi les carbonates de chaux, le *meerschaum* est sans comparaison l'espèce la plus abondante, surtout en Turquie, et notamment dans la Natolie, où l'on emploie six ou sept mille hommes à l'exploitation de cette substance.

Gustave. — A quoi peut-elle servir? Son extrême légèreté ne permet pas d'en faire usage pour l'architecture.

Mme de Beaumont. — Les Turcs en font des pipes à fumer le tabac. Sa légèreté provient de ce qu'elle est extrêmement poreuse. Elle flotte quelquefois sur l'eau *. Lorsqu'il est fraîchement retiré de la terre, le meerschaum est très tendre, et mêlé avec de l'eau, il écume comme le savon; aussi les Tartares s'en servent-ils pour laver leur linge. Lors-

---

* Le mot meerschaum signifie *écume de mer*.

qu'on veut en faire des pipes, on le détrempe à l'eau dans de grands bassins, et, après l'avoir fortement battu, on laisse reposer le mélange pendant quelque temps; il s'opère une espèce de fermentation, et l'on sent une odeur désagréable s'exhaler du bassin. Dès que la fermentation cesse, on lessive itérativement cette pâte afin de la purifier, on lui laisse reprendre la dureté suffisante, après quoi on la presse dans des moules pour former le massif des pipes, que l'on évide ensuite. Les pipes ainsi fabriquées sont mises dans le fourneau, après qu'on les a laissées sécher à l'ombre. Les teintes jaune ou brune qui colorent leur surface s'obtiennent en les faisant bouillir dans l'huile et la cire.

CAROLINE. — Dans son état naturel, ce minéral a quelque ressemblance avec le *liège de montagne;* mais il est plus blanc.

GUSTAVE. — Quelle est la matière efflorescente qui couvre cet échantillon?

Mme DE BEAUMONT. — C'est le sulfate de magnésie, connu plus généralement sous le nom de sel d'Epsom, parce qu'il fut découvert primitivement dans les eaux minérales d'Epsom, qui le contiennent en solution. On a trouvé récemment du sel d'Epsom massif dans la Nouvelle-Galles du sud. Il a une saveur amère et désagréable que vous devez connaître.

CAROLINE. — Je retrouve ici quelques-uns des cristaux électriques (*fig.* 237, 238) que vous nous avez montrés précédemment.

Mme DE BEAUMONT. — Ce sont des fragments de boracite, ou borate de magnésie *. J'en ai des morceaux incolores et transparents, mais ce minéral est le plus souvent opaque et d'un gris - sale clair. La figure 236 représente un cristal cubique, le moins modifié que j'aie vu.

GUSTAVE. — Vous n'avez là que des cristaux détachés ; la boracite n'est-elle jamais engagée dans d'autres substances?

Mme DE BEAUMONT. — Elle se rencontre empâtée dans le gypse à Luneberg, dans le Hanovre, et près de Kiel dans le Holstein. Ces deux localités sont les seules où on la trouve. Sa pesanteur spéci-

*

Analyse de	CARBONATE de magnésie.	MEERSCHAUM.	SULFATE de magnésie.	BORATE de magnésie.	
	Bucholz.	Klapr.	Thomson.	Westrumb.	Vauquelin.
Magnésie.......	48	17,25	»	13,5o	16,6
Silice...........	»	5o,5o	»	2	»
Chaux..........	»	0,5o	»	11	»
Alumine........	»	»	»	1	»
Acide carbonique	52	5	»	»	»
—— borique....	»	»	»	68	83,4
Eau...........	»	25	5o	»	»
Sulfate de ma- gnésie........	»	»	48,6	»	»
—— de soude...	»	»	1,4	»	»
Oxyde de fer....	»	»	»	0,75	»
Perte..........	»	1,75	»	3,75	»

fique est d'environ 2,9 ; et, chose rare dans les minéraux salins, elle est assez dure pour rayer le verre. Le silicate de magnésie ou la leuzinite est une substance blanche, opaque, dont la cassure est terreuse à grains fins.

Nous arrivons maintenant à un *genre* de minéraux dont toutes les espèces sont caractérisées par une pesanteur considérable.

CAROLINE. — Voici un échantillon dont la pesanteur est en effet peu commune.

GUSTAVE. — Ne nous avez-vous pas dit que la pesanteur spécifique de la baryte était à peu près de 4 ?

Mme DE BEAUMONT. — Oui ; et l'échantillon est réellement un carbonate de baryte ou witherite, dont la pesanteur varie de 4,2 à 4,3. Ce carbonate est rarement cristallisé *.

CAROLINE. — Voici un fragment qui paraît avoir une des formes du quartz (*fig.* 240).

Mme DE BEAUMONT. — Le jaune d'ocre colore quelquefois une croûte mince des cristaux ; mais à

	CARBONATE DE BARYTE.	
	Vanquelin.	Bucholz.
Baryte............	74,5	79,66
Acide carbonique............	22,5	20
Eau............	»	0,33

l'intérieur ils sont généralement incolores et fortement translucides ; il arrive aussi que les masses rayonnées de witherite, présentent des pointements pyramidaux. Cette substance se rencontre à l'état massif, et très abondante dans les mines de plomb du nord de l'Angleterre ; on la trouve aussi dans plusieurs pays du Continent.

Les plus beaux cristaux que j'ai viennent du comté de Shrop, et des mines de plomb d'Arendahl dans le comté d'York.

Le *sulfate de baryte* admet des formes cristallisées très diverses, les indices du clivage y sont généralement distincts et visibles, à part les variétés opaques.

GUSTAVE. — Voici un échantillon qui montre un clivage bien déterminé et probablement très facile à obtenir.

Mme DE BEAUMONT. — Le minéral est si cassant qu'il suffit d'en laisser tomber un fragment sur le pavé, pour le partager en cristaux semblables au noyau primitif, qui est un prisme droit à bases rhomboïdales (*fig.* 242). Souvent le prisme est tellement raccourci dans sa hauteur, qu'il forme un cristal *en table* (*fig.* 243). Les cristaux sont faciles à reconnaître par leur exacte symétrie, ainsi que par le tranchant et la perfection des arêtes.

CAROLINE. — Vous avez des cristaux bleuâtres qui par leur intersection réciproque produisent un effet agréable, et laissent voir toutes leurs modifications (*fig.* 245).

Gustave. —Quelques-unes sont assez compliquées (*fig.* 246) et les truncatures des arètes ont à peine la largeur d'un cheveu.

Mme de Beaumont. — Les grands cristaux couleur de cire jaune viennent du Cumberland (*fig.* 244). Quelques variétés se présentent en masses arrondies, composées d'une agrégation de cristaux capillaires dont on aperçoit seulement quelques portions de leurs arètes; ces variétés sont ordinairement d'une couleur rougeâtre.

Caroline. — Voici un cristal magnifique (*fig.* 247); il doit avoir six pouces de long.

Mme de Beaumont. — Il vient aussi du Cumberland; il est transparent avec double réfraction.

J'ai ici des échantillons dont la texture en colonne est occasionnée par une agrégation de prismes minces et imparfaits. Les Allemands appellent cette variété stangenspath (spath fagot), parce qu'elle ressemble à un faisceau de verges.

Le sulfate de baryte *fibreux* a été trouvé à Chaude-Fontaine, près de Luttich, dans le Palatinat; j'ai l'échantillon d'une variété brune-foncée découverte récemment à Boghasen.

Gustave. — Sa texture est en fibres divergentes.

Mme de Beaumont. — Le *spath pesant rayonné* est une variété intéressante; on l'appelle aussi spath de Bologne, parce qu'il fut primitivement découvert dans les environs de cette ville.

CAROLINE. — Vous avez là des cristaux qui brillent comme un groupe d'étoiles.

Mme DE BEAUMONT. — Cette variété acquiert par la chaleur une belle phosporescence; et, après calcination, elle absorbe la lumière. Si vous en exposez un fragment à la lumière pendant quelques instants, il acquerra la propriété d'être visible même dans l'obscurité en émettant les rayons lumineux qu'il avait absorbés. On rencontre aussi le sulfate de baryte avec une texture imparfaitement cristalline comme le marbre, et en masse compacte.

GUSTAVE. — Voici une variété qui ressemble beaucoup à la craie.

Mme DE BEAUMONT. — En raison de cette ressemblance, les mineurs l'appellent *pierre crayeuse*. Sa pesanteur spécifique est de 4,48. Quelques fragments sont véinés par le sulfure de plomb.

CAROLINE. — Vous nous avez dit que le blanc de peinture était composé de baryte; voulez-vous parler du sulfate ou du carbonate de baryte?

Mme DE BEAUMONT — J'ai entendu parler du sulfate. Le carbonate sert de poison pour détruire les rats.

L'*hépatite* est encore un sulfate de baryte, dont la raclure émet une odeur sulfureuse; faites-en l'essai.

GUSTAVE. — L'odeur est moins forte que celle de la pierre puante, mais je la trouve encore plus fétide, s'il est possible.

Mme DE BEAUMONT. — Elle ne cristallise pas, mais sa texture est lamelleuse *.

CAROLINE.—Il serait impossible de se reconnaître parmi tant de variétés, si leur pesanteur spécifique ne les distinguait des autres minéraux.

Mme DE BEAUMONT. —Ce caractère même pourrait vous induire en erreur à l'égard du *spath pesant en colonne*, tellement semblable au carbonate de plomb, qu'il faut recourir à l'analyse chimique pour en faire la différence.

Le *genre* de la terre strontiane présente moins de diversité. La strontianite ou strontiane carbonatée est généralement d'un gris très pâle, à texture

| | SPATH de Bologne. | SPATH PESANT | | HÉPATITE. |
		grenu.	en colonne.	
Analyse de	Afrelius.	Klaproth.	Lampadius.	Klaproth.
Baryte.	62	60	63	85,25
Acide sulfurique.	62	30	33	85,25
Sulfate de chaux.	»	»	»	6
Chaux.	2	»	»	»
Strontiane.	»	»	3,10	»
Silice.	16	10	»	»
Alumine.	14,75	»	»	1
Oxyde de fer. . . .	0,25	»	1,50	5
Eau.	2	»	1,20	»
Perte, soufre et humidité.	»	»	»	2,25

rayonnée ou fasciculaire, mais rarement cristallisée.

GUSTAVE. — N'avez-vous pas ici du carbonate de
strontiane en cristaux aciculaires?

Mme DE BEAUMONT. — Oui; ce sont des prismes
à six pans terminés par des pyramides. Je ne connais rien qui ressemble beaucoup à ce minéral;
mais quand vous aurez des doutes sur un échantillon de même apparence, faites-en dissoudre un
morceau dans l'acide nitrique ou muriatique: si c'est
du carbonate de strontiane, il fera effervescence;
et le papier imprégné de cette dissolution, brûlera
avec une flamme pourprée.

CAROLINE. — L'expérience est amusante et facile.
Ces fragments rougeâtres et bleus-pâles appartiennent-ils à la même espèce?

Mme DE BEAUMONT. — Non, mais au sulfate de
strontiane; ils ressemblent au sulfate de baryte,
mais leur pesanteur spécifique n'est que de 3,6 à
3,7. Haüy appelle ce sulfate *célestine* à cause de sa
belle couleur bleue-tendre. Il se trouve en abondance dans les environs de Bristol; mais les plus
beaux échantillons viennent de Sicile. Tel est ce
beau groupe de cristaux transparents (*fig.* 248);
tel est aussi ce faisceau de petits cristaux divergents
autour d'une masse de soufre (*fig.* 249).

GUSTAVE. — La célestine est donc une production
volcanique?

Mme DE BEAUMONT. — La chose est très probable
pour la variété que je viens de vous montrer; le

soufre qui l'accompagne et la nature des localités où elle se rencontre en sont la preuve. Les cristaux sont quelquefois très brillants, et affectent une forte ressemblance avec le sulfate de baryte. Il y a plus, c'est que les deux substances ont presque la même forme primitive *. Le sulfate de strontiane est quelquefois fibreux, comme le carbonate de chaux; il est plus dur que le spath pesant, ce qui peut servir à le distinguer de ce dernier **. Vous avez vu maintenant à peu près toutes les combinaisons naturelles des terres, soit entre elles, soit avec les acides; pourriez-vous me dire quelles sont les propriétés qui caractérisent *généralement* les deux classes?

GUSTAVE. — Je ne me rappelle aucun caractère qui puisse convenir à toutes les espèces.

CAROLINE. — Il me semble que *l'insolubilité* est

---

* Sulfate de strontiane, angles de la base du cristal primitif, 104° et 76°; sulfate de baryte, 101°,42 et 78°,18.

**

Analyse de	STRONTIANITE.		SULFATE de strontiane.	
	Klaproth.	Pelletier.	Rose.	Klaproth.
Strontiane.	69,5	62	57,64	56
Acide carbonique. . .	30	30	»	»
—— sulfurique.	»	»	43	42
Oxyde de fer.	»	»	»	trace.
Eau.	0,5	8	»	»

une propriété qui convient à toutes, en exceptant l'alumine et le sel d'Epsom.

Mme DE BEAUMONT. — Vous avez raison; on peut compter aussi parmi les caractères généraux la pesanteur spécifique comprise entre 2 et 3,5.

Nous allons parcourir immédiatement une classe qui comprend toutes les substances composées d'acide et des trois alcalis, potasse, soude et ammoniaque; ces substances sont solubles et jouissent d'une saveur qui leur est particulière. La potasse se trouve constamment combinée avec l'acide nitrique, formant du nitre ou salpêtre. On la rencontre en cristaux capillaires ou en flocons composant une efflorescence sur la craie et sur les roches calcaires.

GUSTAVE. — A-t-elle la saveur du salpêtre commun?

Mme DE BEAUMONT. — Oui, mais ce nitre n'est pas pur; celui de Molfetta contient 3o pour cent de carbonate de chaux, et 25 pour cent de sulfate de chaux. En France on ramasse du nitre sur une roche de craie près d'Évreux, sept ou huit fois par an; c'est une substance abondante dans presque toutes les parties du monde *. On n'a point trouvé la *soude* à l'état pur; mais on rencontre fréquemment des sels de soude. Le carbonate de soude

* L'Inde, la Perse et l'Arabie présentent de vastes plaines incrustées de nitre. Le désert de Nitria, en Égypte, en a tiré son nom, et le fournit en abondance.

existe en Egypte sur la surface de la terre et au bord de quelques lacs desséchés pendant l'été. Il est de couleur grise, dans un état très impur, contenant du muriate et du sulfate de soude. Une variété rayonnée appelée *trona*, se trouve non loin de Fezzan dans le nord de l'Afrique ; elle y est abondante et assez pure *. Les naturels en envoient considérablement à Tripoli et en Egypte.

Le sulfate de soude ou sel de Glauber se rencontre généralement en efflorescence dans le voisinage des sources minérales, et des lacs salés. Il est quelquefois en cristaux aciculaires.

GUSTAVE. — Sous quelle forme cristallise-t-il ?

Mme DE BEAUMONT. — Le plus souvent, en prismes imparfaits ; mais si vous laissez cristalliser une dissolution de sulfate de soude pur, vous obtiendrez des prismes à six pans terminés par deux plans

	CARBONATE de soude.	TRONA.
Carbonate de soude sec.....	32,6	7,5
Sulfate de soude sec........	20,8	2,5
Muriate de soude............	15	»
Eau.......................	31,6	22,5

à chaque extrémité. On appelle reussite * une espèce de sulfate de soude combinée avec une forte
proportion de sulfate de magnésie. Le muriate de
soude est le sel le plus abondant que fournisse ce
minéral.

CAROLINE. — Ce mot ne désigne-t-il pas le *sel
commun ?*

Mme DE BEAUMONT. —Oui; mais vous savez que
généralement il ne devient propre à notre usage
qu'après avoir subi un procédé d'épuration; le sel
de roche est presque toujours entremêlé d'une
matière terreuse qui le rend opaque, et qui lui
donne une couleur brune ou rougeâtre, comme on
le voit dans cet échantillon apporté du Cheshire.
Quelques localités fournissent cependant du sel
incolore et parfaitement transparent; tel est celui
de Cordoue en Espagne. J'ai là un crucifix qui a
été taillé dans le sel de roche.

*

ANALYSE DE REUSS.						
	CARBONATE de soude.	SULFATE de soude.	MURIATE de soude.	CARBONATE de chaux.	SULFATE de chaux.	MURIATE de magnésie.	SULFATE de magnésie.
Sulf. de soude.	6,33	67,02	11	5,64	»	»	»
Reussite......	»	66,04	»	»	0,42	2,19	10,42

GUSTAVE. — Il a un éclat admirable ; je l'aurais pris pour du verre.

Mme DE BEAUMONT. — On voit réellement à Cordoue des roches de sel très remarquables ; ce sont des collines isolées qui s'élèvent en rase campagne, jusqu'à la hauteur de trois ou quatre cents pieds. Il existe une pareille colline dans la province de Lahore dans l'Inde ; mais dans la plupart des pays, le sel gît sous la surface de la terre et s'exploite comme les autres mines.

CAROLINE. — J'ai lu une description des mines de sel de Wielitzka, dans laquelle il est question de chapelles souterraines taillées dans le sel avec leurs autels et des crucifix.

Mme DE BEAUMONT. — Ces chapelles doivent présenter un brillant coup d'œil, quand elles sont bien éclairées. Mais je crois que l'imagination de quelques voyageurs a souvent exagéré la beauté des mines de sel. Cette substance est plus pure, plus blanche et plus transparente à proportion que que ses gissements sont plus profonds sous la terre. Voici un échantillon cristallisé venu de Wielitzka.

GUSTAVE. — Le cube est-il sa forme primitive ?

Mme DE BEAUMONT. — Oui ; le clivage est parallèle aux faces de cristaux cubiques. Le sel présente quelquefois, mais rarement, une belle couleur bleue-pourprée. On trouve des mines de sel considérables à Soowar en Hongrie, en Allemagne, en Sibérie, en Afrique, en un mot dans presque tous les pays du monde, et même sur les plateaux les plus élevés des Andes. Mais les mines de Wielitzka qui ont plus de 600 pieds de profondeur sont, je crois, les plus vastes qu'on ait exploitées depuis l'an 1251.

CAROLINE. — Je n'aurais jamais cru que le sel fût si abondant.

Mme DE BEAUMONT. — Outre le sel de roche et celui qu'on retire du fond des lacs desséchés pendant plusieurs mois de l'année, les sources d'eau salée en fournissent une quantité considérable, soit en Angleterre, soit ailleurs; et les eaux de l'Océan en contiennent une proportion égale à $\frac{1}{30}$ de leur volume. Presque tout le littoral de la mer Caspienne à une distance de plusieurs milles, est couvert de sel; ce qu'on attribue à la forte évaporation de cette mer, dont la surface descend de 200 yards * au-dessous du niveau de la mer Noire.

Le borax, qui est une combinaison de la soude avec l'acide borique, se trouve en Perse, dans le Thibet, et même, selon quelques voyageurs, dans la Chine et au Pérou. Ces cristaux détachés de couleur verdâtre viennent de la Perse (*fig.* 251).

GUSTAVE. — Leur perfection est digne de remarque; mais quelle est la saveur du borax?

Mme DE BEAUMONT. — Elle ressemble à celle du bi-carbonate de potasse, avec un peu moins d'â-

* Le yard égale à peu près les $\frac{9}{10}$ du mètre.

creté. Les cristaux jouissent de la double réfraction ; mais je n'ai pas d'échantillons assez transparents pour vous rendre la chose palpable.

On n'a trouvé que deux sels d'ammoniaque à l'état natif. Le muriate, appelé communément *sel ammoniaque*, est une production volcanique, blanche ou jaune, et très tendre, qui se rencontre en poudre mêlée avec la lave, et quelquefois irrégulièrement cristallisée.

Le *sulfate d'ammoniaque* est ordinairement jaune ou gris-jaunâtre, et se présente en croûtes sur la lave de l'Etna et du Vésuve.

CAROLINE. — Comment distinguer l'un de l'autre le muriate et le sulfate?

Mme DE BEAUMONT. — Faites dissoudre dans l'eau un morceau de l'échantillon qu'il s'agit de reconnaître : quelle que soit la nature du morceau, il donnera une solution transparente. Ajoutez ensuite une ou deux gouttes de muriate de baryte : si l'échantillon est du sel ammoniaque, le muriate de baryte ne produira aucune altération ; mais si c'est un sulfate d'ammoniaque, vous verrez s'élever une espèce de nuage blanc au-dessus de la solution, qui prendra une apparence laiteuse.

GUSTAVE. — Comment expliquez-vous ce fait?

Mme DE BEAUMONT. — La baryte se combine avec l'acide sulfurique contenu dans le sulfate d'ammoniaque, et forme un *composé* insoluble, qui devient immédiatement visible ; dans le même temps l'acide muriatique s'unit avec l'ammoniaque.

Vous voyez que cette dernière classe est peu considérable en comparaison des autres, mais j'espère que les métaux vous intéresseront davantage.

DOUZIÈME ENTRETIEN.

Remarque sur la classification des minéraux métallifères. —
Or natif. — Platine natif. — Palladium. — Iridium. — Méthode pour tirer des fils de platine extrêmement minces.
— Mines de tellure. — De mercure. — D'argent. — De
cuivre.

Mme DE BEAUMONT, CAROLINE, GUSTAVE.

Mme DE BEAUMONT. — Avant de passer à l'examen des échantillons, je dois vous dire quelques
mots sur leur classement. Les métaux se rencontrent ou à l'état métallique ou combinés avec le soufre, l'oxygène, le chlore, ou avec un acide. Quelques-uns se trouvent tour à tour dans tous ces
différents états ; d'autres n'admettent qu'une ou
deux des combinaisons précédentes.

CAROLINE. — Je suppose, d'après cela, que chaque métal constitue un genre, qui se subdivise en
familles de sulfures, d'oxydes, etc.

Mme DE BEAUMONT. — Cela n'est vrai qu'avec quelques restrictions. Il existe des métaux qu'on a trouvés seulement en très petite proportion dans les mines des autres métaux, en sorte que le nombre des *genres* est limité à vingt-trois, bien que celui des métaux s'élève à vingt-huit *.

Dans l'état métallique, les métaux sont ou purs ou combinés ensemble et formant des *alliages*. Telle est leur forme la plus simple. Quand le chlore entre dans les combinaisons, elles s'appellent *chlorures* ; et comme le chlore, rangé d'abord parmi les acides, diffère réellement de ces derniers en ce qu'il ne contient point d'oxygène, les chlorures ne doivent pas être confondus avec les sels. Voici une table qui pourra vous donner un aperçu général de la classification.

* Sans y comprendre les bases métalliques des terres.

GENRES.	FAMILLES.
1er. Or.	Alliages.
2e. Platine.	Alliages.
3e. Palladium.	Alliages.
4e. Iridium.	Alliages.
5e. Tellure.	Alliages.
6e. Mercure.	Alliages. Sulfures. Oxydes. Chlorures.
7e. Argent.	Alliages. Sulfures. Oxydes. Chlorures. Sels.
8e. Cuivre.	Alliages. Sulfures. Oxydes. Sels.
9e. Fer.	Alliages. Sulfures. Oxydes. Sels.
10e. Manganèse.	Oxydes. Sels.
11e. Urane.	Oxydes.
12e. Cérium.	Oxydes. Sels.
13e. Tantale.	Oxydes.
14e. Cobalt.	Alliages. Sulfures. Oxydes. Sels.
15e. Nickel.	Alliages. Oxydes. Sels.
16e. Molybdène.	Sulfures.
17e. Étain.	Sulfures. Oxydes.
18e. Titane.	Oxydes. Sels.
19e. Zinc.	Sulfures. Oxydes. Sels.
20e. Bismuth.	Alliages. Sulfures. Oxydes.
21e. Plomb.	Alliages. Sulfures. Oxydes. Chlorures. Sels.
22e. Antimoine.	Alliages. Sulfures. Oxydes.
23e. Arsenic.	Alliages. Sulfures. Oxydes.

Mme DE BEAUMONT. — Quelques-unes de ces familles ne contiennent qu'une seule espèce; d'autres en ont plusieurs. Quelques-uns des métaux sont unis avec l'oxygène en différentes proportions.

GUSTAVE. — Existe-t-il un oxyde de fer autre que celui communément appelé rouille?

Mme DE BEAUMONT. — On distingue deux oxydes de fer; je vous en montrerai un dans son état naturel.

CAROLINE. — L'or, d'après ce que je vois, se rencontre toujours à l'état métallique; ce qui le rend facile à reconnaître.

Mme DE BEAUMONT. — L'or pur ou à peu près pur se reconnaît sans peine. Mais voici une substance que vous balanceriez à prendre pour une mine d'or.

CAROLINE. — En effet; elle a plutôt l'apparence du laiton.

Mme DE BEAUMONT. — Vous devez savoir qu'on ne trouve jamais le laiton à l'état natif. La mine que je vous montre a été appelée *or natif jaune de laiton*, à cause de sa couleur; elle contient environ 21 pour cent d'argent et de cuivre. Elle ne se rencontre jamais en forme de grains de sable, comme l'autre espèce, mais généralement en petites lames, en feuilles, ou sous une forme arborescente.

GUSTAVE. — Quelques-uns de ces échantillons sont vraiment jolis. Ils ressemblent à de la mousse.

CAROLINE. — L'or cristallise-t-il?

Mme DE BEAUMONT. — J'en ai des échantillons formés par une agrégation de petits cristaux imparfaits. On trouve même accidentellement des cristaux parfaits et détachés. Les plus beaux que j'aie vus, étaient dans le sable d'or trouvé à Mattagrossa dans l'Amérique du sud. J'en ai examiné quelques grains au microscope, parce que leur extrême petitesse échappe presque à la vue.

GUSTAVE. — Ils sont d'un éclat éblouissant ; voici un cristal octaèdre avec des truncatures sur les bords ; je vois également un cube dont les arêtes sont émoussées.

Mme DE BEAUMONT. — J'ai gravé quelques-uns de ces cristaux (*fig.* 252, 253, 254, 255) qui peuvent être dérivés du cube ou de l'octaèdre ; mais le plus grand nombre ne laisse entrevoir aucun indice de la forme primitive ; on présume que ce sont des prismes à six ou huit pans, terminés par des pyramides. J'ai là une macle très curieuse.

CAROLINE. — De quel cristal dérive-t-elle ?

Mme DE BEAUMONT. — D'un cube à angles tronqués, s'il faut en juger par l'apparence (*fig.* 256). Voici un morceau de sélénite contenant des ramifications d'or. On le rencontre fréquemment mêlé avec le quartz et avec les pyrites de fer, ou en masses roulées avec du sable, soit dans les mines, soit dans le lit des rivières. On trouva au Pérou, l'an 1730, une masse d'or qui pesait 45 livres (20 kilogrammes). Une espèce d'or appelée *électrum*, et contenant 36 pour cent d'argent, se rencontre à Schlangenberg en Sibérie.

GUSTAVE. — Je ne savais pas qu'on trouvât de

l'or ailleurs que dans l'Inde, en Afrique, et dans l'Amérique méridionale.

Mme DE BEAUMONT. — Ces localités en fournissent plus abondamment que les autres parties du monde; mais il y a des mines d'or en Espagne, en Hongrie, dans la Transilvanie, et dans plusieurs autres contrées de l'Europe. On a trouvé de l'or en Angleterre dans les mines de plomb, et dans diverses carrières du Cornouailles; il se présente quelquefois aux environs de Wicklow en morceaux assez considérables.

L'or couleur de laiton vient principalement de la Hongrie et de la Transilvanie. Voici maintenant des grains de *platine*.

CAROLINE. — On les prendrait pour du fer.

GUSTAVE. — Supposerait-on que ce métal fût aussi pesant?

Mme DE BEAUMONT. — Sa pesanteur spécifique est réellement extraordinaire; mais le platine brut est plus léger que l'or, parce qu'il contient une petite quantité de divers métaux.

CAROLINE. — Vous nous avez déjà dit cela; ces métaux sont le palladium, l'iridium, le rhodium, et encore un autre, ce me semble.

Mme DE BEAUMONT. — L'osmium. En général, ces grains angulaires de platine contiennent aussi une faible proportion de fer, de cuivre et de plomb; les fragments aplatis se composent de platine, de palladium et d'or; mais le palladium s'y trouve en grains très petits dont la texture est rayonnée.

L'œil apercevrait difficilement une différence entre les globules d'iridium et ceux de platine ; mais les premiers ne sont pas solubles dans un mélange d'acide nitrique et d'acide muriatique. Aucun de ces métaux ne se rencontre pur ; on les trouve tous dans l'Amérique méridionale, entre le second et le sixième degré de latitude nord. Mais les mines d'argent de Guadalcanal en Espagne sont, en Europe, la seule localité qui fournisse du platine.

GUSTAVE. — Vous nous avez dit dernièrement, en parlant de ce métal, que le docteur Wollaston était parvenu à faire des fils de platine d'une extrême ténuité, et presque imperceptibles. Vous avez promis de nous apprendre comment il en a mesuré le diamètre, qui n'excédait pas $\frac{1}{18750}$ de pouce.

Mme DE BEAUMONT. — Rien n'est plus simple que cette opération. On a un fil d'argent d'une épaisseur suffisante pour être perforé dans le sens de la longueur. On introduit dans le fil d'argent ainsi perforé, un fil de platine de la même longueur, qui remplisse exactement le trou ; les deux métaux sont ensuite conjointement passés à la filière * ; cela fait, on dissout l'argent avec de l'acide nitrique, qui n'attaque pas le platine. En connaissant l'épaisseur primitive de chaque fil, et l'épaisseur du fil d'argent après qu'il a été aminci, il est facile d'en déduire l'épaisseur finale du fil de platine.

* C'est une plaque de fer percée de plusieurs trous inégaux, dans lesquels on fait entrer de force le fil d'un métal, pour le rendre plus mince.

CAROLINE. — Oui, par une règle de proportion. mais à quoi servent des fils si minces? Cette opération n'a d'autre but, sans doute, que le plaisir de faire une expérience.

Mme DE BEAUMONT. — Les premiers qui l'ont tentée n'avaient peut-être rien autre chose en vue; mais aujourd'hui on substitue avantageusement ce fil métallique aux toiles d'araignées qu'on employait précédemment dans les microscopes, comme fils croisés. Vous concevez que pour cet usage, il n'est jamais trop mince. Le platine est d'un grand usage dans la poterie, il sert à *argenter* la porcelaine et la faïence fine.

GUSTAVE. — Il a un grand avantage sur l'argent, c'est de ne jamais se ternir.

Mme DE BEAUMONT. — Mais nous avons, ce me semble, assez parlé du platine; il est temps de passer à un autre métal.

GUSTAVE. — Quel est l'échantillon dont la couleur est plus éclatante que celle du platine ou du palladium?

Mme DE BEAUMONT. — C'est le *tellure* natif. On distingue quatre alliages de ce métal, que les Transilvains exploitent pour l'or et l'argent qu'ils contiennent. L'espèce que voici en contient moins que les autres. Ce métal cristallise rarement; il est plus ordinairement en masses grenues lamelleuses; mais toujours peu abondant. La mine *graphique* de tellure contient 3o pour cent d'or et 1o pour cent d'argent.

CAROLINE. — Qu'appelle-t-on mine graphique ? Est-ce un métal qui sert pour écrire ?

Mme DE BEAUMONT. — Point du tout ; c'est une mine qui se rencontre disséminée sur des minéraux terreux, en petits cristaux prismatiques, groupés ensemble comme des caractères écrits.

GUSTAVE. — Vous avez là un échantillon beaucoup plus brillant que le tellure natif.

Mme DE BEAUMONT. — Le même éclat distingue aussi les mines blanche et jaune ; celles-ci diffèrent de la mine graphique, en ce qu'elles contiennent 19 pour cent de plomb, et par leur pesanteur spécifique, qui s'élève à 10,6, tandis celle des autres espèces n'excède pas 8. Le tellure noir est aussi fort différent des autres.

CAROLINE. — Est-ce là du tellure noir ? Il est en en paillettes comme le mica.

Mme DE BEAUMONT. — Oui ; mais il est opaque et d'un éclat parfaitement métallique. Les paillettes, quand elles ont une certaine ténuité, sont flexibles, mais non élastiques comme le mica. La pesanteur spécifique est à peu près de 9. Les quatre espèces sont tendres et sectiles.

GUSTAVE. — Ces caractères suffisaient-ils pour distinguer un échantillon de tellure, d'un autre métal quelconque ?

Mme DE BEAUMONT. — Il est permis d'en douter ; mais la Chimie nous fait connaître quelques propriétés du tellure, tout-à-fait caractéristiques. Il se fond au chalumeau par une chaleur modérée, ensuite il produit une fumée blanche et brûle avec une flamme verte, jusqu'à ce qu'il soit volatilisé, et qu'il émette une odeur semblable à celle du raifort. La même opération réduit à l'état métallique l'or et l'argent contenus dans les mines de tellure *.

Le *genre* qui vient ensuite est celui du *mercure*. Je suis persuadée que vous n'avez jamais vu ce métal à l'état natif. Approchez-vous de cet échantillon couvert de petits globules.

CAROLINE. — Il est curieux à voir, quelques-uns des globules surpassent en grosseur la tête d'une épingle.

Mme DE BEAUMONT. — Prenez garde de les toucher, la moindre secousse pourrait les faire tomber. Le mercure en cet état est beaucoup plus rare que le sulfure du même métal, dont on ex-

MINES DE TELLURE. (KLAPROTH.)				
	Natif.	Graphique.	Jaune.	Lamellaire.
Tellure....	92,55	60	44,75	32,2
Or.........	0,25	30	26,75	9
Fer........	7,20	»	»	»
Argent.....	»	10	8,50	0,5
Plomb.....	»	»	19,50	54
Cuivre	»	»	»	1,3
Soufre.....	»	»	0,50	3

trait presque tout le *vif-argent* connu dans le commerce.

L'espèce que je vous montre est à peu près pure; mais on la rencontre quelquefois unie à une proportion d'argent suffisante pour constituer un amalgame solide ou demi-solide. Cet amalgame est susceptible de cristalliser en cubes ou en octaèdres dont les arêtes et les angles sont tronqués. Dans cet échantillon le métal est cristallisé; dans cet autre il est disséminé en paillettes.

GUSTAVE. — Il est presque aussi blanc que l'argent; mais les arêtes des cristaux ne sont pas tranchantes.

Mme DE BEAUMONT. — Elles paraissent généralement un peu arrondies. Le sulfure de mercure a deux espèces : le *cinabre*, et le sulfure *hépatique* ou *rouge de foie*. Ce bel échantillon cramoisi est du cinabre; sa texture est d'ordinaire imparfaitement cristalline et approchant de l'état compacte. Les fragments sont translucides particulièrement sur les bords. On trouve même des cristaux transparents.

GUSTAVE. — Je vois ici des groupes de cristaux que leur extrême petitesse ne m'empêche d'apprécier.

Mme DE BEAUMONT. — Haüy supposait que la forme primitive était un prisme hexagonal; mais des recherches plus récentes ont fait voir que c'était un rhomboïde aigu (*fig*. 258). Le cinabre est tendre, mais cassant; rayé avec le couteau ou avec quelque substance dure, il donne une raclure écarlate, ce qui le distingue de quelques autres mines rouges.

Il existe une autre variété, appelée *vermillon natif*; son apparence est terreuse, et d'un écarlate plus foncé que la précédente. Le cinabre se reconnaît positivement lorsqu'on le traite au chalumeau; aussitôt que la fusion se déclare, le soufre brûle avec une flamme bleue, et le mercure est volatilisé.

CAROLINE. — Quel est ce métal dont l'apparence est tout-à-fait vitreuse?

Mme DE BEAUMONT. — C'est la mine *hépatique*, qui acquiert une couleur brune lorsqu'elle est exposée à l'air, mais dons la cassure récente est d'un gris sombre inclinant au cramoisi. Cette substance est très cassante.

GUSTAVE. — En quoi cette espèce diffère-t-elle du cinabre?

Mme DE BEAUMONT. — En ce qu'elle contient du fer et du carbone *. Mais les deux espèces sont fré-

	CINABRE.		MINE HÉPATIQUE.
	Lampadius.	Klaproth.	Klaproth.
Mercure.....	81	84,50	81,80
Soufre......	15,2	14,75	13,75
Charbon.....	»	»	2,30
Silice......	»	»	0,65
Alumine.....	»	»	0,55
Fer.........	4,7	»	0,20
Cuivre......	»	»	0,02
Eau.........	»	»	0,73
Perte.......	»	0,75	»

quemment mêlées l'une avec l'autre. La variété hépatique se rencontre dans plusieurs mines de vif-argent, particulièrement dans celles d'Almaden en Espagne, dans la mine d'Ydria et en Sibérie. Les mines d'Almaden s'exploitent depuis plus de deux mille ans; celles de Deux-Ponts, d'Ydria, du Palatinat, de l'Amérique espagnole, paraissent également inépuisables. Le chlorure de mercure, appelé aussi *vif-argent corné*, est demi-transparent et presque sans couleur.

CAROLINE. — Pourquoi l'appelle-t-on vif-argent corné?

Mme DE BEAUMONT. — En raison de sa texture; c'est un métal peu dur, mais cassant. Les cristaux sont petits et généralement brillants; ce sont des cubes tantôt parfaits, tantôt modifiés, et des octaèdres. On ne connaît qu'un seul chlorure de mercure; encore est-il fort rare.

Le genre de l'argent présente une grande variété: dans la première famille sont compris l'argent natif et plusieurs alliages; mais l'argent natif est la seule espèce qui soit abondante.

CAROLINE. — Est-il plus commun que les autres minérais?

Mme DE BEAUMONT. — Tout porte à le croire; plusieurs mines très riches sont en grande partie composées de ce métal; il se présente quelquefois en masses considérables et dégagées des substances étrangères qui existent généralement dans les mêmes veines. Les mines d'argent de Konsberg en

Norwège, les plus septentrionales de l'Europe, ont fourni plus d'une fois d'énormes fragments qui s'élevaient de 100 à 150 livres (45 et 67 kilog.). Une masse de 560 livres a été extraite de la mine appelée Nye-Forhaabning.

GUSTAVE. — De tels échantillons seraient bien placés dans un Musée.

Mme DE BEAUMONT. — Le dernier dont j'ai parlé a été conservé intact dans le cabinet royal à Copenhague. Les autres ont été probablement fondus *. Quelques-uns de mes échantillons ont été ternis par leur exposition à l'air ; mais ceux que j'ai tenus sous verre n'ont rien perdu de leur blancheur et de leur brillant.

CAROLINE. — Vous en avez un d'une beauté remarquable ; ce sont de petits cristaux imitant la feuille de fougère.

GUSTAVE. — Si vous les examinez au microscope, vous reconnaîtrez quelques cristaux octaèdres.

Mme de BEAUMONT. — Tous les métaux natifs, or, argent, cuivre, etc., qui sont susceptibles de cristalliser, prennent la forme du cube et de l'octaèdre, ou quelques autres formes dérivées de celles-là (*fig*. 252 à 256). L'argent est quelquefois

---

* Albini rapporte qu'une riche veine d'argent ayant été découverte à Schneeberg en 1478, on en détacha un bloc d'argent natif d'une si grande dimension, que le duc de Saxe, Albert, étant descendu dans la mine, ce bloc lui servit de table pour placer son dîner ; réduit en fusion, il donna 44,000{liv.} d'argent.

compacte, ou peu s'en faut ; on le trouve même arborescent et imitant la branche de sapin, particulièrement dans les mines de Potosi. Vous pourrez trouver quelque plaisir à lire la *Minéralogie exotique* de M. Sowerby, qui a représenté par une gravure coloriée tous les minéraux dont il donne la description. On trouve dans ce livre la représentation exacte des formes dendritiques et arborescentes que prennent souvent à l'état natif, l'or, l'argent, le cuivre et d'autres minéraux. La *Minéralogie britannique*, ouvrage que l'auteur a exécuté sur le même plan, peut aussi vous être d'une grande utilité.

Caroline. — Vous avez là des morceaux qui ressemblent à des tresses de fils d'argent unis et entrelacés.

Mme de Beaumont. —Cette texture n'est pas rare ; les fils ont une grande flexibilité, étant composés d'argent très pur ; c'est tout au plus s'il contient un pour cent de métaux étrangers. J'ai de l'argent natif dans quelques fragments de sélénite et de fluor pourpré ; mais il se rencontre plus fréquemment associé avec la pierre calcaire, le quartz, les pyrites, les mines de cobalt et d'arsenic.

La mine d'argent aurifère contient environ 3o pour cent d'or.

Gustave. —Elle doit être par conséquent plus pesante que l'argent natif.

Mme de Beaumont. — Oui ; sa pesanteur spécifique s'élève à 10,6, tandis que celle de l'argent natif n'excède pas 10,34; elle est aussi plus jaune que l'argent natif. Voici maintenant un échantillon d'argent *antimonial*.

Caroline. — Cette couleur grise provient-elle de ce qu'il est terni?

Mme de Beaumont. — Oui; dans son état naturel il est aussi blanc que l'argent pur, quoiqu'il ait moins d'éclat. Au chalumeau, l'antimoine s'évapore en fumée grise. Après cette espèce, viennent l'argent *arsénical* et l'argent *bismuthique*, substances encore plus rares, qui contiennent fort peu d'argent, et qui sont purement des objets de curiosité. Berzelius a découvert récemment un nouvel alliage, composé d'argent, de cuivre et de selenium, auquel il a donné le nom d'eukairite.

Gustave. — En avez-vous quelque fragment?

Mme de Beaumont. — Non; c'est un minéral extrêmement rare; on l'a trouvé dans une ancienne mine de cuivre abandonnée, à Skrickarum, dans la province de Smaland. Il est d'une couleur grise, avec une texture lamelleuse grenue. Traité au chalumeau, il se fond en émettant une forte odeur de raifort qui est particulière au selenium.

Passons maintenant aux minéraux de la seconde famille.

Caroline. — Comptez-vous beaucoup de sulfures d'argent?

Mme de Beaumont. — Nous en connaissons quatre espèces différentes entre elles, non-seulement par les proportions d'argent et de soufre, mais encore par l'alliage plus ou moins abondant d'un troisième métal. L'argent *éclatant* ou *mine d'argent vitreuse*, comme on l'appelle quelquefois, est un sulfure à peu près pur, dont la couleur est le gris noirâtre, et qui revêt les mêmes formes cristallines que l'argent natif. J'ai un groupe de cristaux dont la surface reflète une belle iridescence bleue; mais ce métal se présente plus communément en masses, ou en filons pénétrant en tous sens les minéraux terreux qui le contiennent. La dénomination d'argent *éclatant*, empruntée de l'école allemande, s'applique souvent à des variétés qui possèdent très faiblement l'éclat métallique. La pesanteur spécifique de celle-ci est d'environ 6,9. Elle est si aisément sectile, qu'on peut la couper comme du plomb, et cette qualité la distingue du sulfure antimonial.

CAROLINE. — Ce dernier est-il cassant?

Mme DE BEAUMONT. — Oui; on l'appelle pour cette raison, mine d'argent cassante.

GUSTAVE. — Peut-on, à l'aide du chalumeau, extraire l'argent de ces sulfures?

Mme DE BEAUMONT. — Sans doute; la chaleur fait évaporer le soufre et l'antimoine qui rend la seconde espèce cassante. Le sulfure *cuivré* se distingue par une couleur de plomb foncée. On ne le trouve qu'à Schlangerberg, en Sibérie. L'argent *blanc* est plus abondant. En voilà un échantillon qui vient de la Saxe.

Caroline. — Je ne le trouve pas d'une blancheur extraordinaire.

Mme de Beaumont. — Il contient beaucoup moins d'argent que de plomb. Les minéraux de ces deux familles ont un caractère bien distinctif dans leur éclat métallique. Il n'en est pas de même des autres espèces. L'oxyde d'argent est rouge; les nuances de rouge *clair* et de rouge *foncé* produisent des espèces distinctes.

Gustave. — C'est apparemment parce que leur composition est différente.

Mme de Beaumont. — Assurément; dans le principe on pensait que la mine d'argent rouge était un sulfure contenant de l'arsenic ou de l'antimoine. M. Vauquelin soupçonna que les métaux composant cette mine étaient à l'état d'oxydes; mais le docteur Proust a prouvé par des analyses récentes qu'ils sont réellement à l'état métallique. Il a donc admis deux espèces de mine rouge, l'une contenant de l'arsenic, l'autre ayant un alliage d'antimoine. Il n'a pas décrit les échantillons analysés, mais il est probable que la mine rouge foncée est celle qui contient l'arsenic.

Caroline. — Voici un morceau demi-transparent, qui doit appartenir à la mine d'un rouge clair. Il me semble que tous vos échantillons sont composés ou au moins recouverts de petits cristaux, tantôt parfaits, tantôt arrondis.

ANALYSES.

| Analyse de | ARGENT | | | | EUKAIRITE. | SULFURE | | | | MINE d'argent blanc. |
| | aurifère. | antimonial. | arsenical. | bismuthiq. | | d'argent. | | antimonial. | cuivré. | |
	Fordyce.	Klaproth.	Klaproth	Klaproth.	Berzelius.	Klaproth.	Sage.	Klaproth.	Stromeyer	Klaproth.
Argent....	72	77	12,75	15	38,93	85	84	66,5	52,27	20,40
Or........	28	»	»	»	»	»	»	»	»	»
Antimoine.	»	23	4	»	»	»	»	10	»	7,88
Plomb....	»	»	»	33	»	»	»	»	»	48,06
Arsenic...	»	»	35	»	»	»	»	0,5	»	»
Bismuth...	»	»	»	27	»	»	»	»	»	»
Fer.......	»	»	42,25	4,3	»	»	»	5	0,33	»
Cuivre....	»	»	»	0,9	23,65	»	»	»	30,47	»
Sélénium..	»	»	»	»	26	»	»	»	»	»
Soufre....	»	»	»	16,3	»	15	16	12	15,78	12,25
Silice.....	»	»	»	»	»	»	»	1	»	0,25
Alumine..	»	»	»	»	8,9	»	»	»	»	7
Perte.....	»	»	4	3,5	3,12	»	»	5	1,13	1,91

Mme DE BEAUMONT. — Il est vrai que ce métal se présente rarement en masse; il a cependant quelquefois l'aspect arborescent, ou l'apparence moussue. Les cristaux de la mine rouge foncée ressemblent à ceux que j'ai là, mais il en existe de plus volumineux.

CAROLINE. — Ces prismes à six pans dont la cristallisation est si parfaite, sont-ils des cristaux primitifs ?

Mme DE BEAUMONT. — Non ; le noyau primitif est un rhomboïde plus obtus que celui du carbonate de chaux ; souvent même les deux substances cristallisent sous des formes semblables (*fig.* 260, 261, 262, 263).

GUSTAVE. — En effet, plusieurs de ces cristaux se ressemblent ; il en est un dont le pointement rappelle le rhomboïde équiaxe (*fig.* 263).

CAROLINE. — Je reconnais aussi dans le nombre, le dodécaèdre métastatique (*fig.* 262) légèrement modifié. Mais vous avez des échantillons presque noirs et opaques, avec un éclat métallique très prononcé.

Mme DE BEAUMONT. — Cela provient de ce que la couleur est extrêmement foncée ; les petits fragments sont fortement translucides, et d'une couleur rouge de sang clair, comme l'autre espèce. Cette mine se fond au chalumeau, et le soufre qu'elle contient, brûle quelquefois avec une flamme bleue. Elle est assez abondante, notamment au Mexique et en Allemagne.

Caroline. — Voici, je crois, le chlorure d'argent.

Mme DE BEAUMONT. — Oui; il ressemble un peu à celui de mercure, mais il se présente en masses et en cristaux d'une plus grande dimension.

Gustave. — Vous avez là un cube passablement volumineux, qui paraît transparent à l'intérieur; mais il est recouvert d'une pellicule grisâtre qu'on dirait produite par sa longue exposition à l'air.

Mme DE BEAUMONT. — Il a quelquefois ce revêtement en sortant de la mine. Il est si tendre qu'on peut y enfoncer une épingle; faites-en l'essai sur ce petit fragment vert.

Caroline. — L'épingle pénètre aussi aisément que dans la cire.

Mme DE BEAUMONT. — Ce minéral a l'éclat *splendescent*, lorsque la cassure est récente; mais dans les parties long-temps exposées à l'air, il paraît terreux et friable. Sa pesanteur spécifique est d'environ 4,8.

On ne connaît encore qu'un *sel* d'argent naturel; c'est un *carbonate d'argent* contenant de l'antimoine, qui est de couleur grise, tendre, éclatant, et qui fait effervescence avec l'acide nitrique : il se trouve exclusivement dans une mine de la Forêt-Noire à Altvrolfatch. C'est dans l'examen des minéraux métalliques que vous reconnaîtrez les grands avantages du chalumeau. Les expériences qu'on fait avec cet instrument sont généralement faciles et produisent des résultats bien caractérisés.

CAROLINE. — Nous pourrions, avant d'aller plus loin, soumettre à l'analyse chimique quelques fragments des minéraux que nous avons vus ; je serais bien aise de m'assurer si j'ai bien retenu les leçons que vous m'avez faites sur cette matière.

Mme DE BEAUMONT. — Je le veux bien ; et comme vous n'êtes pas encore exercée à faire usage du chalumeau, je vous préviens qu'il faut employer le charbon pour support des métaux ; cette substance est préférable surtout pour la réduction des oxydes, parce qu'elle favorise leur décomposition en absorbant l'oxygène. Le *genre* cuivre qui va nous occuper incessamment vous fournira de belles occasions d'appliquer vos connaissances chimiques.

GUSTAVE. — Les mines de cuivre présentent-elles plus de variétés que celles d'argent ?

Mme DE BEAUMONT. — Oui ; elles fournissent plusieurs sulfures, et un grand nombre de sels. Le cuivre natif se trouve pur de tout alliage, à part une *trace* de fer et d'or *.

CAROLINE. — Vos échantillons sont pour la plupart très éclatants, et l'on reconnaît sans peine que ce sont des morceaux de cuivre.

Mme DE BEAUMONT. — Ils viennent principalement du Cornouailles, de la Sibérie et de la Saxe. Il existe des cristaux de cuivre parfaits, mais ils sont fort rares. Ce métal se présente plus fréquemment

---

* Suivant l'analyse du docteur John sur un échantillon venu d'Ekaterinbourg.

en masses imparfaitement cristallisées, ou en lames irrégulières. Voici un échantillon de ce genre, recouvert en partie d'un oxyde de cuivre rouge; il n'a pas l'éclat ni la couleur du cuivre pur; mais on le reconnaît au poids, à la flexibilité, et surtout par la raclure qui montre tout-à-la-fois la dureté, la couleur et l'éclat du métal.

Caroline. — Voilà un échantillon associé à une autre substance verte.

Mme de Beaumont. — La partie verte est probablement du carbonate de cuivre; on le rencontre souvent mêlé à l'oxyde rouge, ou traversant les masses de quartz et le carbonate de chaux.

Le sulfure de cuivre le plus pur se nomme cuivre *éclatant*, et possède quelquefois en effet le *brillant* métallique; mais les plus beaux cristaux, ceux de la plus grande dimension, sont mats et noirâtres.

Gustave. — Voici, je crois, de doubles pyramides (*fig.* 265).

Mme de Beaumont. — Oui; la forme primitive est un prisme hexagonal (*fig.* 264), mais elle se présente rarement sans quelques modifications (*fig.* 266).

Caroline. — Les petits cristaux minces et brillants paraissent susceptibles d'être divisés.

Mme de Beaumont. — Ils cèdent très difficilement au clivage, à l'exception d'une variété non cristallisée qui a la texture lamelleuse, avec cassure inégale ou petite conchoïde.

Gustave. — Il me semble que c'est toujours la même substance, à la cristallisation près.

Mme DE BEAUMONT. — Vous avez raison ; le cuivre *éclatant* se rencontre à l'état massif dans le Cornouaille, en Allemagne, etc.

CAROLINE. — N'est-il pas étrange qu'une combinaison de cuivre et de soufre puisse affecter cette couleur gris foncé? De tels faits me semblent plus curieux que tous les *composés* des substances terreuses.

Mme DE BEAUMONT. — Cela provient de ce que vous êtes accoutumée à voir des minéraux terreux dans leur état naturel, comme les marbres, la serpentine, les agathes, les pierres précieuses, sans vous occuper des substances qui entrent dans leur composition ; au contraire, les métaux que vous voyez dans l'usage ordinaire, sont des substances généralement simples, mais extraites de combinaisons naturelles inconnues au commun des hommes. Tous les sulfures sont aisément sectiles ; leur pesanteur spécifique varie de 5 à 5,4.

La seconde espèce est la mine de cuivre *panaché*.

GUSTAVE. — Quelle richesse de couleur ! n'est-ce pas ce que vous appelez l'iridescence?

Mme DE BEAUMONT. — Oui ; les fragments ont des parties qui reflètent toutes les couleurs de l'arc-en-ciel.

CAROLINE. — Cependant on ne dirait pas que ces nuances soient la couleur primitive de la mine.

Mme DE BEAUMONT. — Non ; elles proviennent d'un vernis imprimé au métal par son exposition à l'air. Sa couleur native est le brun plus foncé que dans le cuivre ordinaire; la *pyrite* de cuivre présente fréquemment la même apparence.

GUSTAVE. — Cette pyrite doit être un minéral très abondant, je l'ai vue associée à une infinité d'autres substances.

Mme DE BEAUMONT. — C'est la mine de cuivre la plus abondante; elle admet une grande variété de formes, soit massives, soit cristallisées. On supposait autrefois que le noyau primitif était un tétraèdre; mais le clivage a prouvé ensuite que c'était le dodécaèdre rhomboïdal.

CAROLINE. — Ces cristaux à faces curvilignes sont d'un aspect très curieux (272).

Mme DE BEAUMONT. — C'est le résultat d'une modification analogue à celle représentée par la figure 269. Une pellicule noire ou grise couvre fréquemment les cristaux. La cassure est généralement jaune de laiton.

GUSTAVE. — Cet échantillon uviforme est-il une pyrite?

Mme DE BEAUMONT. — Oui; elle diffère de la pyrite *cristallisée*, par sa couleur plus foncée, sa cassure plus mate et sa texture plus compacte; j'ai des cristaux (*fig*. 270, 271) qui se trouvent disséminés avec des cristaux de cuivre éclatant, sur un fragment de quartz.

CAROLINE. — En quoi la pyrite de cuivre diffère-t-elle de la mine panachée?

Mme DE BEAUMONT. — La pyrite de cuivre contient une proportion plus considérable de fer et de soufre que les autres espèces; la portion de fer excède quelquefois 40 pour cent. Au reste les deux mines sont assez tendres pour céder au couteau, ce qui établit une distinction positive entre le cuivre et la pyrite de fer, qui a une apparence tout-à-fait semblable et qui accompagne fréquemment la mine de cuivre. Le cuivre blanc, l'espèce la plus rare de la famille, ne diffère de la pyrite de cuivre que par la couleur. Le cuivre gris se présente en cristaux (*fig.* 270) semblables à ceux de la pyrite; mais sa composition est différente; il contient beaucoup moins de soufre, et une addition d'arsenic.

La pyrite de cuivre ayant aussi des cristaux gris, il faut sans doute recourir au chalumeau pour les distinguer de l'espèce appelée *cuivre gris*.

Mme DE BEAUMONT. — Cette dernière, traitée au chalumeau, produit une fumée blanche; il ne faut pas exposer d'abord ces métaux à une chaleur trop intense, parce qu'ils décrépitent fortement. La *tennantite* * paraît différer du cuivre gris par une plus grande dureté, et une proportion de soufre plus considérable. On appelle *cuivre noir* l'oxyde qui forme une croûte noire terreuse sur quelques autres mines.

GUSTAVE. — Vous nous avez parlé, je crois, d'un autre oxyde de cuivre cristallisant sous des formes très diverses.

* Découverte par M. Phillips dans quelques mines de Cornouaille, près de Redruth.

Mme DE BEAUMONT. — C'est l'*oxyde rouge*, ou *mine de cuivre rubis*. J'en ai de nombreux échantillons qui servent principalement à montrer la variété des formes cristallines. On voit, dans le nombre, des cristaux demi-transparents. Quelques variétés d'un rouge clair ressemblent beaucoup pour la couleur à la mine d'argent rouge ; mais leur cristallisation est en général plus parfaite. La forme primitive est un octaèdre régulier ; mais elle s'obtient difficilement par le clivage. Je possède un grand nombre de cristaux détachés dont l'examen vous intéresserait peu dans ce moment. M. Phillips a compté jusqu'à cent variétés distinctes résultant de neuf modifications principales, diversement combinées.

GUSTAVE. — Le nombre est considérable, sans doute ; mais ce n'est rien à côté des modifications du carbonate de chaux, et je pense que dans le cas présent il est moins difficile d'apercevoir la transition de la forme primitive aux formes modifiées.

ANALYSES.

Analyse de	Cuivre éclatant		Mine de cuivre panaché.	Pyrite de cuivre.	Cuivre gris.	Tennantite.	Mine de cuivre noir.	
	Klaproth.	Braudes.	Klaproth.	Lampadius	Klaproth.	Phillips.	Klaproth.	Klaproth.
Cuivre............	78,5	61,62	58	41,0	42,5	45,32	39	40,25
Fer............	2,25	12,75	18	17,1	27,5	9,26	7,5	13,5
Arsenic..........	»	»	»	»	15,6	11,84	»	0,75
Antimoine.........	»	»	»	»	1,5	»	19,5	23
Argent...........	»	»	»	»	0,9	»	»	0,3
Soufre...........	18,5	21,65	19	45,1	10	28,74	26	18,5
Oxigène..........	»	»	5	»	»	»	»	»
Mercure..........	»	»	»	»	»	»	6,25	»
Silice............	0,75	»	»	»	»	»	»	»
Matière terreuse....	»	3,50	»	»	»	5	»	»
Perte............	»	0,47	»	»	2,0	»	1,75	3,7

Mme DE BEAUMONT. — On reconnaît assez facilement quelques-unes des faces de l'octaèdre, quoiqu'elles soient fréquemment altérées par le prolongement des plans secondaires. Toutes les formes représentées ici (*fig.* 273 *à* 281) se rencontrent dans les mines du Cornouaille. Les cristaux, surtout les plus complexes, sont très petits; ce n'est qu'aux environs de Chessy en France, qu'on en a trouvé d'une dimension plus considérable. Ils sont généralement revêtus, comme mes échantillons, d'une croûte verte de carbonate de cuivre.

CAROLINE. — Je ne vois point de cristaux *maclés*.

Mme DE BEAUMONT. — Il en existe peut-être, mais je n'en ai jamais rencontré. La plus belle variété est la mine de cuivre rouge *capillaire*, appelée aussi cuivre de *carmin*, en raison de sa couleur rouge-brillant; j'ai un échantillon percé de plusieurs cavités qui sont remplies de cette substance; elle est en minces cristaux carrés prismatiques, qui se coupent à angles droits; quelquefois les prismes forment des gerbes divergentes. C'est l'oxyde de cuivre qui produit dans les verres de couleur le beau cramoisi; on croyait autrefois que l'or seul pouvait donner au verre cette nuance. La troisième espèce contenant une forte proportion d'oxyde de fer rouge, est appelée *mine de cuivre couleur de tuile*, en raison de son apparence. Elle est presque infusible au chalumeau et contient du cuivre dans une proportion variable de 10 à 50 pour cent.

Parmi les *sels* de cuivre, ce sont les carbonates

qui présentent peut-être la plus grande variété; la malachite, que vous admirez tant, est une espèce de cette famille.

CAROLINE. — C'est un minéral magnifique, et je serais bien aise d'en voir quelques fragments qui ne fussent ni taillés ni polis.

Mᵐᵉ DE BEAUMONT. — J'ai de quoi vous satisfaire; voilà un assortiment d'échantillons, fibreux, terreux, et compactes. Ces derniers présenteraient, s'ils étaient taillés, la même apparence que le beau *piédestal* du Musée. Leur forme extérieure est botryoïde, et la texture lamelleuse concentrique. De là vient que les fragments taillés paraissent rayés d'anneaux concentriques ou de portions de cercles alternativement clairs et sombres. J'en ai un morceau dont la surface paraît presque entièrement composée de demi-sphères, en concrétions si distinctes, qu'on les prendrait pour une pile de petites coupes ajustées les unes dans les autres.

CAROLINE. — L'exemple est bien choisi pour donner une idée de cette texture.

GUSTAVE. — Voici un autre échantillon d'une formation analogue à celle des stalactites; il est composé d'écailles concentriques.

Mᵐᵉ DE BEAUMONT. — Si vous en examinez la cassure, vous verrez que le minéral se compose de fibres très délicates, divergentes à partir du centre des concrétions; dans la malachite massive cette cassure devient conchoïde, mais elle est rarement éclatante, si ce n'est dans la malachite *fibreuse*.

Celle-ci se présente en belles touffes d'un vert foncé mais éclatant ; ce sont des agrégations de petits cristaux capillaires, semblables quelquefois à la zéolite, et d'une belle apparence soyeuse.

GUSTAVE. — N'existe-t-il pas des cristaux d'une plus grande dimension ?

Mme DE BEAUMONT. — Oui ; j'ai un groupe dont les cristaux ont depuis un demi-pouce jusqu'à un pouce de long ; ils viennent de la Saxe ; mais il est très rare d'en trouver de pareils.

La plus belle malachite compacte se trouve en Sibérie. Celle du Cornouaille est généralement pâle et terreuse ; on la rencontre quelquefois incrustant l'oxyde rouge massif.

CAROLINE. — Quels sont ces cristaux bleus qui ont tant de ressemblance avec ceux de malachite?

Mme DE BEAUMONT. — Ce sont des échantillons du carbonate de cuivre bleu, qui a quelques variétés assez remarquables. On conjecture que les cristaux de malachite ont été primitivement du carbonate de cuivre bleu, dont la composition est presque la même. Seulement la malachite contient une portion d'eau plus considérable. On considère comme cristaux primitifs, les prismes à pans rhombes, très approchants du rhomboïde obtus, qui ont été trouvés à Chessy. Ils cèdent néanmoins au clivage dans trois autres directions. Les variétés sombres ont une riche teinte pourprée ; les autres sont d'un bleu pur.

CAROLINE. — J'ai admiré au Musée un échantillon

appelé *mine de cuivre veloutée*, dont la couleur est le bleu-clair brillant.

Mme DE BEAUMONT. —Cette variété ne se trouve qu'à Oravisca, dans le Bannat, formant une incrustation sur la malachite et sur la pierre ferrugineuse brune. Sa nature est bien caractérisée par le nom qu'elle porte. Elle est considérée comme une espèce distincte, en attendant que l'analyse la fasse connaître plus positivement.

Les plus beaux échantillons de la *mine de cuivre bleu durcie* viennent de Chessy et de la Sibérie. Quelques-uns des cristaux sont brillants et demi-transparents; les plus volumineux sont seulement translucides sur les bords; on en trouve même qui sont agglomérés en concrétions arrondies et irrégulières.

GUSTAVE. — Cette mine n'est-elle jamais compacte, comme la malachite?

Mme DE BEAUMONT. — Elle se rencontre à l'état massif, mais avec une texture presque terreuse, et trop tendre pour être taillée en objets d'ornements comme la malachite. Tous les carbonates cèdent au couteau, et ont une pesanteur spécifique *moyenne* de 3,5, excepté le carbonate *anhydre*, dont la pesanteur n'excède pas 2,62. Ce dernier est brun-noirâtre, opaque, et généralement associé à des cristaux de quartz, ainsi qu'à d'autres mines de cuivre. Il fut découvert dans l'Inde il y a quelques années.

CAROLINE. —Quel est ce fragment? Le vert en est

plus bleu et moins agréable que dans les autres échantillons.

Mme DE BEAUMONT. — C'est une espèce appelée *chrysocolle* * ; elle diffère des autres par un éclat vitreux éclatant, par une proportion moindre d'acide carbonique, et par d'autres caractères extérieurs qui la distinguent surtout de la malachite compacte. Le vert mate foncé dont elle est entremêlée se nomme *vert de cuivre ferrugineux scoriacé*. Ce carbonate est moins prompt que les autres à faire effervescence avec les acides. Il ne se fond au chalumeau qu'avec une addition de borax ou de quelque autre flux. Pendant la fusion, il colore la flamme en vert. La plupart des mines de cuivre communiquent au flux une couleur verte, avant leur réduction.

On distingue deux espèces de silicates de cuivre. La première est la *dioptase*, qu'on prendrait au premier aspect, pour une variété d'émeraude, d'autant plus qu'elle cristallise en prisme hexagonal ; mais les pointements (rarement parfaits) sont les sommets d'un rhomboïde qui est le noyau primitif (*fig*. 286). On l'a nommée *mine de cuivre émeraude ;* elle raie difficilement le verre. L'autre espèce est un carbonate combiné avec la silice, sur lequel je n'ai aucune notion particulière.

Viennent maintenant les arséniates de cuivre,

---

* On la nomme aussi *vert de cuivre* ou *vert de montagne*.

qui, à l'exception de l'espèce ferrugineuse, se trouvent exclusivement dans le Cornouaille.

CAROLINE. — Les espèces sont-elles nombreuses?

Mme DE BEAUMONT. — On en compte ordinairement quatre ou cinq, mais on pourrait distinguer un plus grand nombre de variétés. Les principales sont : l'arséniate *lenticulaire*, l'*hexaèdre* ou *lamellaire*, le *trièdre* et le *fibreux*. Le premier est bleu ou vert-bleuâtre, et se présente en octaèdres aplatis et à base carrée. Mais M. Brooke, qui dernièrement a fait de profondes recherches sur les cristallisations d'arséniate de cuivre, présume que la forme primitive est un prisme rhombe très oblique (*fig.* 288).

GUSTAVE. — Ces cristaux sont translucides et paraissent très parfaits.

CAROLINE. — Voilà un échantillon plus vert que l'arséniate lenticulaire; c'est apparemment le cuivre lamelleux.

Mme DE BEAUMONT. — Oui; on l'appelle aussi *mica de cuivre*; il est en lames très minces, qui sont les sections d'un rhomboïde aigu (*fig.* 289). Les lames sont hexagonales; mais les plans latéraux sont des trapèzes assemblés de manière que la partie large de l'un correspond à la partie étroite de l'autre. Si l'on divise un rhomboïde aigu (c'est selon M. Brooke la forme primitive de cette variété) par des plans perpendiculaires à son axe, les sections seront des lames semblables au solide total (*fig.* 290).

Le cuivre lamelliforme raie le gypse, mais non le spath calcaire. Les cristaux *d'un vert olive* foncé, disséminés sur ces échantillons, sont une variété d'arséniate trièdre, appelée *cuivre olive* à cause de la couleur.

CAROLINE. — La forme des cristaux n'est pas facile à déterminer; il me semble néanmoins que les sommets se terminent en touffes rayonnées.

Mme DE BEAUMONT. — Vous avez deviné juste; et en brisant les touffes, vous reconnaîtrez la texture rayonnée. Ce modèle (*fig.* 292) représente les cristaux isolés. La forme primitive est un prisme droit à faces rhombes (*fig.* 291).

Une autre variété d'*olivénite* ou cuivre olive se présente en octaèdres irréguliers dérivés d'un prisme rhombe oblique (*fig.* 293, 294). Les cristaux sont souvent brillants et tirant sur le noir; mais la cassure récente est couleur de paille.

GUSTAVE. — En traitant ces mines au chalumeau, voit-on l'acide arsénique s'évaporer en fumée blanche ?

Mme DE BEAUMONT. — On aperçoit rarement cette fumée, mais la fusion produit une odeur d'ail qui est particulière à l'arsenic. Au chalumeau ces substances se fondent d'abord en une scorie noire, poreuse; et si l'on continue la fusion avec une addition de borax, on obtient un grain de cuivre. L'arséniate *fibreux* n'est peut-être qu'une variété d'olivénite, privée de son eau de cristallisation. Il se compose de fibres très délicates, et approche de la texture terreuse à fins grains. Toutes ces espèces se rencontrent généralement dans les cristaux de quartz, dont elles remplissent les cavités.

CAROLINE. — Vous avez là des cristaux qui ne paraissent pas appartenir à l'olivénite.

Mme DE BEAUMONT. — Non ; c'est le minéral qu'on nomme *arséniate de mars* ; il contient du fer, et sa couleur est constamment le bleu clair.

La famille que nous venons d'examiner n'est pas d'une grande importance, vu la rareté et l'inutilité des espèces qu'on ne peut exploiter comme mines de cuivre, parce qu'il est très difficile d'éliminer l'acide arsénique.

Le muriate de cuivre, dont j'ai ici l'échantillon, fut découvert d'abord au Pérou, dans la forme d'un sable vert brillant, entremêlé de petits cristaux de quartz. Translucide comme la dioptase, et coloré de la même teinte, il se distingue de celle-ci, en ce que le muriate est soluble dans l'acide nitrique et dans l'acide muriatique, au lieu que la dioptase ne se dissout ni dans l'un ni dans l'autre ; leur cristallisation est d'ailleurs fort différente (*fig.* 296, 297).

Les petits octaèdres brillants disséminés sur ce fragment de quartz, sont du *phosphate* de cuivre.

GUSTAVE. — Il ressemble beaucoup à un minéral que j'ai déjà vu, au pléonaste, n'est-il pas vrai ?

Mme DE BEAUMONT. — Cette ressemblance est réelle, mais ici les octaèdres sont rectangulaires ; la cassure est fibreuse divergente.

Le *sulfate* de cuivre est un sel soluble, appelé communément vitriol bleu; vous devez le connaître.

Caroline. — Oh ! certainement; il se présente en cristaux aplatis, et sa couleur est le bleu fin inclinant au pourpre.

Mme de Beaumont. — Les cristaux naturels sont petits et rarement parfaits. On rencontre ce minéral associé avec la pyrite de cuivre, mêlé de matière terreuse, et quelquefois en masses.

Je vous ai montré à peu près toutes les mines de cuivre. Quelques-unes sont fort abondantes; les autres, en plus grand nombre, ne sont pas données par la nature avec beaucoup de profusion.

Gustave. — Malgré la diversité des apparences qui les distingue, il en est plusieurs que je ne me flatte pas de pouvoir reconnaître en les revoyant.

Mme de Beaumont. — La plupart des espèces sont assez bien caractérisées par leurs propriétés extérieures; mais dans le cas où ces indices ne suffiraient point, vous serez guidé avec certitude par les caractères chimiques.

Nous nous occuperons demain des mines de fer.

ANALYSES.

Analyse de	Carbonate bleu.	Malachite.	Vert de montagne.	Silicate.	Mica de cuivre.	Arséniate lenticulaire.	Olivénite	Arséniate de mars.	Muriate.	Phosphate.
	Klaproth.	Klaproth.	Klaproth.	Lowitz.	Chenevix.	Chenevix.	Klaproth.	Chenevix.	Proust.	Klaproth.
Oxyde de cuivre.	70	70,5	50	55	58	50	50,62	22,5	70,5	68,13
—— de fer......	»	»	»	»	»	»	»	27,5	»	»
Acide carbonique	19	18	7	»	»	»	»	»	»	»
—— arsénique ..	»	»	»	»	21	14,3	45	33,5	»	»
—— muriatique.	»	»	»	»	»	»	»	»	11,4	»
—— phosphoriq.	»	»	»	»	»	»	»	»	»	30,95
Silice..........	»	»	26	33	»	»	»	3	»	»
Eau............	2	6	17	12	21	35,7	3,5	12	18,1	»
Perte..........	2	»	»	»	»	»	0,88	1,5	»	0,92

TREIZIÈME ENTRETIEN.

Mines de fer. — Mines de manganèse.

Mme DE BEAUMONT, CAROLINE, GUSTAVE.

CAROLINE. — Parmi les mines de fer, trouve-t-on ce métal à l'état natif?

Mme DE BEAUMONT. — Le fer natif est rare en comparaison des mines *composées*, telles que la pyrite et l'oxyde rouge; on en distingue deux espèces, le *fer natif terrestre* et le fer *natif météorique*, ou tombé de la haute région atmosphérique.

GUSTAVE. — Souvent on m'a parlé de *pluies* de pierres, mais je n'ai jamais su d'où elles venaient.

Mme DE BEAUMONT. — On a disputé très long-temps sur l'origine des pierres météoriques; mais on n'a pas rendu raison de leur apparence, d'une manière satisfaisante; quelques-uns ont supposé que ces pierres étaient formées par l'agrégation de parcelles ferrugineuses qui flottent constamment dans l'atmosphère. Quoi qu'il en soit, il n'est plus permis de révoquer en doute ce phénomène, puisqu'en différentes parties du monde, on a vu tomber de la région aérienne, un nombre considérable de masses pesantes, soit de fer soit de pierre. Les concrétions météoriques de fer natif trouvées dans le désert de Sahra, en Sibérie, au Mexique et dans l'Amérique du sud, ont une ressemblance si parfaite dans leur apparence, comme dans leur composition, qu'on est conduit à leur supposer la même origine.

CAROLINE. — Ce fer ne doit pas être tout–à–fait pur?

Mme DE BEAUMONT. — Non; c'est un fait digne de remarque, que le fer météorique contient toujours une proportion de nickel, depuis 3,5 jusqu'à 10 pour cent; ce qui ne suffit pas pour altérer son apparence ou sa malléabilité; j'en ai ici un fragment qui est légèrement oxydé comme le fer ordinaire.

GUSTAVE. — La pierre a-t-elle constamment cette apparence cellulaire et raboteuse?

Mme DE BEAUMONT. — Non; cela est particulier au fer natif de la Sibérie; le morceau trouvé au cap de Bonne-Espérance est au contraire doux au toucher, et pendant long-temps il a été désigné sous le nom de la *vieille ancre*, par les personnes qui n'en connaissaient pas la nature. Pendant le séjour que l'empereur de Russie a fait en Angleterre, M. Sowerby lui a présenté une petite épée faite de ce métal. On le trouve dans plusieurs contrées du

globe *. Les Eskimaux rencontrés par le capi-
taine Ross, dans son expédition au pôle arctique,
avaient des couteaux faits d'un fer qui contenait
3,5 pour cent de nickel; et les blocs qui leur fournissent ce métal, peuvent être considérés comme
météoriques, d'après la description qu'on a faite de
leur apparence et de leur situation.

Le fer natif terrestre est beaucoup plus rare.
Quelques petits fragments ont été trouvés, comme
par hasard, dans les scories des volcans éteints.

La pyrite ou *sulfure de fer* jouit des propriétés
magnétiques; on en distingue deux espèces.

CAROLINE. — Attire-t-elle des aiguilles comme
l'aimant?

Mme DE BEAUMONT. — Non, elle attire seulement
l'aiguille aimantée. Sa couleur est généralement le
rougeâtre ou le jaune de bronze; on rencontre le
sulfure de fer à l'état massif, ou engagé dans la
pierre calcaire, dans le quartz ou le schiste micacé,
avec d'autres minéraux, et même avec des mines de
fer; il cristallise quelquefois en prismes et en pyramides à six pans.

GUSTAVE. — Je voudrais savoir si ces cristaux
jaunes-brillants attirent l'aimant.

Mme DE BEAUMONT. — Non, ils appartiennent à
la *pyrite commune*, qui contient plus de soufre que
la première espèce. Celle-ci admet plusieurs va-

* M. Aimé Bompland a découvert récemment, dans l'Amérique du Sud, un pays couvert de pierres météoriques dans
une étendue de plusieurs lieues.

riétés; mais le comte Bournon a prétendu qu'on serait un jour conduit par l'analyse, à faire au moins deux espèces distinctes, de l'espèce connue sous le nom de *pyrite cubique*; parce qu'ayant examiné le clivage d'un grand nombre de cristaux, il a trouvé pour forme primitive, tantôt le cube et tantôt l'octaèdre.

CAROLINE. — Tous les cubes que vous avez là, ont leurs plans striés dans une direction particulière (*fig.* 301).

Mme DE BEAUMONT. — Les cristaux représentés par les figures 302, 303, 304, sont dérivés du cube strié; les stries qu'on aperçoit sur le modèle 301, sont parallèles aux côtés du dodécaèdre pentagonal, côtés qui sont eux-mêmes situés sur les plans du cube. J'ai aussi des cubes dont les faces sont parfaitement unies, et qui dérivent probablement de l'octaèdre. La pyrite la plus brillante est celle qu'on trouve au Pérou; on présume que les anciens habitants en faisaient des miroirs; elle fut appelée par les Espagnols *piedra de los incas* *. Les autres variétés sont la *pyrite cellulaire*, la *pyrite capillaire*, toutes deux assez rares, et la *pyrite rayonnée*, qui se rencontre plus abondamment en petites concrétions stalactiformes et botryoïdes; je suis persuadée que vous en avez vu sur le bord de la mer, dans le voisinage des roches de craie ou d'argile qui ont été le lit primitif de ces py-

---

* Les mineurs l'appellent aussi *marcasite.*

rites. On les appelle quelquefois *pierres du tonnerre*.

Gustave. — J'en ai vu certainement, mais je ne puis me rappeler dans quelle localité.

Mme de Beaumont. — C'est probablement dans l'île de Wight; mais elles se rencontrent aussi dans le Derbyshire et ailleurs.

Caroline. — La plupart de ces échantillons ont une croûte brune-sombre; cette croûte diffère-t-elle de la partie jaune rayonnée?

Mme de Beaumont. — Assurément; le fer contenu dans la pyrite venant à être oxydé par l'action de l'atmosphère, il en résulte cette croûte qui n'est que la rouille du fer. La pesanteur spécifique de ce minéral est sujette à peu de variation, c'est ordinairement 4,7. La pyrite est d'ailleurs si bien caractérisée qu'on la distingue toujours, sans recourir à la pesanteur. Elle donne, comme le caillou, des étincelles au briquet. L'*oxyde de fer* a pour première espèce la pierre de fer magnétique.

Gustave. — Voici apparemment l'oxyde *noir*; car vous nous avez dit qu'on divisait les oxydes en noir et rouge.

Mme de Beaumont. — Cet échantillon est un composé chimique des deux oxydes, qui se présente communément en concrétions grenues, ou approchant de l'état compacte. Il cristallise aussi en octaèdres et en dodécaèdres rhomboïdes, qui sont généralement petits et d'un noir verdâtre. J'ai placé quelques aiguilles sur l'un des échantillons, et si vous les en détachez, vous trouverez qu'elles adhèrent fortement au minéral.

Caroline. — En effet ; il faut par conséquent que la mine, outre la simple propriété magnétique, possède la polarité.

Mme de Beaumont. — Sans doute ; mais une particularité remarquable, c'est que la mine acquiert la puissance magnétique, seulement après avoir quitté son gissement primitif, ou lorsqu'elle existe près de la surface de la terre. Le fer magnétique se trouve abondamment en Suède, particulièrement à Dannemora, où le filon actuellement exploité a plusieurs centaines de pieds de profondeur. La Saxe en fournit pareillement une quantité considérable. On a rencontré quelques parcelles de fer magnétique dans le Cornouaille et dans le Devonshire, mais en si petite quantité qu'on ne peut pas compter cette substance parmi les mines de fer anglaises.

Caroline. — Voilà des échantillons d'une grande beauté ; quelles brillantes couleurs ! appartiennent-ils au fer magnétique ?

Mme de Beaumont. — Non, c'est la *mine de fer spéculaire* ou fer *éclatant*. Ces belles couleurs ne sont pas essentielles à la substance, elles ne sont qu'un terni superficiel, pareil à celui de l'acier trempé. La couleur intérieure est le gris d'acier. Les plus beaux fragments viennent de l'île d'Elbe, où les mines de ce métal n'ont pas été épuisées par une exploitation de trois mille ans.

GUSTAVE. — Il a beaucoup de l'apparence de l'acier ; est-il dur ?

Mme DE BEAUMONT. —Oui, et difficilement frangible. Vous pouvez cependant le rayer avec le couteau ; la couleur de la raclure est le rouge de sang foncé * : la variété qu'on appelle *fer micacé* se présente en lames hexagonales splendescentes, d'une telle ténuité que, vues aux rayons du soleil, elles sont demi-transparentes. Les lames sont striées dans trois directions parallèles aux côtés de l'hexagone. La forme primitive est un rhomboïde aigu très approchant du cube. Les cristaux de fer spéculaire trouvés dans l'île d'Elbe, sont rarement parfaits, et par conséquent leur clivage n'est pas toujours facile à découvrir (*fig.* 3o5, 3o6, 3o7) ; mais ils dérivent tous de la même forme primitive.

GUSTAVE. — Peut-on séparer le fer d'avec l'oxygène, en traitant ces mines au chalumeau ?

Mme DE BEAUMONT. — Non ; on ne parvient à ex-

	FER NATIF.		PYRITE de fer.	PYRITE magnétiq.
Analyse de	Klaproth.	Klaproth.	Hatchett.	Hatchett.
Fer........	96,5	96,75	47,5	63,5
Nickel.....	3,5	3,15	»	»
Soufre.....	»	»	52,5	36,5

traire le fer de ces mines que par un procédé difficile et ennuyeux dans l'application.

La *mine de fer titanée*, qui est compacte et dont la couleur incline au brun rougeâtre, se trouve en Suède et en Norwège; elle est faiblement attirable à l'aimant. C'est un oxyde de fer contenant du titane. Après les mines de fer noir viennent les variétés d'*oxyde rouge*. Il en est trois, l'oxyde rouge écailleux, le compacte et le fibreux, qu'on peut considérer comme composées exclusivement d'oxyde de fer, parce que leurs autres ingrédients ne sont qu'accidentels ou de peu d'importance *. Le *fer rouge d'ocre*, au contraire, est très impur et contient une proportion considérable d'argile. Il ressemble même à de l'argile qui serait fortement colorée par le fer. La variété compacte est d'une couleur plus foncée tirant sur le gris. Mais la variété fibreuse, appelée aussi *hématite*, est plus souvent rouge de sang.

GUSTAVE. — Elle a, pour la texture, quelque ressemblance avec la malachite, excepté que dans l'hématite les fibres sont plus longues.

Mme DE BEAUMONT. — Oui; mais celle-ci ne laisse apercevoir aucune trace de formation lamelleuse concentrique.

C'est avec l'hématite qu'on fait les brunissoirs employés dans les manufactures de Birmingham

---

* Un composé dans lequel l'oxygène domine en très grande proportion se nomme *peroxyde*; l'oxide noir est appelé *protoxyde*.

pour polir les boutons dorés. La *pierre ferrugineuse rouge écailleuse* * est la moins abondante; elle consiste en parties écailleuses d'un éclat faible et fortement tachantes. Les autres espèces sont les plus abondantes qui existent dans les mines d'Angleterre **.

Voici maintenant un minéral éclatant dont la couleur brune tire sur le noir; on l'appelle *stispnosidérite*; c'est une sous-espèce de l'hydrate de fer.

Caroline. — Il a fortement l'éclat résineux, et beaucoup de ressemblance avec la *pierre de poix*, à part son opacité.

Mme DE BEAUMONT. — Sa pesanteur spécifique s'élève à 3,8. Il est dur, mais il cède au couteau et donne une raclure brune-jaunâtre. On le trouve à Schiebenberg en Saxe, dans la mine *du Père Abraham*.

Gustave. — Quel est cet échantillon qui ne diffère de l'hématite que par la couleur?

Mme DE BEAUMONT. — C'est *l'hématite brune*, distinguée aussi de la précédente par des fibres moins longues. La pierre de fer compacte et la brune fibreuse affectent aussi, mais très rarement, des formes pseudo-cristallines. La *pierre de fer brune d'ocre* ou hydrate d'ocre, se trouve abondamment en Angleterre. Les peintres en bâtiments

---

* Ou *écume de fer rouge*.

** Toutes les mines des comtés de Lancastre et de Leicester sont composées de *fer rouge*.

l'emploient sous le nom d'ocre jaune, pour représenter les couleurs de pierre, le vert olive, et pour *blanchir* l'extérieur des maisons. L'hydrate globulaire se divise suivant sa forme apparente, en *lenticulaire*, *réniforme* (forme de rognon) et *pisiforme*. La dernière variété consiste en grains arrondis, empâtés ensemble.

GUSTAVE. — Dans les grains brisés, la couleur est plus jaune et plus brillante.

Mme DE BEAUMONT. — Les masses réniformes (dont la dimension varie depuis la grosseur d'une noix jusqu'à plusieurs pouces de diamètre) contiennent fréquemment à leur centre, une quantité d'ocre; elles sont toujours plus compactes à leur surface que dans l'intérieur.

La *mine de fer des marais* est supposée produite par les dépositions que laissent dans les terres marécageuses, les eaux contenant de l'oxyde de fer, suivant qu'elle est plus ou moins dure; cette mine s'appelle *fer de prairie*, *fer limoneux*, *fer de marais*.

CAROLINE. — Quel est ce fragment, compacte et brillant dans le milieu, tandis que les deux surfaces ont l'apparence de la masse?

Mme DE BEAUMONT. — C'est le fer de prairie. Les parties les plus compactes sont presque noires; mais les autres affectent une couleur jaune ou brune. La mine compacte et couleur d'ocre se présente quelquefois en lames alternantes, contenant des substances végétales. Le fer de marais est terreux et tout-à-fait friable.

GUSTAVE. — Cet échantillon est-il une autre variété du même minéral?

Mme DE BEAUMONT.—Non; c'est un hydrate de fer et de manganèse, appelé *pierre d'ombre;* vous savez qu'on l'emploie dans la peinture à l'eau et à l'huile.

CAROLINE. — Le trouve-t-on en Angleterre?

Mme DE BEAUMONT. — Non; on l'apporte de l'île de Chypre. Nous voici maintenant arrivés *aux sels de fer,* qui sont assez nombreux.

ANALYSES.

	FER MICACÉ.	ÉCUME DE FER.	HÉMATITE rouge.	STILPNOSIDÉRITE	HÉMATITE brune.	PIERRE DE FER brune compacte.	HYDRATE lenticulaire.	OCRE DE FER.	FER DE PRAIRIE.	TERRE D'OMBRE.
Analyse de	D'Aubuiss.	Henry.	Hisinger.	Ullmann.	D'Aubuiss.	D'Aubuiss.	D'Aubuiss.	D'Aubuiss.	D'Aubuiss.	Klaproth.
Peroxyde de fer....	94,38	94,5	90	80,5	82	84	73	83	61	48
Oxyde de manganèse	»	»	trace.	trace.	2	1	1	trace.	7	20
Silice.............	»	4,25	2	2,25	1	2	9	5	6	13
Alumine...........	»	1,25	»	»	trace.	»	»	»	2	5
Chaux.............	»	»	1	»	»	»	»	»	»	»
Phosphate de chaux.	2,75	»	»	»	»	»	»	»	»	»
Magnésie..........	0,16	»	»	»	»	»	»	»	»	»
Matière pierreuse...	1,25	»	»	»	»	»	»	»	»	»
Eau..............	»	»	3	16,0	14	11	14	12	19	14
Perte.............	1,46	»	4	»	1	2	3	»	5	»

GUSTAVE. — Je ne trouve pas vos échantillons aussi beaux que les sels de cuivre.

Mme DE BEAUMONT. — Il est peu de minéraux qui présentent une aussi grande variété de brillantes couleurs, que les mines de cuivre. Les couleurs produites par le fer, et qui caractérisent les mines de ce métal, sont généralement sombres ou mates; le *bleu* de *Prusse* est une préparation de fer qu'on ne rencontre jamais à l'état natif. Le *carbonate de fer* est ordinairement la couleur brune-claire, tirant sur le jaune; il existe aussi des variétés sombres et rougeâtres qui ressemblent beaucoup au carbonate de chaux; leurs formes primitives ne diffèrent que par un petit nombre de degrés *. Ce fragment vient du Cornouaille.

CAROLINE. — Fait-il effervescence comme le carbonate de chaux?

Mme DE BEAUMONT. — Oui, mais on n'est pas exposé à confondre ces deux minéraux, parce que la pesanteur spécifique du carbonate de fer est d'environ 3,6, et qu'il devient noir au chalumeau. Je puis vous faire connaître aussi un autre moyen de faire la différence entre les deux carbonates, le voici: j'ai mis un fragment de l'échantillon dans un verre à liqueur, avec une addition d'acide nitrique. Vous voyez qu'il se dissout promptement avec effervescence; mais comme la même chose aurait lieu à l'égard de tout autre carbonate, je

* Les angles d'incidence des plans sont 107° et 73°.

33..

vais ajouter un peu de prussiate de potasse, dès que l'effervescence aura cessé. Regardez maintenant.

CAROLINE. — Le liquide a pris une couleur bleue éclatante.

GUSTAVE. — Et la couleur est en même temps plus foncée. Quelle en est la raison?

Mme DE BEAUMONT. — L'acide prussique qui était combiné avec la potasse, s'unit au fer, et forme le prussiate de fer ou bleu de Prusse.

CAROLINE. — Cette expérience est fort amusante; je me propose d'y avoir recours toutes les fois que j'aurai des doutes au sujet du carbonate de fer.

Mme DE BEAUMONT. — La variété qui cristallise en prismes à six pans, a été découverte récemment dans le Cornouaille. Mais plusieurs cristaux affectent le rhomboïde équiaxe. Elle est plus dure que le carbonate de chaux.

GUSTAVE. — Les prismes ont la couleur et l'éclat de la cire. Quelques-uns ressemblent au spath nacré.

Mme DE BEAUMONT. — J'ai aussi les échantillons d'une variété fibreuse. La *mine de fer argileuse* est un mélange intime de carbonate de fer, de silice et d'alumine. Son apparence est sujette à de grandes variations. Tantôt elle ressemble à la pierre d'argile, tantôt elle se présente en forme d'écailles ou de roseaux.

CAROLINE. — Ce minéral cramoisi appartient-il à la pierre de fer argileuse?

Mme DE BEAUMONT. — Oui; c'est l'espèce appelée *fer de jaspe;* elle contient plus de silice que les autres; elle est aussi plus dure et plus brillante. Voici des cristaux du Cornouaille (*fig.* 308) représentant le *phosphate de fer*, qui est constamment de couleur bleue.

GUSTAVE. — Leur transparence est magnifique.

Mme DE BEAUMONT. — Elle est quelquefois accompagnée d'un éclat faiblement nacré; la forme primitive obtenue par le clivage, est un parallélépipède oblique, approchant beaucoup de celui de l'euclase; le clivage s'opère facilement dans une direction parallèle à l'axe du solide.

CAROLINE. — Et ce minéral qui ressemble au cuivre bleu compacte, est-il aussi un phosphate de fer?

Mme DE BEAUMONT. — Oui; c'est la variété terreuse; sa composition est la même que celle des cristaux; mais elle a presque l'apparence de la pierre d'indigo. Elle acquiert cette couleur foncée par son exposition à l'air; au sortir de la mine elle est d'un blanc grisâtre.

GUSTAVE. — Existe-t-elle en Angleterre?

Mme DE BEAUMONT. — Non; elle fut découverte primitivement dans le voisinage de Schnéeberg; mais depuis lors on l'a trouvée aussi dans l'Amérique septentrionale, au Brésil et dans l'Ile-de-France. Elle est très tendre.

CAROLINE. — Je ne connais pas encore ces petits cristaux cubiques de couleur verte.

Mme DE BEAUMONT. — C'est l'arséniate de fer.

GUSTAVE. — Quelques-uns paraissent modifiés par de petits plans.

CAROLINE. — Et les troncatures n'affectent que les angles alternes, comme dans le borate de magnésie (*fig.* 309, 310 et 311).

Mme DE BEAUMONT. — Cette particularité m'a fait naître l'idée que l'arséniate de fer pourrait peut-être devenir électrique par échauffement, et j'ai voulu récemment en faire l'expérience.

GUSTAVE. — Possède-t-il réellement cette propriété?

Mme DE BEAUMONT. — Oui ; et même à un très haut degré. Les cristaux les plus brillants, et de la plus grande dimension, sont fortement translucides, mais ils ne sont pas communs. A vrai dire cette substance est en général assez rare ; on l'a trouvée dans les mines du Cornouaille, de Carrarach, de Muttrell, etc., on la rencontre aussi à St-Léonard dans le département de la Haute-Vienne, en France ; sa pesanteur spécifique est de 3. La mine de fer résineuse, combinaison d'arséniate et de sulfate de fer, qui se rencontre en Saxe, est une substance rare ; elle est demi-transparente, de couleur brune, et forme une incrustation sur d'autres minéraux ; elle est très cassante, et a peu de dureté. Il existe encore une autre espèce appelée *skorodite*, qu'on suppose être un arséniate de fer et de manganèse.

GUSTAVE. — En voici probablement l'échantillon.

Mme DE BEAUMONT. — Non; je n'ai aucun fragment de skorodite; celui que vous me montrez est le chromate de fer; c'est une substance tout-à-fait opaque, et d'un éclat métallique, plus prononcé que dans la plupart des sels de fer; il est assez dur pour rayer le verre, et cristallise quelquefois en octaèdres.

CAROLINE. — Sans une pierre d'aimant, on pourrait confondre le chromate avec la mine de fer magnétique.

Mme DE BEAUMONT. — Vous le distinguerez avec certitude en le faisant fondre avec la potasse, et en dissolvant ce mélange dans l'eau; vous obtiendrez une dissolution d'une belle couleur orange. L'espèce qui vient ensuite, contient trois substances dont la première est le *silicate de fer* contenant de l'eau; on la nomme hedenbergite, parce qu'elle fut découverte par Hedenberg. L'yénite ou liéorite est beaucoup plus connue; c'est un silicate de fer et de chaux qui se rencontre dans l'île d'Elbe. L'*yénite compacte* forme souvent des cristaux parfaits (*fig.* 312) et rayonnants, d'une apparence très agréable. Quatre côtés des prismes sont striés en longueur, les autres (quand le prisme en a davantage) sont unis. L'action de l'air altère quelquefois la couleur noire des cristaux, qui devient brune et plus claire. Ces deux silicates n'ont pas une grande dureté; l'yénite raie le verre, mais non le feldspath.

La *pyrosmalite* est un silicate de fer et de manganèse, qui se présente en prismes courts à six pans, dont la couleur est le rouge brun de foie; chauffée au chalumeau, elle émet une forte odeur de chlore.

GUSTAVE. — Quelle est donc l'odeur du chlore?

Mme DE BEAUMONT. — L'odeur de l'algue marine. Le tungstate de fer est un minéral plus abondant que les précédents. Il est caractérisé par sa couleur brune très sombre, et par des clivages très distincts.

GUSTAVE. — Je ne vois cependant aucune apparence de cristallisation extérieure.

Mme DE BEAUMONT. — Les cristaux de Wolfram (on appelle ainsi le tungstate de fer) ne sont pas communs. Ce sont des parallélépipèdes, avec des modifications sur les angles et sur les côtés (*figure* 313). Le wolfram se présente généralement en masses ou disséminé dans le quartz et dans la mine de cuivre. On le trouve aussi accompagnant les filons d'étain; les mines abandonnées aux environs de Cligga, dans le Cornouaille, contiennent ce tungstate en grande abondance; mais on ne peut en tirer aucun parti. Il a un brillant tout-à-fait particulier, qu'il est presque impossible d'oublier; quoiqu'il ressemble à la blende brune, il est toujours facile de reconnaître le tungstate par sa pesanteur spécifique qui excède 7, et par la couleur rougeâtre de sa raclure.

Je regrette de ne pouvoir pas vous montrer un grand échantillon de sulfate de fer; mais on ne le rencontre qu'en petite quantité, mêlé parmi les pyrites. Le sulfate de fer connu dans le commerce est une préparation de l'art.

Caroline. — Expliquez-nous le procédé.

Mme de Beaumont. — On soumet à une chaleur intense et prolongée la pyrite dont on veut extraire le sulfate; on l'expose ensuite à l'air sous des hangars. On arrose fréquemment les tas de pyrite, afin que le soufre s'unissant à l'oxygène de l'eau et de l'air, se convertisse en acide sulfurique; cet acide dissout le fer, et s'écoule dans les réservoirs destinés à cet objet, pour être immédiatement mis en ébullition. Le sulfate natif résulte d'une décomposition analogue à la précédente, et occasionnée dans la pyrite par des causes naturelles.

Gustave. — La pyrite est-elle exploitée comme mine de fer?

Mme de Beaumont. — Non; mais on l'exploite comme mine de soufre, dans la manufacture d'Angle-Sea. Lorsqu'on a brisé et calciné la pyrite, le soufre s'en dégage sous la forme d'une vapeur, et va s'attacher à des plumes disposées pour cet effet; il s'y condense et devient solide en petites lames, ou en aiguilles. La pyrite calcinée laisse un résidu de couleur rouge foncée, qu'on emploie à Liverpool pour peindre les vaisseaux. Je n'ai pas besoin de vous dire que le *vitriol vert* dont on se sert pour faire de l'encre, est un sulfate de fer.

ANALYSES.

Analyse de	CARBONATE de fer.		PIERRE de fer argileuse.	PHOSPHATE de fer.	ARSÉNIATE de fer.	SULFATE DE FER.	CHROMATE de fer.	HYDRO-SILICATE.	YÉNITE.	PYROSMALITE.	TUNGSTATE.
	Drappier.	Klaproth.	Riehter.	Laugier.	Vauquel.	Klaproth.	Vauquel.	Hedenberg.	Descotils.	Hisinger.	Vauquel.
Oxyde de fer...	42,38	57,5	33,5	41,25	48	33,46	34,7	35,24	55	35,48	18
—— de mangan.	»	3,5	1,5	»	»	0,59	»	0,75	3	23,44	6,25
—— de chrôme.	»	»	»	»	»	»	43	»	»	»	»
Silice..........	0,8	»	14,3	1,25	»	»	2	40,62	28	35,85	1,5
Alumine.......	»	»	22,6	5	»	»	20,3	0,37	0,6	»	»
Chaux........	»	1,25	»	»	2	»	»	3,37	12	1,21	»
Magnésie......	13,6	»	»	»	»	»	»	»	»	»	»
Acide carboniq.	43,22	36	28,1	»	»	»	»	1,56	»	»	»
—— phosphoriq.	»	»	»	19,25	»	»	»	»	»	»	»
—— arsenique..	»	»	»	»	18	26,06	»	»	»	»	»
—— sulfurique.	»	»	»	»	»	10,75	»	»	»	»	»
—— muriatique	»	»	»	»	»	»	»	»	»	2,90	»
—— tungstique.	»	»	»	»	»	»	»	»	»	»	67
Eau...........	»	»	»	31,25	32	28,48	»	16,05	»	»	»

Caroline. — Le *genre fer* a-t-il encore d'autres espèces?

Mme de Beaumont.—Non; c'est à présent la mine de manganèse qu'il s'agit d'examiner. Elle contient ordinairement une certaine proportion de fer, et réciproquement plusieurs mines de fer contiennent l'oxyde de manganèse, comme l'indiquent les tables d'analyses. On n'a jamais trouvé ce minéral à l'état natif. Voici des échantillons pour les variétés d'oxyde; ceux de la case suivante représentent les sels de manganèse.

Gustave. — Ces petits cristaux éclatants et de couleur sombre, ne m'étaient pas inconnus.

Mme de Beaumont. — Vous en avez vu probablement sur des fragments de quartz. Ils contiennent beaucoup de fer. Mais l'*oxyde gris* de manganèse ne cristallise pas ainsi en petites touffes, il est plus compacte et se présente en masses considérables. Les variétés *compacte* et *fibreuse* ont l'apparence de l'hématite brune; l'oxyde fibreux ressemble à cette dernière, même par sa cassure. Il est quelquefois stalactiforme.

Caroline. — Comment peut-on distinguer l'un de l'autre?

Mme de Beaumont. — Le manganèse est beaucoup plus tendre que l'hydrate de fer. Mis en fusion avec le verre de borax, il colore ce dernier d'une teinte rouge pourprée. Le manganèse compacte est tout-à-fait noir.

GUSTAVE. — A l'éclat métallique de ces échantillons, je devine qu'ils sont rayonnés.

Mme DE BEAUMONT. — Ils le sont en effet ; mais on trouve peu de cristaux parfaits. Ce sont ordinairement des prismes agglomérés ensemble. La forme primitive est un prisme droit rhomboïdal, généralement oblong dans les échantillons rayonnés, avec pointements par deux ou quatre plans (*figures* 315, 316).

CAROLINE. — En voilà qui paraissent avoir six ou huit côtés.

Mme DE BEAUMONT. — Cette forme n'est pas rare ; c'est dans le *manganèse lamelleux* que se rencontrent généralement les cristaux primitifs ; ils sont tellement raccourcis, qu'au premier coup d'œil on les prendrait pour des cubes (*fig.* 314).

GUSTAVE. — Ces minéraux présentent une *transition* complète de la texture compacte à la texture lamellaire. Voici un fragment dont les fibres sont si délicates, qu'on ne saurait dire si la cassure est fibreuse ou rayonnée.

Mme DE BEAUMONT. — Elle est fibreuse et rayonnée tout-à-la-fois. La composition des espèces précédentes étant presque la même, leurs dénominations respectives ne peuvent être appliquées avec justesse qu'aux variétés bien distinctes. Les autres doivent rester confondues dans la dénomination générique.

L'oxyde terreux de manganèse est la dernière

sous-espèce commune. Il est fortement tachant et à peu près sans éclat.

CAROLINE. — Je m'en aperçois. Mes doigts sont restés noirs après avoir touché l'échantillon.

Mme DE BEAUMONT. — La plupart des mines de manganèse gris laissent une trace sur le papier ; la variété terreuse est la plus sombre. L'*oxyde noir* de ce métal n'a pas été encore analysé ; il est beaucoup plus rare que la mine grise de manganèse, et se rencontre généralement associé à la mine d'antimoine gris. Il est quelquefois friable, ou arborescent. La variété *lamelleuse* est la seule qui possède un certain éclat. Une propriété commune à tous les minerais de manganèse, c'est de communiquer au borax la couleur pourpre.

L'espèce appelée manganèse en *bourre*, paraît peu différente de la *pierre d'ombre*, soit par sa composition, soit par ses caractères extérieurs ; mais elle contient plus de manganèse que de fer, et affecte fréquemment une forme qui lui est particulière.

CAROLINE. — Les échantillons sont botryoïdes et réniformes ; ils paraissent avoir été primitivement empâtés dans une autre substance.

Mme DE BEAUMONT. — On les rencontre effectivement engagés dans le basalte et dans la pierre de corne. J'ai là un fragment d'une couleur analogue à celle du manganèse gris ; c'est l'*oxyde sulfuré* de manganèse ; traité au chalumeau, il émet une odeur qui atteste la présence du soufre. On le trouve à Nagyag mêlé à la mine de tellure.

Le manganèse gris, soit compacte, soit rayonné, pèse de 3,5 à 4,5. L'oxyde sulfuré n'excède guère 4.

CAROLINE. — Le manganèse forme aussi des composés acidifères ; je pense que ce fragment en est un.

Mme DE BEAUMONT. — Oui ; c'est le phosphate de manganèse ; il a de la ressemblance avec l'oxyde ; mais au chalumeau, il se fond promptement en un émail noir, sans l'addition d'aucun flux ; les fragments minces sont demi-transparents. Le *silicate de manganèse* est d'un aspect plus agréable que les autres mines de ce métal. Sa couleur rose admet différents degrés d'intensité. Les veines de manganèse sulfuré et d'oxyde de fer, qui le traversent, rendent sa couleur rouge encore plus brillante, par le contraste de leur teinte noirâtre. Il est généralement compacte, à l'exception d'une variété plus pâle qui a un triple clivage, et que, pour cette raison, on considérait autrefois comme une sous-espèce de feldspath colorée par le manganèse.

CAROLINE. — L'espèce compacte a beaucoup de ressemblance avec la pierre de corne, excepté qu'elle est plus translucide. Quelle est sa dureté ?

Mme DE BEAUMONT. — Elle raie le verre, et donne des étincelles au briquet. Pesanteur spécifique 3,5. On en fait quelquefois des objets d'ornement, et notamment des tabatières ; mais c'est une substance assez rare.

CAROLINE. — Dans quels pays la trouve-t-on ?

Mme DE BEAUMONT. — En Sibérie et à Langbanshytta en Suède. Il existe encore une espèce de silicate dont la couleur est le jaune de miel éclatant, et qui cristallise en octaèdres avec des troncatures sur les angles.

Les échantillons de couleur jaunâtre ou grisâtre appartiennent au *carbo-silicate* de manganèse, dont il y a plusieurs espèces, encore imparfaitement connues.

ANALYSES.

Analyse de	Manganèse gris rayonné.		Manganèse gris compacte.	Oxyde sulfuré.	Phosphate de manganèse.	Silicate de manganèse.	Mine de poix.	Urane micacé.
	Klaproth.	Cordier et Beaumier.	Vauquelin.	Vauquelin.	Vauquelin.	Berzelius.	Klaproth.	Gregor.
Oxyde de manganèse.	92,75	82	68	85	42	52,60	»	»
— de fer..........	7	»	18	»	31	4,60	2,5	»
Silice............	»	7	3	»	»	39,60	5,0	»
Chaux............	»	8,5	7	»	»	1,50	»	»
Baryte............	»	2	4	»	»	»	»	»
Soufre...........	»	»	»	15	»	»	»	»
Acide phosphorique.	»	»	»	»	27	»	»	»
Oxyde d'urane......	»	»	»	»	»	»	86,5	74,4
— de cuivre.......	»	»	»	»	»	»	»	8,2
Sulfure de plomb....	»	»	»	»	»	»	6	»
Eau.............	»	»	»	»	»	»	»	15,4
Perte............	0,25	0,5	»	Matière volatile..		2,75	»	2

QUATORZIÈME ENTRETIEN.

Mines d'urane. — De cérium. — De tantale. — De cobalt. — De nickel. — De molybdène. — D'étain.

Mme DE BEAUMONT, CAROLINE, GUSTAVE.

Mme DE BEAUMONT. — Une matinée me suffira pour examiner les mines d'un assez grand nombre de métaux ; les trois substances que nous verrons d'abord, sont rares, et n'admettent que des combinaisons très limitées.

GUSTAVE. — Je vois ici de beaux échantillons verts qui paraissent cristallisés.

Mme DE BEAUMONT. — C'est l'hydrate d'urane ou *l'urane micacé*. Mais il faut commencer par cette substance noire connue sous le nom de *blende de poix* ; c'est un oxyde d'urane.

CAROLINE. — Elle n'a pas beaucoup de ressemblance avec la poix, car son éclat est parfaitement métallique et sa cassure inégale.

GUSTAVE. — Je la trouve très pesante, bien que

l'échantillon contienne une forte proportion de matière terreuse.

Mme DE BEAUMONT. — Sa pesanteur spécifique s'élève à 6,5, ce qui est à peu près un fait unique parmi les minéraux de même apparence. Mais on a un moyen plus décisif pour reconnaître un échantillon de *blende de poix ;* c'est d'en faire dissoudre quelques parcelles dans l'acide nitrique ; la dissolution affectera une couleur jaune d'orange pâle ; et, par l'addition d'un alcali, on fera *précipiter* l'urane sous la forme d'une poudre jaune. L'urane micacé en dissolution se colore d'un jaune plus brillant, circonstance qui le distingue du cuivre micacé.

CAROLINE. — Cette expérience me paraît superflue pour l'urane micacé. Sa couleur verte est si riche et si éclatante, que je ne crois pas avoir rien vu de pareil.

Mme DE BEAUMONT. — La couleur est assurément magnifique ; mais ce caractère est moins décisif que la cristallisation ; vous en ferez l'aveu quand vous aurez vu quelques-unes des mines de zinc et de plomb.

GUSTAVE. — J'en suis déjà persuadé. Voici, je crois, des cristaux en tables. (*fig.* 317, 318, 319, 320).

Mme DE BEAUMONT. — La forme primitive est un prisme rectangulaire très bas. Ces petites tables ou lames se présentent quelquefois adhérentes à la surface de la pierre ferrugineuse, du quartz et d'autres minéraux. On les rencontre aussi confusément agglomérées ensemble ; quelques-unes sont couleur de soufre. L'urane micacé cède plus difficilement au clivage que le mica, en raison de sa frangibilité. Le seul clivage distinct est dans une direction parallèle à la base.

L'*ocre d'urane* est un autre oxyde de ce métal, contenant une plus forte portion d'oxygène que la blende de poix. Il forme ordinairement sur cette dernière une enveloppe pulvérulente diversement nuancé de jaune et d'orange. L'ocre d'urane se rencontre également endurci et à l'état massif.

GUSTAVE. — L'Angleterre possède-t-elle quelques-uns de ces minéraux?

Mme DE BEAUMONT. — Assurément ; on les rencontre dans les mines du Cornouaille, aussi bien qu'en Saxe, et à Limoges, ville de France.

Les mines de cérium sont des silicates et des fluates, remarquables par leur couleur sombre. On ne connaît qu'une seule espèce cristallisée, c'est le *fluate pur* trouvé à Finbo en Suède. Les cristaux sont des prismes à six pans.

CAROLINE. — Quel est ce minéral à cassure fine esquilleuse?

Mme DE BEAUMONT. — C'est la *cérite* ou silicate de cérium ; sa couleur affecte généralement une teinte cramoisie, sans aucun éclat prononcé. Entamée par un corps plus dur, elle donne une raclure blanche-grisâtre. L'*allanite* contient 25 pour cent de fer, et se distingue par une couleur brune éclatante.

La gadolinite, analysée pour la première fois en Suède par le professeur Gadolin, contient 45 pour cent d'yttria; elle est complétement noire, à l'exception des lames très minces qui, placées entre l'œil et une forte lumière, laissent voir une teinte verdâtre. Elle est d'un éclat si brillant qu'on la prendrait pour un fragment de charbon récemment cassé, si l'on n'était détrompé par sa pesanteur spécifique, qui est d'environ 4. Celle de la cérite s'élève à 4,6. Toutes ces espèces raient le verre et donnent des étincelles au briquet; la gadolinite est même aussi dure que le quartz. A l'instar de quelques minéraux terreux, elle se prend en gelée dans une dissolution chaude d'acide nitrique; fondue avec le borax, elle se convertit en un verre couleur de topaze.

Gustave. — Quel est ce minéral de couleur violette engagé dans le quartz?

Mme de Beaumont. — C'est l'yttrocérite, composée des trois fluates de chaux, d'yttria et de cérium; elle se présente en masse et en croûtes; sa couleur violette dégénère aussi en rougeâtre et en gris clair. Ce minéral n'a encore été rencontré qu'à Finbo, où se trouvent aussi la plupart des autres espèces.

L'orthite a une forte ressemblance avec la gadolinite; mais celle-ci se présente en petits blocs irréguliers, au lieu que l'hortite existe en filons droits et minces pénétrant le feldspath ou le granit. La variété appelée *pyrorthite* contient 25 pour cent de charbon, et prend feu au chalumeau. Il existe aussi un sous-fluate de cérium coloré en jaune ; mais tous ces minéraux offrent peu d'intérêt, aussi bien que les mines de *tantale*, métal dont nous connaissons seulement deux oxydes.

CAROLINE. — Cristallisent-ils, ces oxydes ?

Mme DE BEAUMONT. — Oui, en prismes tétraèdres obliques ; mais les cristaux, comme les concrétions irrégulières, sont extrêmement rares : on les trouve en très petite quantité dans la Finlande. Il en a été découvert récemment quelques parcelles à Bodenmais en Bavière. Le tantale est toujours noirâtre, éclatant à l'intérieur, et sans clivage distinct ; il se distingue de quelques mines de cérium (auxquelles il ressemble d'ailleurs) par sa pesanteur spécifique, qui est de 7,1 à 7,9.

L'yttrotantalite a beaucoup d'analogie avec l'espèce précédente, mais sa pesanteur spécifique n'excède pas 5,3 ou 5,9 ; elle est aussi dure que le feldspath, et possède un clivage distinct.

Les mines de cobalt présentent infiniment plus de variété ; mais il en est quelques-unes, les alliages et les sulfures, par exemple, qui supposent une grande habileté dans l'observateur, pour n'être pas confondues entre elles ou avec d'autres minéraux. Les *alliages* contiennent plus d'arsenic que de cobalt. Au chalumeau, ils émettent tous une fumée arsenicale, et colorent en bleu le verre de borax ; mais les trois espèces diffèrent par leurs caractères extérieurs. Le *cobalt blanc d'étain* cristallise en octaèdres et en cubes tantôt parfaits , tantôt tronqués sur les angles. Voici un très bel échantillon apporté de la Saxe.

GUSTAVE. — Tous ces cubes ont des fissures dans plusieurs directions.

Mme DE BEAUMONT. — C'est leur texture naturelle ; cependant le blanc d'étain se rencontre plus communément disséminé dans le schiste micacé, en petits grains lamelleux brillants et d'une couleur blanche tournant au rouge. Tous les alliages de cobalt ont un éclat métallique très prononcé. L'échantillon qui suit représente la *mine de cobalt grise*, qui se rencontre en masse ou disséminée dans le quartz, mais sans formes cristallines. L'espèce la plus brillante de cette famille est le *cobalt éclatant* ou le cobalt *d'un blanc d'argent;* il forme des cristaux parfaits semblables à ceux de la pyrite de cuivre. Ceux que j'ai là viennent de Modune en Norwège , où on les trouve engagés dans la pyrite cuivrée.

Les deux autres alliages se rencontrent accidentellement dans le Cornouaille , mais en cristallisations imparfaites.

La *pyrite,* ou *sulfure de cobalt,* est plus souvent massive que cristallisée ; on pourrait la confondre avec le cobalt gris sans la vapeur sulfureuse qu'elle émet par l'action du feu. Les *oxydes de cobalt* sont toujours plus ou moins terreux ; on les distingue par les dénominations de *cobalt-ocre*

noir, brun et *jaune*. L'oxyde noir est parfois fortement endurci.

CAROLINE. — Tous vos échantillons d'oxydes, et
particulièrement cette variété d'un jaune sale, paraissent contenir beaucoup de substances étrangères. Le plus court et peut-être le meilleur
moyen de les reconnaître serait apparemment
d'employer le chalumeau.

Mme DE BEAUMONT. — Assurément; et le résultat
serait des plus satisfaisants. Les oxydes se présentent généralement en incrustations peu épaisses
sur d'autres mines. L'*arséniate*, appelé aussi *fleur
de cobalt*, est quelquefois dans le même cas. Cet
échantillon brillant de couleur rose représente
l'arséniate terreux, dont j'ai aussi quelques petites concrétions uviformes dans les cavités de ce
fragment de cobalt gris.

GUSTAVE. — Voici d'autres échantillons d'un
cramoisi très sombre; est-ce la même substance
avec une texture rayonnée?

Mme DE BEAUMONT. —Oui, les petits cristaux aciculaires, dont les fragments se composent, ont à
peine la grosseur suffisante pour laisser apercevoir
une forme déterminée; ce sont des prismes à
quatre ou à six pans, terminés obliquement par
deux plans. L'arséniate de cobalt se trouve en
Ecosse et dans le Cornouaille, aussi bien qu'en
Saxe, en Hongrie, à Saltzbourg et en Norwège.

Le sulfate de cobalt est un sel soluble de texture terreuse; il se présente généralement en

masses stalactiformes composées de concrétions
grenues, distinctes. L'échantillon que j'ai ici vient
du Hartz.

Caroline. — Il ressemble beaucoup à l'arséniate,
à part son opacité.

Mme de Beaumont. — L'arséniate cristallisé est
le seul qui soit translucide ou demi-transparent ;
mais vous distinguerez facilement le sulfate par sa
solubilité. Après vous avoir montré tant de mines
différentes, je crains bien que vous ne conserviez
pas des notions distinctes sur quelques-unes d'entre elles. Cependant chacune d'elles possède quelques propriétés qui vous seront d'un grand secours
pour la distinguer ; par exemple, les mines de cobalt sont les seules qui produisent la couleur
bleue ; celles de cérium et de tantale sont caractérisées par leurs couleurs sombres et par leur pesanteur spécifique. Parmi les combinaisons d'urane,
la blende de poix est la seule qui soit très pesante ;
mais leur couleur, leur cristallisation et la solution
jaune qu'elles fournissent avec l'acide nitrique,
vous avertiront toujours que ces *composés* ne peuvent appartenir à un métal autre que l'urane.

| Analyse de | COBALT | | | | PYRITE de cobalt. | ARSÉNIATE de cobalt. | SULFATE de cobalt. |
| | blanc. | gris. | éclatant. | | | | |
	Laugier.	Laugier.	Tassaert.	Klaproth.	Hisinger.	Bucholz.	Kopp.
Cobalt............	9,6	12,7	36,7	44,0	43,2	»	»
Oxyde de cobalt.	»	»	»	»	»	39,2	38,71
Arsenic.........	68,5	50	49,0	55,5	»	»	»
Fer.............	9,7	12,5	5,6	»	3,53	»	»
Cuivre..........	»	»	»	»	14,4	»	»
Soufre..........	7,0	»	6,5	0,5	38,50	»	»
Silice...........	1,0	25,0	»	»	»	»	»
Eau.............	»	»	»	»	»	22,9	41,55
Acide arsenique.	»	»	»	»	»	37,9	»
—— sulfurique.	»	»	»	»	»	»	19,74
Matière terreuse.	»	»	»	»	33	»	»
Perte...........	4,2	»	2,2	»	04	»	»

CAROLINE. — Je crois pouvoir me rappeler ces caractères, parce qu'ils s'appliquent à toutes les espèces du genre, mais il faudra long-temps avant que je puisse donner un nom à un échantillon quelconque.

GUSTAVE. — Nous aurons soin de l'examiner sous tous les rapports possibles avant de lui assigner un nom. Quel est le métal qui vient ensuite dans votre classification ?

Mme DE BEAUMONT. — C'est le nickel. On le trouve à l'état natif, en alliage, et minéralisé par l'oxygène et par l'acide arsenique. Les mines de nickel composent des filons peu considérables, fréquemment associés avec le cobalt.

CAROLINE. — Cet échantillon est-il du nickel natif ou un alliage ?

Mme DE BEAUMONT. — C'est le nickel à peu près pur. Au sortir de la mine il est d'une couleur pâle bronzée tirant sur le rouge, mais il se ternit avec le temps et passe à la couleur grise ; il se présente constamment en cristaux capillaires ; traité au chalumeau, il se fond promptement en un petit globule métallique ; on suppose néanmoins qu'il contient une faible portion de cobalt et d'arsenic. Le nickel ressemble à quelques mines de tellure, mais il n'a aucune des propriétés qui caractérisent ces dernières. La variété appelée *nickel cuivré*, contient environ 5o pour cent d'arsenic et un léger alliage d'autres métaux ; elle est constamment amorphe et affecte la couleur du cuivre natif.

Gustave. — Peut-on la réduire au chalumeau?

Mme de Beaumont. — Oui, mais on obtient un globule qui noircit promptement par son exposition à l'air. Ce minéral est rayé, avec quelque difficulté, par le couteau; il est assez frangible; sa pesanteur spécifique s'élève à 7,5.

On a découvert récemment un autre alliage appelé *nickel éclatant*; il est de couleur blanche avec cassure lamelleuse; on le regarde comme une combinaison de la pyrite de fer et de l'arséniure de nickel.

Caroline. — Si j'en rencontrais un échantillon, comment pourrais-je le reconnaître?

Mme de Beaumont. — La chose ne serait pas sans quelque difficulté; mais, après un examen attentif, vous trouveriez dans le nickel éclatant des propriétés que n'ont pas les minéraux de même apparence, dont les noms vous sont connus. Cependant il est des mines de cobalt qu'on ne peut se flatter de connaître suffisamment après la première vue, parce que leur composition est difficile à déterminer. Tant que vous ne saurez point assez de Chimie pour analyser vos échantillons, vous serez obligés de vous en rapporter plus ou moins au jugement d'une personne instruite, pour les apprécier. Lorsqu'on rencontre des échantillons bien caractérisés de quelque substance inconnue, il faut les examiner avec soin, afin de reconnaître les fragments de même nature qu'on pourra retrouver dans la suite.

CAROLINE. — Je me souviendrai de cet avis lorsqu'il me tombera des minéraux sous la main.

GUSTAVE. — Pour moi, je n'oublierai pas de remarquer les cristaux.

Mme DE BEAUMONT. — La mine d'étain va bientôt vous en fournir une grande variété; mais nous n'avons pas encore épuisé les mines de nickel. Voici deux fragments d'un gris clair à texture terreuse, qui, malgré leur ressemblance, forment deux espèces distinctes, savoir, l'*oxyde de nickel*, ou l'*ocre de nickel*, formant généralement une croûte terreuse, et l'*arséniate de nickel*, qui se présente en masses plus considérables. On trouve quelques échantillons très pâles ou d'un blanc verdâtre.

CAROLINE. — En vérité, je n'aperçois aucune différence entre les deux espèces; elles ne diffèrent que par la couleur, qui même ne paraît pas invariable.

Mme DE BEAUMONT. — Le chalumeau, en dégageant l'acide arsenique, vous montrera à quelle famille appartient un échantillon. L'oxyde de nickel communique au borax fondu la couleur rouge d'hyacinthe. Le molybdène est un métal dont nous connaissons seulement deux mines; le *sulfure*, qui se présente en masse d'un gris noirâtre, et l'*ocre* encore imparfaitement déterminé par l'analyse. Le molybdène a la texture micacée,

et son clivage est parallèle à la base d'un prisme
rhomboïdal considéré comme la forme primitive ;
il cristallise aussi en lames hexagonales , et ressemble moins au mica qu'au talc , en ce qu'il est
flexible et non élastique.

CAROLINE. — On ne peut guère le confondre avec
les mines micacées , puisqu'il est complètement
opaque. Je ne trouve pas d'ailleurs qu'il ressemble
spécialement à aucune substance.

Mme DE BEAUMONT. — La propriété qui peut-être
le caractérise le mieux , c'est qu'il est tachant
comme la plombagine ou plomb noir , mais d'une
manière beaucoup plus faible. Du reste , ces deux
substances ont entre elles une telle analogie qu'on
les a long-temps confondues. Le molybdène est
très tendre et gras au toucher ; chauffé avec
l'acide nitrique , il fait effervescence sans se dissoudre entièrement. Sa pesanteur spécifique est
entre 4,5 et 4,8. On le trouve en petite quantité
dans le granit du Cornouaille et dans le Cumberland ; il est plus abondant en Norwège et aux
Etats-Unis.

Il n'existe que trois mines d'*étain*, dont une
seule est fusible ; cette dernière est presque un
oxyde pur.

CAROLINE. — Ce métal doit être très abondant ,
s'il est permis d'en juger par l'étain du Cornouaille.

Mme DE BEAUMONT. — Les localités qui le fournissent en sont abondamment pourvues, mais il n'existe que trois contrées en Europe où l'on trouve l'étain : le Cornouaille, l'Ertzburg en Saxe, et la Galice en Espagne. Ce métal abonde à Siam et dans l'île de Banka ; on l'a découvert au Chili et dans l'Amérique du Nord. Je crois que les mines du Cornouaille sont celles dont l'exploitation remonte à l'époque la plus reculée ; car c'est de là que les Phéniciens tiraient l'étain qui entrait dans la fabrication de leurs armes ; ils joignaient à ce métal un alliage de cuivre.

GUSTAVE. — Apparemment parce que l'étain seul n'était pas assez dur ?

Mme DE BEAUMONT. — Sans doute. Le mélange des deux métaux est plus dur que l'un ou l'autre des métaux séparés. Le minéral appelé *métal de cloche* est un alliage de ce genre.

CAROLINE. — Est-ce la matière dont on fait les cloches ?

Mme DE BEAUMONT. — Non ; ce n'est pas une substance assez abondante. Le métal de cloche ne se trouve que dans trois ou quatre localités du Cornouaille, et en très petite quantité. La teinte jaunâtre qui la colore n'est pas l'effet du terni ; sa couleur tient le milieu entre le laiton et l'acier.

GUSTAVE. — Il ressemble à la pyrite de fer, si ce n'est qu'il est d'un gris plus foncé.

Mme DE BEAUMONT — La ressemblance s'étend jusqu'à la cassure, qui est lamelleuse dans une direction et petite conchoïde dans les autres ; il est appelé aussi *pyrite d'étain* *, et accompagne fréquemment la mine de cuivre. Dans le Cornouaille les mêmes filons fournissent presque toujours le cuivre et l'étain. La pesanteur spécifique de l'étain s'élève à 7,3 ; celle de l'oxyde d'étain de 6,8 à 7 ; tandis que les mines de cuivre et de fer n'excèdent pas 5.

CAROLINE. — J'ai été surprise en maniant l'échantillon, de le trouver si pesant. Mais voici de nouveaux cristaux d'une teinte foncée et très brillante.

Mme DE BEAUMONT. — Ils appartiennent à l'*oxyde d'étain* ou *pierre d'étain*. Ils sont ordinairement bruns et tirant sur le noir ; j'en ai cependant quelques échantillons incolores et tout-à-fait transparents.

GUSTAVE. — La transparence est particulière aux cristaux bruns éclatants ; mais les fragments noirs ou rougeâtres d'une grande dimension sont opaques.

CAROLINE. — Ce minéral cristallise en prismes carrés terminés par des pyramides. Quelle est la forme primitive ?

*   *Analyse de la pyrite d'étain par Klaproth.*

Étain	26,5
Cuivre	30
Fer	12
Soufre	30,5
Perte	1

Mme DE BEAUMONT. — L'octaèdre aplati, avec une base carrée (*fig*. 321) ; mais les deux pyramides sont toujours séparées par un prisme intermédiaire. Les figures 322, 325 représentent les cristallisations les plus ordinaires. On trouve aussi fréquemment des cristaux maclés semblables à celui-ci (*fig*. 332) ; ils sont presque toujours engagés dans le quartz et le mica, ou associés à d'autres minéraux. Voici un échantillon où se trouvent réunies toutes les substances qui accompagnent ordinairement la pierre d'étain.

GUSTAVE. — Je reconnais le quartz et le mica ; les cubes appartiennent, je crois, au fluor. Je vois aussi une *pyrite*, mais sans pouvoir dire de quelle espèce.

Mme DE BEAUMONT. — Voyons si Caroline saura déterminer la pyrite.

CAROLINE. — On aperçoit la cassure lamelleuse ; et dans les parties qui ont quelque indice de forme régulière, on voit bien que les angles ne sont pas ceux d'un cube. Je présume que c'est la pyrite de cuivre.

Mme DE BEAUMONT. — Vous avez deviné juste.

GUSTAVE. — Voilà des cristaux lilas dont j'ai oublié le nom ; je les prendrais pour du fluor, si la cristallisation n'en était différente.

Mme DE BEAUMONT. — La forme cristalline est peu déterminée ; sans cela, vous auriez reconnu de suite le phosphate de chaux.

La pierre d'étain se rencontre quelquefois avec

la topaze et avec la chlorite, mais rarement avec
la mine de plomb ou d'argent. Les cristaux en
pyramides aiguës sont moins communs que les autres. En voici qui viennent de la Bohème (*fig.* 328,
330). M. Phillips, qui a consacré un temps considérable à l'examen des cristaux de la pierre d'é-
tain, et qui a sacrifié beaucoup d'échantillons
pour déterminer leur clivage, a compté douze
modifications qui, diversement combinées avec la
forme primitive, produisent jusqu'à deux cents
formes cristallines distinctes. Les clivages sont parallèles aux côtés et aux diagonales du prisme, et
aux faces de l'octaèdre.

Gustave. — Il est peu de minéraux, ce me
semble, qui admettent des formes aussi variées.

Mme de Beaumont. — Assurément. Il faut remarquer aussi que les cristaux de pierre d'étain,
quoique d'un éclat splendescent, ont une cassure
mate, et donnent une raclure blanche-grisâtre.
On trouve des cristaux d'une petitesse extrême,
entremêlés de parcelles de mica; d'autres fois, la
pierre d'étain se présente en masses amorphes
ayant une espèce de texture grenue. Ces masses
sont des cailloux dont la dimension varie depuis
la grosseur du poing jusqu'au grain de sable.
On les rencontre ordinairement dans les bassins
marécageux associés avec des grains d'or natif;
cette variété se nomme *étain des ruisseaux*, parce
qu'on fait passer un courant d'eau sur le minerai

qui la contient, pour séparer la matière terreuse qui l'accompagne.

On a découvert à Finbo en Suède un *oxyde d'étain* contenant de 2,5 à 12 pour cent d'oxyde de columbium ; il se présente en grains et en petits octaèdres engagés dans le granit.

Il existe une autre sous-espèce appelée *étain ligniforme*, qu'on trouve seulement au Mexique et dans le Cornouaille ; sa texture est en fibres divergentes et généralement fort délicates, avec des taches et des bandes annulaires d'une couleur peu foncée. On l'a confondue autrefois avec l'hématite, qui lui ressemble beaucoup ; elle a peu d'éclat et ne diffère de l'oxyde cristallisé que par la forme et la texture *. Elle se présente toujours en morceaux roulés qui excèdent rarement la grosseur d'une cerise ; cependant M. Mawe en a un fragment venu du Mexique, qui pèse dix onces et demie. Pesanteur spécifique, 6,4.

	PIERRE D'ÉTAIN.			ÉTAIN ligniforme.
Analyse de	Klaproth.	Collet-Descotils.	Berzelius.	Vauquelin.
Oxyde d'étain....	99,5	95	93,6	91
—— de tantale....	»	»	2,4	»
—— de fer........	0,5	5	1,4	9
— de manganèse	»	»	0,8	»
Perte...............	»	»	1,8	»

CAROLINE. — Le chalumeau réduit-il cette mine à l'état métallique?

Mme DE BEAUMONT. — Le minerai, chauffé sur le charbon, ne se réduit que partiellement. La fusion de l'étain exige un procédé long et fort compliqué.

Nous terminerons là cet entretien, parce que les mines de titane présentent beaucoup de variétés, dont deux très difficiles à distinguer l'une de l'autre.

QUINZIÈME ENTRETIEN.

Mine de titane. — De zinc. — De bismuth. — De plomb. — Propriété remarquable de la slickenside. — Quantité de plomb fondu dans la Grande-Bretagne.

Mme DE BEAUMONT, CAROLINE, GUSTAVE.

Mme DE BEAUMONT. — C'est en examinant les minéraux de cette famille, qu'il faut donner une attention particulière aux caractères extérieurs.

La difficulté de réduire le titane à l'état métallique, les connaissances chimiques que demande cette opération, et peut-être même l'incertitude du résultat, ne vous permettront guère de distinguer les espèces par leurs propriétés intrinsèques.

Les deux *oxydes purs* de titane sont faciles à reconnaître. Le *titane rutile* est généralement de couleur rouge, quelquefois cristallisé, quelquefois rayonné ou fibreux.

GUSTAVE. — C'est la belle couleur que vous appelez rouge d'hyacinthe.

Mme DE BEAUMONT. — Oui ; voici un échantillon qui est rouge de cerise. Il existe encore une variété qui a l'apparence de l'or ; elle se présente en petits fragments composés de fibres délicates qui s'entrecoupent réciproquement.

GUSTAVE. — J'aurais pris facilement cet échantillon pour un grain d'or.

Mme DE BEAUMONT. — Ce minéral est faiblement translucide ; chauffé au chalumeau, il devient brun et opaque. Les fragments rouges fibreux ressemblent beaucoup au schorl rouge, avec lequel on les confondait avant la découverte du titane ; on n'avait pas égard à la pesanteur spécifique, qui est de $4,2$ pour ce dernier métal. Lorsque la Minéralogie était peu connue, et la Cristallographie encore moins, on réunissait sous la même dénomination une immense variété de substances. La famille du *schorl* embrassait presque tous les minéraux cristallisés, surtout en forme prismatique.

Le titane rouge fibreux cristallise en prismes à six ou huit pans. On trouve accidentellement des cristaux doubles (*fig.* 334) d'une apparence singulière.

CAROLINE. — L'Angleterre fournit-elle le titane rutile ?

Mme DE BEAUMONT. — Il y a tout au plus quinze ans que ce métal fut découvert sur le Mont-Snowdon dans des cristaux très compliqués décrits par M. Sowerby dans sa *Minéralogie Britannique*. On le trouve à Carn-Gorm en Ecosse, dans plusieurs contrées de l'Europe et de l'Amérique, accompagnant ordinairement le quartz, l'adulaire et la chlorite. La variété qui se rencontre engagée dans le cristal de roche, et composée de petites fibres parallèles, est quelquefois taillée en ornements, et s'appelle *cheveu de Vénus*. L'*anatase* ou *octaédrite* paraît être, au premier coup d'œil, une substance très différente de l'espèce qui précède. Les cristaux que j'ai là viennent du Dauphiné (*fig*. 335, 336, 337). Ce sont des octaèdres alongés ou de doubles pyramides reposant sur une base carrée. L'octaédrite était appelée autrefois *schorl bleu*, ce qui vient encore à l'appui de ce que je disais tout à l'heure. Les cristaux sont petits, mais généralement assez parfaits, avec éclat adamantin, de couleur brune, toujours translucides, et non empâtés dans la substance qui les accompagne. Pesanteur spécifique, 4.

GUSTAVE. — En quoi ce minéral diffère-t-il du titane rutile?

Mᵐᵉ DE BEAUMONT. — La seule différence chimique est que l'anatase contient un peu plus d'oxygène. Il existe trois oxydes de titane, contenant du fer, qui se trouvent toujours en sable. L'*isérine* et la *ménachanite* diffèrent si peu d'apparence et par la composition, qu'on pourrait bien les considérer comme deux variétés de la même espèce. Elles attirent l'aimant; mais l'attraction est si faible qu'on ne risque pas de les confondre avec le *sable de fer*, le seul minéral qui ait avec elles une forte ressemblance.

La *nigrine* se présente en grains plus considérables, et n'est point attirable à l'aimant, sans doute parce qu'elle a moins d'oxyde de fer que les deux espèces précédentes *.

La famille des sels ne contient qu'un seul minéral appelé *sphène*, qui est un silicate de titane et de chaux.

Gustave. — Ces cristaux détachés sont-ils des échantillons de sphène?

Mme de Beaumont. — Oui, vous voyez que ce sont des cristaux doubles; mais les plus parfaits que je possède, se trouvent disséminés sur cet échantillon d'adulaire et de chlorite.

Caroline. — L'échantillon est tout-à-fait remarquable. Toutes les parties dont il se compose sont parfaitement cristallisées; le quartz, l'adulaire, la

Analyse de	MENACHANITE.		ISÉRINE.	NIGRINE.
	Lampadius	Klaproth.	Thomson.	Vauquelin et Hecht.
Oxyde de titane....	43,5	45,25	41,1	63
—— de fer........	50,4	51	39,4	35
—— de manganèse	0,9	0,25	»	»
—— d'urane.....	»	»	3,4	»
Silice............	3,3	»	16,8	»
Alumine	1,4	»	3,2	»
Perte............	0,5	»	»	»

chlorite et le sphène. Mais la forme des cristaux paraît compliquée.

Mme DE BEAUMONT. — En voici quelques modèles gravés (*fig.* 339) qui vous rendront ces cristallisations plus intelligibles. La figure 338 représente la forme primitive qui ne se rencontre pas sans quelques modifications. Les échantillons d'un rouge brun (*fig.* 340) et opaques ont quelque analogie avec la grenatite. J'ai aussi des cristaux venant de Salzbourg, d'un aspect très agréable. Un de leurs pointements est jaune-verdâtre, et l'autre d'un rouge-hyacinthe éclatant. Les fragments d'un vert pâle, contenant des grains de chlorite, sont tirés du Mont-Saint-Gothard. J'en ai aussi de fort beaux, apportés récemment du pays des Grisons. Ils ont à peu près deux pouces de longueur, avec éclat adamantin, quand ils ne sont pas incrustés par la chlorite *.

CAROLINE. — J'espère pouvoir reconnaître les fragments de titane que je rencontrerai désormais,

	SPHÈNE.	
Analyse de	Klaproth.	Abilgaard.
Oxyde de titane............	33	58
Silice....................	35	22
Chaux...................	33	20

parce que chaque espèce a des caractères extérieurs presque invariables.

Mme DE BEAUMONT. — Les mines de zinc sont pareillement caractérisées d'une manière assez précise. Le nombre des espèces est peu considérable, mais elles sont abondantes. Le zinc se trouve à l'état de sulfure, d'oxyde, ou combiné avec la silice et deux autres acides. Le sulfure de ce métal, le *black jack* (jean noir) des mineurs, est appelé *blende-zinc* par les minéralogistes.

GUSTAVE. — Il est donc noir ou à peu près?

Mme DE BEAUMONT. — On distingue trois variétés de blendes : la jaune, la brune et la noire. La première est regardée comme le pur sulfure de zinc; les deux autres ont une couleur sombre, et une grande opacité qu'on attribue à un mélange de fer. Les parties constituantes de la *blende brune* sont, suivant Thompson, zinc, 59,09; soufre, 28,86; fer, 12,05.

CAROLINE. — Est-ce là un échantillon de blende jaune? je ne trouve pas la couleur bien prononcée.

Mme DE BEAUMONT. — C'est un jaune inclinant ou passant complètement au vert; il dégénère aussi en couleur brune. Vous ne trouverez pas beaucoup de cristaux aussi transparents que ceux-ci. Cette variété acquiert de la phosphorescence par le frottement, même dans l'eau.

GUSTAVE. — La cassure a un éclat extrêmement brillant.

Mme DE BEAUMONT. — C'est l'éclat adamantin,

36

mais ce que vous appelez cassure est réellement un clivage ; la blende en a six, parallèles aux plans du dodécaèdre rhomboïdal qui est sa forme primitive. Elle existe aussi à l'état massif, sans perdre sa texture lamelleuse. Quant à la blende brune, vous l'avez déjà aperçue sur des échantillons de quartz et de spath perlé, en petits cristaux éclatants, de couleur brune ou rougeâtre, comme les grenats.

Gustave. — En voici dont les faces paraissent convexes, ce qui rend leur cristallisation difficile à démêler.

Mme de Beaumont. — Cette circonstance assez fréquente dans les cristaux de blende, donne souvent une nouvelle complication aux formes modifiées. Il existe des cristaux très parfaits (*fig.* 345) ; mais j'en ai quelques-uns dont il m'a été impossible de déterminer la forme, parce qu'ils sont partiellement engagés dans une autre substance.

Caroline. — Les plus petits ressemblent aux cristaux de la pierre d'étain.

Mme de Beaumont. — On le penserait au premier abord, surtout lorsque plusieurs cristaux sont aglutinés ensemble ; mais leurs formes diffèrent essentiellement de la pierre d'étain cristallisée ; il suffit de les voir à la loupe pour s'en convaincre. La blende brune ressemble beaucoup plus au wolfram, dont elle se distingue néanmoins par sa raclure brune-jaune et par sa pesanteur spécifique qui n'excède pas 4.

GUSTAVE. — Cet échantillon fibreux a la couleur et le brillant de la blende; est-il de la même substance?

Mme DE BEAUMONT. — C'est la blende rayonnée de Przibrane, en Bohème, contenant sur cent parties, plusieurs parties de cadmium. C'est même dans ce minéral que le cadmium fut primitivement découvert. Mais l'autre côté de l'échantillon vous présente une substance parfaitement métallique qu'on nomme *sulfure de plomb*; elle accompagne presque toujours la blende, quand celle-ci se rencontre dans les mines de plomb, ou en filons distincts. Examinez attentivement tous mes échantillons de blende, vous verrez qu'ils ont tous plus ou moins de ce sulfure.

La blende noire est, en général, moins translucide que les autres variétés; les petits fragments paraissent d'une couleur rouge de sang, quand on regarde la lumière à travers. Faites-en l'essai sur ce petit morceau.

CAROLINE. — La couleur est extrêmement foncée.

Mme DE BEAUMONT. — Celle de l'*oxyde de zinc* est le beau rouge de cerise. Jusqu'à présent, on ne l'a trouvé que dans l'Amérique du nord, dans les mines de fer du nouveau comté de Sussex. Il ne cristallise pas, mais sa texture est lamelleuse. Ses parties constituantes sont, suivant Bruce: zinc, 76; oxygène, 16; oxydes de fer et de manganèse, 8.

GUSTAVE. — N'est-ce pas la pierre de fer magnétique qu'on voit mêlée dans la mine de cet oxyde?

Mme DE BEAUMONT. — Oui; il est d'une couleur plus claire, et plus approchant du jaune-orange que l'oxyde rouge de cuivre. Il est soluble dans les acides, mais infusible au chalumeau. Les trois espèces dont il nous reste à parler, étaient autrefois confondues sous le nom de calamine; plus tard, on a distingué des deux autres le *silicate*, en ce qu'il était susceptible de devenir électrique par échauffement; mais on n'a bien connu la composition des trois substances qu'après des expériences réitérées, faites par les plus habiles chimistes. On les trouve dans les mines de plomb de la Grande-Bretagne. Cependant le silicate de zinc ne se rencontre que dans les comtés de Leicester, de Fluit, et à Wanlock-Head en Ecosse. Ces échantillons (*fig.* 346, 347) présentent quelques cristaux assez réguliers.

CAROLINE. — Vous entendez sans doute les petits cristaux de couleur jaune foncée; car les autres parties des échantillons paraissent appartenir à la pyrite et au carbonate de chaux.

GUSTAVE. — Je reconnais aussi une cristallisation de carbonate de chaux, que maman nous a dit se trouver principalement dans le comté de Leicester.

Mme DE BEAUMONT. — Les cristaux de calamine électrique sont en général d'une petite dimension; on les rencontre tantôt isolés, tantôt agglomérés en petits nœuds.

Le *carbonate de zinc* est beaucoup plus abondant; il est massif et compacte, et quelquefois cristallisé ; les cristaux dont la forme est difficile à démêler, parce qu'ils sont en agglomérations confuses, remplissent les cavités de la pierre ferrugineuse brune, et des autres substances qui accompagnent le carbonate de zinc.

Caroline. — Voilà des échantillons qui présentent une disposition rayonnée ; mais ce sont des cristaux complexes.

Gustave. — Je reconnais dans celui-ci la cristallisation en tables, que nous avons déjà remarquée dans une variété du carbonate de chaux.

Mme de Beaumont. — Les cristaux en tables sont communs dans cette mine ; leur couleur est le blanc tirant au gris ou au jaune, quelquefois le vert éclatant ; mais cette variété est fort rare.

Caroline. — Voici un échantillon d'un vert éclatant ; mais en cristaux si petits, qu'on prendrait le tout pour un brin de mousse. Il doit être bien difficile de distinguer cette variété de calamine, de tant d'autres minéraux qui ont la même couleur.

Mme de Beaumont. — Parmi tous les minéraux que vous avez vus, il en est très peu qui présentent cette nuance de vert ; et d'ailleurs, ne vous ai-je pas dit que ce fragment était un *carbonate* de zinc?

Gustave. — La chose est évidente ; l'effervescence avec les acides avertit que c'est un carbonate, et la forme qui lui est particulière empêche de le confondre avec le carbonate de cuivre.

Mme de Beaumont. — La texture de la calamine

est lamelleuse, quelquefois un peu curviligne. La variété compacte se présente en masses, quelquefois en minces concrétions parallèles distinctes, qui ont une disposition uviforme; elle affecte aussi, mais plus rarement, les formes pseudo-cristallines.

Caroline. — Les faux cristaux sont-ils creux ?

Mme de Beaumont. — Ils ont quelquefois des cavités; mais le plus souvent ces cavités sont remplies par des substances autour desquelles la calamine a formé des incrustations, telles que le carbonate et le fluate de chaux.

La *calamine terreuse* contient environ 15 pour cent d'eau; elle est généralement percée de cavités, et marquée d'empreintes cristallines, ce qui lui donne une grande ressemblance avec le quartz cellulaire. Elle est opaque, terreuse et adhère fortement à la langue.

Gustave. — Elle paraît fort tendre; mais je ne la crois pas aussi légère que semble l'annoncer sa texture cellulaire.

Caroline. — La pesanteur spécifique est établie ainsi : calamine terreuse, 3,5 ; calamine cristallisée, 4,3 ; oxyde rouge de zinc, 6,22.

Caroline. — Quelle est parmi les mines précédentes, celle dont on extrait le zinc en Angleterre?

Mme de Beaumont. — On exploite comme mines de zinc, la blende et la calamine. Autrefois la blende était totalement négligée ; mais aujourd'hui on la mêle avec la calamine, dans la proportion de 1 à 2. L'oxyde de zinc, qui abonde en

Amérique, est une mine encore plus avantageuse; on la fond avec le cuivre pour la fabrication du laiton, sans aucune réduction préalable. J'oubliais de vous dire que la calamine électrique est soluble par échauffement dans les acides minéraux, et qu'en refroidissant elle se condense en gelée.

Le *sulfate de zinc* est un sel demi-transparent de couleur blanche tirant sur le gris ou sur le rouge. Comme il accompagne la blende, on a supposé qu'il pouvait être une décomposition de cette dernière. Concevez-vous comment cela peut se faire?

GUSTAVE. — Attendez. — La blende est un sulfure de zinc. Le soufre qu'elle contient a pu, en s'unissant avec l'oxygène, se transformer en acide sulfurique, et former ainsi le sulfate de zinc.

Mme DE BEAUMONT. — C'est cela même. Une pareille transformation a lieu dans la transition de la pyrite en sulfate de fer *.

Vous verrez ici très peu d'échantillons des mines

ANALYSE DE SMITHSON.

	SILICATE de zinc.	CARBONATE	HYDRO-carbonate.
Oxyde de zinc........	68,3	64,8	71,4
Silice...............	25	»	»
Eau.................	4,4	»	15,1
Acide carbonique....	»	35,2	13,5

de *bismuth*, parce que ce sont des substances rares, qu'on trouve principalement en Saxe. Le bismuth natif est plus commun que les autres espèces. Voici un échantillon apporté de Schneeberg.

CAROLINE. — Il a, pour l'éclat et la couleur, beaucoup de ressemblance avec l'une des mines de cobalt.

GUSTAVE. — Je trouve qu'il ressemble aussi au tellure natif.

Mme DE BEAUMONT. — Il est plus tendre et plus sectile que la mine de cobalt, de laquelle il diffère d'ailleurs, ainsi que du tellure, par ses propriétés chimiques. Le bismuth se fond aisément au chalumeau, en un petit globule métallique. Soumis à une chaleur plus intense et continue, il se volatilise en fumée blanche qui va se condenser sur un fragment de charbon placé au-dessus. Ce métal se rencontre le plus souvent disséminé dans la mine de cobalt.

CAROLINE. — A-t-il constamment cette apparence lamellaire grenue?

Mme DE BEAUMONT. — Non; il cristallise quelquefois en rhomboïde aigu, et en octaèdres. C'est probablement le rhomboïde qui est le cristal primitif, parce qu'il présente les indices d'un triple clivage. On le trouve aussi, par occasion, comme l'argent natif, en feuilles et en formes dendritiques, accompagnant le quartz, la pierre de corne et d'autres substances. Il s'en est rencontré quelques filons dans les mines du Cornouaille. Le sulfure de bismuth est moins éclatant et d'une couleur plus sombre.

CAROLINE. — Le soufre se volatilise-t-il au chalumeau?

Mme DE BEAUMONT. — Oui; mais la chaleur fait volatiliser en même temps la plus grande partie du métal, qui se fond même à la flamme d'une bougie.

GUSTAVE. — Voici un échantillon qui paraît composé de deux métaux unis entre eux et engagés dans une masse de quartz.

Mme DE BEAUMONT. — C'est un sulfure contenant du cuivre et du plomb, qu'on appelle *bismuth en aiguilles*, parce qu'il se présente en cristaux aciculaires. Il est associé avec le sulfure de plomb. J'ai un fragment d'une autre espèce qu'on trouve seulement dans les mines de Wittichen dans le Furstemberg *.

Analyse de	SULFURE de bismuth.	SULFURE cuivré.	BISMUTH en aiguilles.
	Sage.	Klaproth.	John.
Bismuth........	6o	47,24	43,20
Soufre.........	4o	12,58	11,58
Cuivre.........	»	34,66	12,10
Plomb.........	»	»	24,32
Nickel.........	»	»	1,58
Tellure........	»	»	1,32
Perte..........	»	5,52	5,90

Les fragments fondus au chalumeau donnent un globule qui montre à quelle espèce ils appartiennent. L'*oxyde de bismuth* est un minéral vert d'ocre clair, approchant, par son apparence extérieure, de l'ocre de nickel. Mais on le distingue de ce dernier par une méthode fort simple. L'oxyde de bismuth étant dissous dans un acide minéral et délayé dans une quantité d'eau considérable, se précipite sous la forme d'une poudre blanche.

Le *genre* qui suit vous présentera une grande diversité d'espèces, comparativement à la mine de bismuth.

GUSTAVE. — Vous voulez parler du *genre* du plomb ; je vois déjà quelques échantillons qui paraissent appartenir au *sulfure* de ce métal, et qui ont un clivage rectangulaire distinct dans trois directions.

Mme DE BEAUMONT. — Oui ; c'est le sulfure de plomb, communément appelé *galène*. Les clivages s'obtiennent très facilement, quelquefois par la chute d'un fragment sur le pavé, le minéral étant extrêmement frangible, quoique fort tendre.

Mais vous avez oublié de remarquer la première espèce, le *plomb natif.*

CAROLINE. — A voir la petitesse de votre échantillon, on supposerait que c'est une matière très rare.

Mme DE BEAUMONT. — Le plomb natif est de la plus grande rareté. On l'a aperçu dans quelques mines de plomb du comté de Flint. La galène au contraire abonde dans un grand nombre de contrées, et sa mine fournit presque tout le plomb qui s'emploie dans les différentes manufactures. Les cristaux les plus ordinaires sont l'octaèdre et le cube avec de profondes troncatures sur les angles (*fig.* 350, 349); ils affectent aussi d'autres formes dérivées du cube. Les échantillons cristallisés présentent généralement un aspect agréable, et se rencontrent associés au carbonate et au fluate de chaux, au spath nacré, au sulfate de baryte et au quartz, ainsi qu'à d'autres mines.

GUSTAVE. — La couleur est à peu près celle du plomb, et je voudrais savoir si l'analogie s'étend aussi à la pesanteur spécifique.

Mme DE BEAUMONT. — Non; la galène pèse de 7,5 à 7,8, tandis que la pesanteur spécifique du plomb s'élève, comme vous savez, au-dessus de 11. Les cristaux ne sont pas engagés, mais *appliqués* sur d'autres substances, comme ceux de blende et de calamine.

CAROLINE. — Voici un échantillon nuancé de belles couleurs iridescentes; est-ce une propriété rare dans la galène?

Mme DE BEAUMONT. — Non; mais ces nuances n'existent qu'à la surface. La variété compacte, appelée aussi *galène en grains d'acier*, à cause de sa texture, a moins d'éclat que l'autre et ne cristallise pas.

GUSTAVE. — Trouve-t-on les deux espèces en Angleterre?

Mme DE BEAUMONT. — Oui; mais la galène com-

pacte est la plus rare. Le plomb extrait de la galène peut contenir jusqu'à 15 pour cent d'argent;
dans ce cas, on exploite la galène, comme mine
d'argent.

CAROLINE. — On ne doit pas négliger pour cela
d'en extraire le plomb?

Mme DE BEAUMONT. — Non, sans doute; on commence par dégager le plomb de la mine au moyen
des procédés ordinaires; l'argent est ensuite séparé
du plomb par la méthode appelée *coupellation*.
Tandis que le métal est en fusion, on fait passer
par dessus un courant d'air qui oxyde le plomb et
le convertit en une substance écailleuse jaunâtre,
appelée litharge; les pores du creuset absorbent
cette première croûte qui est remplacée par une autre
sur la surface du métal fondu, jucqu'à ce que l'argent, qui n'est pas attaqué par l'oxygène, reste à
peu près pur au fond du creuset. Une seconde coupellation achève de dégager la petite quantité de
plomb que la première opération a laissée.

GUSTAVE. — Le plomb est-il entièrement perdu?

Mme DE BEAUMONT. — Non; la plus grande partie
de la litharge est ramenée à l'état métallique,
par les mêmes moyens qui ont servi à réduire la
mine. On le conserve aussi en litharge pour quelques applications particulières.

Lorsque la galène a une texture légèrement fibreuse, elle contient de l'antimoine. L'espèce appelée sulfure de plomb *antimonial*, a autant d'antimoine que de plomb. Elle possède un éclat très

brillant, et se rencontre assez fréquemment dans les mines de plomb de l'Angleterre.

Caroline. — Elle est arborescente et contient de petits cristaux de carbonate de chaux.

Mme de Beaumont. — C'est un minéral fort curieux, bien que son apparence n'ait rien d'extraordinaire. Il existe dans le Derbyshire une espèce de galène incrustant les parois des roches crevassées, dont la surface est extrêmement polie, et qu'on nomme pour cette raison, *slikenside*.

Gustave. — Est-ce l'éclat adamantin et le poli de sa surface qui la rendent si curieuse?

Mme de Beaumont. — Non; mais lorsqu'elle est dans son gissement primitif, si on la frappe avec le marteau, ou avec une substance dure quelconque, elle craque et se brise avec explosion.

Caroline. — Voilà qui est bien étrange; mais l'échantillon ferait-il pareillement explosion, si vous l'entamiez?

Mme de Beaumont. — Non; il a perdu cette propriété en sortant de la mine. Les mineurs se tiennent en garde contre les effets de la slikenside. Quand je voyageais dans le comté de Derby, l'un d'eux m'a raconté que toutes les fois qu'ils apercevaient la slikenside, avant qu'elle n'eût éclaté, ils se retiraient à l'écart, et qu'un seul mineur la frappait avec une longue perche ferrée par le bout, après quoi il s'éloignait bien vite pour éviter les effets de l'explosion. Récemment, l'homme qui avait porté le coup, a été atteint par un éclat du minéral, et, de ses huit compagnons, les uns ont été tués et les autres blessés.

GUSTAVE. — A-t-on rendu raison de ce phénomène?

Mme DE BEAUMONT. — Jamais d'une manière satisfaisante. Ces prismes à six pans, formant un groupe assez volumineux, sont de l'espèce appelée *mine de plomb bleue*, dont la couleur est plutôt d'un gris bleuâtre foncé. La surface extérieure est toujours mate; les prismes à six pans ne sont pas tout-à-fait réguliers, ils ont plus d'épaisseur dans le milieu qu'aux extrémités (*fig.* 358).

CAROLINE. — Je n'ai point vu d'autre substance cristalliser en cette forme.

Mme DE BEAUMONT. — On la retrouve dans les prismes de l'*arséniate de plomb*, substance qui n'a pas été analysée, et qu'on rencontre seulement à Schoppau en Saxe, et à Huelgoet en France. Voici maintenant des échantillons de la *bournonite*, sulfure de plomb découvert à Endellion, village du Cornouaille. Le comte de Bournon a examiné ses formes cristallines, et nous en a laissé une description qui fait honneur à ce célèbre minéralogiste.

CAROLINE. — Je ne puis démêler la forme des cristaux qui composent une agrégation tout-à-fait indistincte.

Mme DE BEAUMONT. — On trouve rarement des cristaux isolés. Comme le clivage les divise en deux prismes, l'un rectangulaire et l'autre rhomboïde, il peut rester quelque doute sur la forme primitive.

Bournon la supposait un prisme carré; mais Phillips et Brooke ont donné la préférence au prisme rectangulaire. Les cristaux sont constamment altérés par diverses modifications.

GUSTAVE. — Je serais porté à croire que la bournonite cède difficilement au clivage; car la cassure de vos échantillons paraît inégale.

Mme DE BEAUMONT. — Les clivages ne sont pas très distincts. Ce minéral est cassant, et, pour la dureté, il tient le milieu entre le carbonate de chaux et le fluor. Les cristaux sont, à l'extérieur, mats et presque noirs, mais la cassure est d'un gris sombre.

GUSTAVE. — En quoi diffère-t-il de la galène, dans sa composition?

Mme DE BEAUMONT. — Il contient du sulfure d'antimoine, de cuivre et de fer; il décrépite et se fend au chalumeau; l'antimoine et une partie de soufre se volatilisent, en laissant un globule de cuivre incrusté par le sulfure de plomb.

ANALYSES.

Analyse de	Galène.			BOURNONITE.	SULFURE antimonial.
	Vauquelin.	Vauquelin.	Thomson.	Klaproth.	Pfaff.
Plomb..............	69	64	85,13	42,5	43,44
Antimoine..........	»	»	»	19,75	42,26
Cuivre.............	»	»	»	11,75	0,18
Fer...............	»	»	0,5	5	0,16
Arsenic............	»	»	»	»	3,56
Soufre.............	16	18	13,62	18	17,20
Chaux et Silice......	15	18	»	»	»
Perte..............	»	»	1,35	3	»

Gustave. — Et le fer, que devient-il?

Mme de Beaumont. — Cette opération ne rend pas visibles les parcelles de fer, parce qu'elles sont en trop petite quantité (depuis 1 jusqu'à 5 pour cent). Il existe une mine de plomb, contenant du cobalt, et une autre mêlée d'une forte portion d'arsenic; mais ces deux alliages sont fort rares, ainsi que les *oxydes naturels* de ce métal.

Caroline. — En avez-vous des fragments?

Mme de Beaumont. — Voici un échantillon de l'*oxyde jaune* de Sibérie; il ressemble beaucoup au jaspe jaune, mais il a moins de dureté, car il cède aisément au couteau, et sa pesanteur spécifique n'excède pas 8. La variété moins compacte a un triple clivage indistinct; elle est facilement réductible, ainsi que l'oxyde rouge, sur le charbon. Vous connaissez sans doute l'usage qu'on fait en peinture de l'oxyde rouge?

Caroline. — Oui; mais ce minéral terreux écarlate est-il de la même substance?

Mme de Beaumont. — C'est une variété que l'on considère comme une décomposition de galène. Ce qui porte à le croire, c'est qu'elle se présente pareillement en cubes, et qu'elle contient de la galène. Sa couleur n'est pas aussi belle que le rouge clair du cinabre.

Gustave. — Non, elle incline au jaune d'orange, et la texture du minéral est moins compacte.

Mme de Beaumont. — On a rencontré cette substance dans les mines de plomb du comté d'Yorck et dans quelques localités du continent.

La famille suivante, qui embrasse les combinaisons du plomb avec les différents acides, aura beaucoup d'étendue et de variété.

CAROLINE. — Il me semble que les mines acidifères ont rarement un éclat métallique ; leurs caractères extérieurs les assimilent aux minéraux terreux.

Mme DE BEAUMONT. — C'est pour cela qu'il importe beaucoup de savoir déterminer leur composition chimique. Le *carbonate de plomb* est la mine la plus abondante, après la galène. Trouvez-vous quelque ressemblance entre ces échantillons et d'autres substances précédemment examinées ?

GUSTAVE. — Leur grande pesanteur pourrait les faire confondre avec le sulfate de baryte ; mais quelques-uns de ces cristaux ont un brillant et un éclat particuliers dont je n'ai point encore vu d'exemple.

Mme DE BEAUMONT. — L'éclat intérieur est constamment adamantin, quoique la surface varie depuis le splendescent jusqu'au mat. Les variétés transparentes éclipsent même le diamant ; et si elles avaient assez de dureté, je ne doute pas qu'on ne les préférât au diamant, comme pierres précieuses. Cet éclat est dû à une puissance réfractive très prononcée.

GUSTAVE. — Le carbonate de plomb possède-t-il la double réfraction ?

Mme DE BEAUMONT. — Il la possède au plus haut degré ; mais il est rarement d'une transparence parfaite. Le cristal primitif, qui n'est pas commun, est un octaèdre rectangulaire ; il a quelque ressemblance avec l'octaèdre du phosphate de cuivre. Voyez, pour vous en convaincre, le noyau que j'ai obtenu en brisant un fragment cristallisé (*fig.* 35$_7$).

CAROLINE. — Vous en avez aussi qui se rapprochent des cristaux de quartz (*fig.* 36o) ?

Mme DE BEAUMONT. — Oui, mais l'angle formé par les plans du prisme et de la pyramide n'est pas le même que dans les cristaux de quartz ; et la base du prisme, ou la section perpendiculaire à l'axe, n'est pas un hexagone régulier *.

Le carbonate de plomb est généralement cristallisé ; cependant on le rencontre aussi en masse, avec un mélange de galène ou de cuivre. Voici une variété qui vous plaira beaucoup.

GUSTAVE. — Oh ! j'ai vu certainement quelque chose de semblable, mais je ne me rappelle plus ce que c'était.

Mme DE BEAUMONT. — Vous voulez parler du sulfate de baryte en colonnes. Mon échantillon vient du comté de Shrap ; il est coloré par la pierre ferrugineuse brune qui accompagne ordi-

* Dans chacun de ces prismes (*fig.* 348 et 36o), deux angles sont formés pour la rencontre des plans primitifs, et sont de 117°, 13'. Les quatre angles restants sont chacun de 121°, 21'.

nairement cette variété. Les belles teintes bleues ou vertes qui colorent d'autres fragments, sont dues au carbonate de cuivre.

CAROLINE. — Sa qualité de carbonate doit la faire distinguer facilement du sulfate de baryte.

Mme DE BEAUMONT. — Sans contredit, l'effervescence avec les acides est une épreuve fort commode, qui vous empêchera aussi de confondre la *variété terreuse* (de ce carbonate) avec la calamine terreuse, qui lui ressemble beaucoup.

Le carbonate terreux *friable* a généralement une teinte jaune, tandis que l'espèce *endurcie* admet différentes nuances de gris et de brun clair. Voici des cristaux de carbonate de plomb dont la partie extérieure a été réduite à l'état métallique, ou plutôt à l'état de sulfure, tandis que le centre a conservé sa transparence primitive.

GUSTAVE. — Les fragments de ce cristal brisé rendent la chose palpable.

CAROLINE. — Connaissez-vous la cause de cette transformation?

Mme DE BEAUMONT. — On l'attribue, avec beaucoup de vraisemblance, à l'hydrogène sulfuré produit par la décomposition de la galène. Je vais vous montrer comment s'opère la conversion : je prends une portion de carbonate de plomb en poudre, et une petite coupe contenant du sulfure de potasse; je jette sur la potasse un peu d'acide nitrique *, et je place le tout sous une cloche de verre, pour ne pas perdre le gaz hydrogène sulfuré qui sera produit par l'effervescence.

CAROLINE. — Le sulfure de potasse bouillonne avec violence.

GUSTAVE. — Le gaz noircit déjà le carbonate de plomb.

Mme DE BEAUMONT. — La propriété qu'a ce minéral de devenir noir par le contact de l'hydrogène sulfuré, peut servir à le distinguer des autres minéraux de même apparence.

Vient ensuite le *murio-carbonate de plomb*, substance beaucoup plus rare, qu'on a rencontrée seulement, à l'état cristallisé, dans le Derbyshire et dans quelques contrées de l'Allemagne et de l'Amérique.

CAROLINE. — Voici un très beau cristal en prisme carré terminé par des pyramides (*fig.* 362) ; mais il paraît légèrement tordu.

Mme DE BEAUMONT. — Les prismes alongés ont fréquemment cette apparence ; mais les cristaux plus courts sont parfaitement droits. On voit au Musée Britannique un cristal de cette forme (*fig.* 363), qui est d'une beauté remarquable, ayant environ deux pouces de diamètre ; il a été apporté du Derbyshire. Son éclat est l'adamantin ; il est moins dur que le carbonate de plomb, sectile et aisément frangible. Pesanteur spécifique, 6.

---

* Tout autre acide minéral aurait le même effet.

Les clivages sont parallèles aux côtés d'un prisme carré, mais la cassure est conchoïde dans les autres directions.

GUSTAVE. — Sa couleur est-elle constamment le blanc jaunâtre.

Mme DE BEAUMONT. — Ce minéral est quelquefois incolore ou d'un jaune plus foncé que dans cet échantillon.

La couleur du phosphate de plomb passe du *vert pistache* au jaune de miel ou d'orange foncé, et à différentes nuances de brun. On l'a divisé en plusieurs sous-espèces, suivant la différence des couleurs; mais leur composition est la même, ainsi que la forme des cristaux.

Voici quelques échantillons venus de la Sibérie, dont la cristallisation est fort régulière.

CAROLINE. — Malgré la petitesse des cristaux, je reconnais quelques-unes des formes de l'émeraude.

GUSTAVE. — Ce sont des prismes à six pans, dont plusieurs ont des troncatures sur les plans terminants.

Mme DE BEAUMONT. — Il n'est pas rare de voir les prismes terminés par des pyramides basses, comme dans le phosphate de chaux cristallisé (*fig.* 212, 213, 214); ces mêmes formes cristallines se rencontrent aussi dans l'apatite. La variété jaune d'orange vient de Lead-Hills, en Écosse. Voici un fragment qui ressemble à la calamine verte que vous avez tant admirée.

CAROLINE. — La ressemblance est telle, qu'il me paraît impossible de distinguer les deux minéraux par leurs caractères apparents.

Mme DE BEAUMONT. — Exposé à l'action du chalumeau sur un support de charbon, le phosphate de plomb décrépite légèrement et se fond; mais pendant le refroidissement, qui doit être lentement gradué, il prend une forme polyèdre, et les faces présentent un grand nombre de polygones concentriques. Il faut, pour cela, que le métal ait été tenu en fusion pendant quelques minutes; la transformation commence dès qu'on le retire de la partie la plus intense de la flamme. Voici un petit grain que j'ai obtenu par ce procédé.

GUSTAVE. — Les faces sont très brillantes et d'un éclat parfaitement métallique.

Mme DE BEAUMONT. — Je ne connais aucune substance qu'on soit exposé à confondre avec le phosphate de plomb, après cette expérience; il est plus tendre et moins frangible que le carbonate. Les cristaux verts sont ordinairement translucides sur les bords, avec une apparence de cire.

GUSTAVE. — Et cet échantillon uviforme est-il une autre variété de la même substance?

Mme DE BEAUMONT. — Non, c'est l'*arsenio-phosphate de plomb*, contenant 7 pour cent d'acide arsenique, avec cassure fibreuse ou rayonnée; on ne l'a pas encore rencontré en Angleterre. Parmi les mines de plomb, une des plus remarquables est le chromate de ce métal, qui se trouve dans une mine d'or près d'Ekatérinbourg, en Sibérie ; il est toujours cristallisé , et d'une couleur appelée *rouge d'aurore*.

CAROLINE. — C'est la plus belle teinte que j'aie jamais vue.

Mme DE BEAUMONT. — Elle tient le milieu entre le rouge de sang et le jaune d'orange éclatant. Les cristaux sont des prismes à quatre côtés , avec acumination formée par quatre plans (*fig.* 364). Quelques-uns ont d'autres faces accessoires ; ce qui est le résultat d'une modification singulière qui affecte un seul des pans latéraux. Les cristallisations de ce minéral sont difficiles à comprendre ; elles ont ordinairement un ou deux plans plus grands que les autres, ce qui donne aux cristaux une apparence d'irrégularité : souvent aussi plusieurs cristaux sont agglomérés ensemble. La poudre de ce chromate est d'une riche couleur jaune.

CAROLINE. — Quel dommage qu'il soit si rare ! il pourrait devenir très utile dans la peinture.

Mme DE BEAUMONT. — On fait une préparation artificielle de ce chromate, qui fournit les plus belles couleurs jaunes de la peinture à l'huile.

L'acide chromique est extrait du chromate de fer, qui abonde dans l'Amérique du nord ; sa couleur est connue sous le nom de *jaune de chrôme*.

GUSTAVE. — Je crois en avoir déjà vu ; mais ce chrôme donne-t-il une couleur permanente ? Vous m'avez dit quelquefois que la céruse, employée dans la peinture, se changeait promptement en plomb.

Mme DE BEAUMONT. — Assurément, parce que la céruse est un carbonate de ce métal, susceptible d'être décomposé par l'hydrogène sulfuré qui flotte constamment dans l'atmosphère des grandes villes; mais le chromate de plomb n'est point attaqué par les gaz qui abondent dans l'air de Londres. Les voitures jaunes sont généralement peintes avec ce chromate, qui a remplacé le sous-muriate de plomb, appliqué autrefois à cet usage. Sa pesanteur spécifique est de 6.

Le *sulfate de plomb* n'est pas une mine très abondante. Les cristaux les plus réguliers viennent d'Angle-Sea, et se rencontrent dans la mine de Parys.

CAROLINE. — Ils sont partiellement engagés dans un minéral qu'on prendrait pour du fraisil brun *.

Mme de BEAUMONT. — C'est le quartz cellulaire coloré par l'ocre de fer, et dans lequel se trouve mêlée la pyrite ferrugineuse. Les cristaux sont généralement petits. La forme primitive est un prisme rhomboïdal droit (*fig.* 367) avec des modifications qui le transforment en octaèdre alongé (*fig.* 371), ou en une autre forme dérivée de l'octaèdre (*fig.* 370).

GUSTAVE. — Quelques-uns des cristaux sont assez compliqués.

* On appelle ainsi le charbon de terre à demi-brûlé, et non réduit en cendres.

Mme DE BEAUMONT. — Cela n'empêche pas qu'ils ne soient réguliers. Vous pouvez voir presque tous les plans avec le secours de la loupe.

CAROLINE. — Est-ce la même substance que je vois accolée en lames minces, brillantes, à un fragment de galène?

Mme DE BEAUMONT. — C'est une variété apportée de Lead-Hills; elle ressemble au sulfate de baryte en table, mais elle possède à l'extérieur un éclat plus brillant. Pesanteur spécifique, 6,3, c'est-à-dire un peu inférieure à celle du carbonate de plomb.

J'ai un fragment de galène enveloppé dans le sulfate de plomb, qui a presque l'apparence de la pierre ferrugineuse d'argile. Vous voyez que la galène se trouve abondamment disséminée dans toute la masse.

GUSTAVE. — Pensez-vous que ce fragment ait pu être primitivement de la galène pure dont le soufre s'est, avec le temps, converti en acide sulfurique?

Mme DE BEAUMONT. — Cette supposition est la plus vraisemblable, et explique très bien le fait. L'espèce que nous venons d'examiner présente peu de variété, et la suivante, qui est le *molybdate de plomb*, n'en aura pas davantage : on appelle ainsi le plomb combiné avec l'acide molybdique. Il se trouve rarement en masses, mais presque toujours en petits cristaux couleur de cire ou jaune de miel.

GUSTAVE. — Je vois dans le nombre, des octaédres aplatis et des tables minces, comme les cristaux de l'urane micacé.

Mme DE BEAUMONT. — Cet octaèdre aplati (*fig.* 372) est le cristal primitif ; il a une base carrée, et l'on peut supposer que les tables octogonales sont produites par de profondes troncatures qui ont fait disparaître les deux sommets du solide, tandis que les côtés et les angles de la base ont *été* modifiés par des troncatures semblables (*fig.* 374).

CAROLINE. — Le molybdate de plomb ressemble à tant d'autres minéraux, qu'il serait à désirer qu'on pût le reconnaître à quelque caractère particulier.

Mme DE BEAUMONT. — Dissous à chaud dans l'acide sulfurique, il passe à la couleur bleue ; traité au chalumeau, il se fond en un verre grisjaunâtre, et une partie du plomb est réduit en globules métalliques. On le trouve en Autriche, dans la Transilvanie, le Tirol, la Carinthie, où il fut découvert primitivement, et à Massachussetts dans l'Amérique du Nord.

L'*arséniate de plomb* était autrefois un minéral très rare ; mais depuis quelques années, on l'a rencontré en abondance dans le Cornouaille. Il se présente en prismes minces à six pans qui reposent sur des cristaux de quartz et de stéatite. Les échantillons que j'ai ont été retirés d'une mine du Cornouaille appelée *Huel-Unity.*

GUSTAVE. — Ils ressemblent à une agrégation de

fibres extrêmement délicates, avec un bel éclat soyeux.

Caroline. — Les prismes ne se terminent pas en pointements réguliers.

Mme DE Beaumont. — Telle est la forme ordinaire des cristaux ; cependant il est des prismes dont les pointements sont remplacés par des plans étroits. La couleur de l'arséniate est le brun ou le jaune de paille, quelquefois même, à ce qu'on prétend, le vert de gazon ; cette variété réniforme vient de la Sibérie. J'en ai une autre qui a presque la même apparence, quoiqu'elle contienne plus de 40 pour cent d'acide antimonique. Il a été découvert récemment à Ziunwalde, en Bohème, un *tungstate* de plomb, que M. Heuland a fait connaître le premier en Angleterre. L'échantillon que j'ai vu dans son cabinet ressemble, sous quelques rapports, au phosphate brun aciculaire ; mais les cristaux sont des portions de pyramides très aiguës à base carrée (*fig.* 377).

Gustave. — Je tombe sur un échantillon qui m'est tout-à-fait inconnu ; est-ce encore une mine de plomb ?

Mme DE Beaumont. — C'est une combinaison de plomb et d'alumine, c'est-à-dire un aluminate de plomb, appelé quelquefois *plomb-gomme* ; il a presque l'apparence de l'hyalite, dont il se distingue par sa couleur jaune et par une transparence moins parfaite.

Caroline. — Il a même une croûte mince à peu

près opaque, et sa pesanteur paraît considérable.

Mme DE BEAUMONT. — Je ne connais pas sa pesanteur spécifique. Ce minéral, véritablement rare, se trouve à Huelgoet, en Bretagne. De toutes les mines de plomb, c'est la galène qui est sans comparaison la plus abondante. Il se fond annuellement en Angleterre de 45 à 48 mille tonneaux de plomb, extrait presqu'en totalité des mines de galène.

GUSTAVE. — La quantité paraît prodigieuse, et je ne conçois pas comment la consommation d'une année absorbe tant de plomb.

Mme DE BEAUMONT. — Il s'en exporte considérablement pour la Chine et la Hollande. Le reste est employé, en Angleterre, par les plombiers, ou converti en oxyde rouge et en blanc de plomb pour la peinture. En un mot, la Grande-Bretagne exploite à elle seule autant de plomb que les autres contrées de l'Europe réunies.

ANALYSES.

Analyse de	CARBONATE de plomb.	PLOMB terreux.	MURIO-carbonate.	PHOSPHATE de plomb.		CHROMATE de plomb.	SULFATE de plomb.	MOLYBDATE de plomb.	ARSÉNIATE de plomb.
	Klaproth.	John.	Chenevix.	Klaproth.	Klaproth.	Thenard.	Klaproth.	Hatchett.	Grégor.
Oxyde de plomb.	82	66	85	78,4	80	64	70,50	58,4	69,76
—— de fer.....	»	2,25	»	0,1	trace.	»	»	3,08	»
Acide carbonique	16	12	6	»	»	»	»	»	»
—— muriatique.	»	»	8	1,7	1,62	»	»	»	1,58
—— phosphoriq.	»	»	»	18,37	18	»	»	»	»
—— arsénique..	»	»	»	»	»	»	»	»	26,40
—— chromique..	»	»	»	»	»	36	»	»	»
—— molybdique	»	»	»	»	»	»	»	37	»
—— sulfurique..	»	»	»	»	»	»	25,75	»	»
Silice........	»	10,50	»	»	»	»	»	0,28	»
Alumine.......	»	4,75	»	»	»	»	»	»	»
Eau.........	»	2,25	»	»	»	»	2,25	»	»
Perte........	2	2,25	1	1,43	0,38	»	1,50	1,24	2,26

SEIZIÈME ENTRETIEN.

Mines d'antimoine. — Mines d'arsenic. — Minéraux inflammables. — Le diamant. — Anecdotes relatives à quelques diamants remarquables. — Applications du diamant dans les arts. — Son analogie avec l'ambre. — Charbon minéral. Plombagine. — Charbon éclatant. — Huiles minérales. — Bitume. — Charbon noir. — Charbon brun. — Résines minérales. — Soufre. — Conclusion.

Mme DE BEAUMONT, CAROLINE, GUSTAVE.

GUSTAVE. — J'ai tâché de me rappeler les minéraux que vous m'avez montrés hier, mais les mines de plomb sont tellement multipliées, que je ne m'y reconnais plus.

Mme DE BEAUMONT. — Je serais beaucoup plus étonnée si tant d'objets s'étaient gravés du premier coup dans votre mémoire. Il faut revoir la table des différentes combinaisons des métaux (DOUZIÈME ENTRETIEN), et surtout visiter fréquemment le Musée Britannique, où vous verrez une

belle collection des minéraux classés systémati-
quement.

Il nous reste à examiner deux mines métalliques, l'antimoine et l'arsenic. L'un et l'autre se
trouvent à l'état natif et minéralisés par d'autres
substances. Voici un échantillon d'antimoine natif apporté d'Andréasberg, dans le Hartz.

CAROLINE. — Je le trouve plus blanc que la plupart des métaux natifs.

Mme DE BEAUMONT. — Sa couleur approche du
blanc d'argent; la cassure est en lames plus grandes
que dans les autres mines de texture lamelleuse; il
a un clivage décuple parallèle aux faces d'un octaèdre et d'un rhomboèdre; il est tendre, aisément frangible. Pesanteur spécifique, 6,7.

GUSTAVE. — Le trouve-t-on en quantité suffisante pour l'exploiter comme mine d'antimoine?

Mme DE BEAUMONT. — Non, les filons qu'on en
trouve dans plusieurs contrées du continent sont
peu considérables. Les mines de sulfure sont les
plus fécondes.

CAROLINE. — Quelle ressemblance avec le manganèse gris!

Mme DE BEAUMONT. — Oui, surtout avec les variétés rayonnées du manganèse; cependant le sulfure est en général d'une couleur moins foncée.
D'ailleurs rappelez-vous une expérience dont je
vous ai parlé, et qui est tout-à-fait décisive.

GUSTAVE. — C'est que la mine de manganèse

fondue avec le borax communique au verre une teinte pourprée.

Mme DE BEAUMONT. — Souvenez-vous aussi que l'antimoine s'évapore au chalumeau sous la forme d'une vapeur grise.

Le *sulfure compacte* se rapproche, pour la couleur, de la galène compacte ; mais sa pesanteur spécifique n'excède pas 4,4. La variété lamelleuse est du même poids et d'une couleur plus claire.

CAROLINE. — Quel est ce brillant échantillon qui paraît refléter toutes les couleurs ?

Mme DE BEAUMONT. — C'est l'antimoine gris rayonné, avec terni iridescent, qu'on nomme aussi *antimoine de paon*. La cassure est de la même couleur que les autres espèces. On le trouve dans plusieurs localités en Allemagne et en France. La Grande-Bretagne est très pauvre en mines d'antimoine ; il s'en rencontre néanmoins quelques filons dans le Cornouaille, à Sainte-Stphen et à Huet-Boys, ainsi qu'à Glendinning, dans le comté de Dumfries, en Ecosse.

La variété la moins commune est le *sulfure d'antimoine en plumes*. En voici un échantillon entremêlé de petits cristaux de quartz.

CAROLINE. — Quel étrange minéral ! il ressemble au duvet.

GUSTAVE. — Il est extrêmement doux au toucher.

Mme DE BEAUMONT. — C'est une agrégation de cristaux capillaires d'une finesse admirable, dout quelques — uns s'attachent aux doigts lorsqu'on touche l'échantillon.

GUSTAVE. — En effet, j'en ai qui adhèrent à mes doigts comme des brins de cheveux.

CAROLINE. — Les échantillons *rayonnés* sont cristallisés et présentent la plus grande analogie avec le manganèse gris (*fig*. 378, 379, 380).

Mme DE BEAUMONT. — Cette ressemblance ne concerne que la forme générale des cristaux ; mais, en comparant les pointements, on reconnaît une différence notable. Haüy suppose que le cristal primitif est un octaèdre rhomboïdal oblique ; mais le seul clivage distinct est parallèle à l'axe du prisme.

Ces minéraux se présentent généralement en filons qui contiennent aussi la galène, la blende, les pyrites de fer et de cuivre, quelquefois même de l'or et de l'argent.

Une autre espèce, contenant plus de 23 pour cent de nickel, se rencontre accidentellement à Freussberg, dans la principauté de Nassau ; elle est plus cassante et plus dure que l'antimoine compacte gris, dont elle a presque la texture et la couleur.

GUSTAVE. — Existe-t-il des oxydes d'antimoine?

Mme DE BEAUMONT. — Oui, voici l'*oxyde blanc* en fragments détachés, de forme cristalline ; il est translucide, avec un seul clivage distinct parallèle à un côté du prisme rectangulaire. Les pointements ont peu de régularité, en sorte que les fragments méritent à peine le nom de cristaux. Ce minéral a l'éclat nacré, et se présente quelquefois en touffes de cristaux aciculaires.

L'*oxyde rouge* contient du soufre.

GUSTAVE. — Nous avons déjà vu un autre minéral de même forme et de même couleur.

Mme DE BEAUMONT. — Oui, l'arséniate rayonné de cobalt ; mais l'oxyde rouge d'antimoine a généralement plus d'éclat, et sa pesanteur spécifique n'excède pas 4.

CAROLINE. — Comment appelez-vous cette couleur ?

Mme DE BEAUMONT. — Le rouge de cerise. Le minéral blanc qui accompagne cette variété, est le carbonate de chaux. Il existe une sous-espèce appelée *mine amadou*, non qu'elle prenne feu par une étincelle, mais en raison de sa texture en feuilles molles comme le feutre ; ces feuilles se composent de fibres délicates entrelacées, elles sont flexibles ; leur couleur est le brun rougeâtre foncé. La mine amadou diffère aussi de la variété cristallisée en ce qu'elle contient un fort alliage d'argent, si bien qu'à Clausthas, dans le Hartz, on l'exploite comme mine argentifère. L'oxyde d'antimoine, coloré en jaune de paille, est un minéral assez rare, qui se distingue des oxydes jaunes de plusieurs autres métaux, en ce qu'il s'évapore au chalumeau et ne se fond pas.

CAROLINE. — Avez-vous parlé de toutes les mines d'antimoine ?

Mme DE BEAUMONT. — Oui ; ce métal ne se combine pas avec les acides minéraux, non plus que l'arsenic, dont les mines sont presque les mêmes que celles de l'antimoine.

GUSTAVE. — Peut-on les distinguer des autres substances minérales, avec le secours du chalumeau ?

Mme DE BEAUMONT. — L'action du feu fait évaporer immédiatement du minéral, une fumée d'arsenic très abondante. L'arsenic natif, quand la cassure est récente, est coloré en gris de plomb assez pâle ; mais son exposition à l'air lui donne une teinte beaucoup plus sombre. Quoiqu'il ne cristallise pas, il est marqué fréquemment d'empreintes pyramidales et cubiques.

CAROLINE. — C'est la forme grande-botryoïde qu'affecte aussi la malachite.

Mme DE BEAUMONT. — Les concrétions concentriques sont quelquefois parfaitement distinctes ; frappé avec un corps dur, l'arsenic rend un son particulier ; faites-en l'essai avec une clef.

GUSTAVE. — En effet, on entend un son clair, un son parfaitement pur.

Mme DE BEAUMONT. — La pesanteur spécifique du métal natif est d'environ 5,7, ce qui prouve qu'il n'est pas pur, car l'arsenic pur pèse jusqu'à 8,31.

La sulfure d'arsenic pur est une substance fort belle qui se divise en deux variétés : l'*orpiment rouge* et l'*orpiment jaune*.

GUSTAVE. — Nous retrouvons ici la couleur du chromate de plomb.

Mme DE BEAUMONT. — C'est le *rouge d'aurore*,

mais plus sombre que le chromate de plomb, et approchant quelquefois du cramoisi. J'ai quelques cristaux d'une forme parfaitement régulière, qui sont translucides (*fig.* 382, 383).

CAROLINE. — Je crois entrevoir des prismes à quatre pans, diversement modifiés.

Mme DE BEAUMONT. — On les suppose dérivés d'un solide à huit faces triangulaires isocèles (*fig.* 381); ce qui est purement conjectural, puisqu'on n'est guidé ici par aucun clivage distinct.

GUSTAVE. — Voici néanmoins des fragments jaunes dont le clivage paraît très marqué.

Mme DE BEAUMONT. — Il est marqué dans une direction; mais ces fragments ne sont pas cristallisés. Les riches couleurs de cette variété lui donnent quelque ressemblance avec le talc; mais l'orpiment jaune n'est pas toujours aussi translucide ni d'une texture lamelleuse aussi distincte. Il est plus souvent terreux et opaque.

CAROLINE. — Le nom d'*orpiment* ne m'est pas inconnu; à quoi fait-on servir cette substance?

Mme DE BEAUMONT. — Elle entre dans la composition du *jaune de roi*; la variété rouge (appelée *réalgar*) donne aussi une belle couleur. La même mine renferme souvent les deux substances, comme le montrent mes échantillons.

CAROLINE. — Dans quelle partie du monde trouve-t-on ce minéral?

Mme DE BEAUMONT. — Les plus beaux cristaux de réalgar sont en Bohème, et dans la dolomie du mont St.-Gothard. La Saxe et le Hartz le fournissent en abondance. L'orpiment jaune se rencontre en diverses contrées de l'Allemagne, il est peu abondant dans les gîtes du réalgar. Leur pesanteur spécifique n'excède pas 3,4. La *pyrite arsénicale*, autre sulfure du même métal, contient de 30 à 40 pour cent de fer, et ses variétés, d'une cristallisation peu distincte, ont quelque ressemblance avec la pyrite de fer.

CAROLINE. — Un grand nombre d'autres minéraux paraissent accompagner la pyrite d'arsenic.

Mme DE BEAUMONT. — J'ai un échantillon où l'on reconnaît le carbonate de fer, la blende et le quartz ; dans cet autre fragment, ce sont le fluor pourpré, le quartz et la mine de cuivre grise. Voici de plus quelques cristaux détachés (*fig*. 385, 386) d'une forme assez remarquable.

GUSTAVE. — Ils sont parfaitement réguliers ; mais on reconnaît qu'ils ont été originairement engagés dans une autre substance.

Mme DE BEAUMONT. — Probablement dans le schiste argileux. Les faces des cristaux sont quelquefois curvilignes ; la cassure fraîche est tout-à-fait blanche, mais l'extérieur du minéral a un terni jaunâtre. Pulvérisé ou soumis à l'action du feu, il émet une odeur arsénicale. Il abonde dans les mines de cuivre et d'étain. Cette pyrite fournit l'oxyde d'arsenic blanc et l'orpiment artificiel du commerce. Voilà une variété en cristaux aciculaires, qui est exploitée comme mine d'argent ;

elle contient depuis 1 jusqu'à 15 pour cent de ce métal.

GUSTAVE. — Cette espèce d'oxyde est-elle abondante?

Mme DE BEAUMONT. — Non; on la trouve seulement en Saxe, à Salzbourg et au Chili. J'ai l'échantillon d'une *variété rayonnée*, engagée dans le carbonate de chaux.

L'*oxyde naturel d'arsenic* est la dernière mine qui nous reste à examiner; quelques variétés ressemblent à la pharmacolite (arséniate de chaux), mais leur prompte solubilité dans l'eau les distingue suffisamment. Ce minéral se présente quelquefois en cristaux capillaires si délicats, qu'ils ressemblent à l'efflorescence des corps moisis.

GUSTAVE. — Et ce fragment terreux, verdâtre, est-il encore un oxyde d'arsenic?

Mme DE BEAUMONT. — C'est une variété peu commune, trouvée à Nertschinsk, en Sibérie, dans laquelle sont engagés des béryls d'une teinte fort pâle.

CAROLINE. — Voilà donc toutes les mines que vous aviez à nous montrer?

Mme DE BEAUMONT. — Oui; mais il existe une autre classe de minéraux que vous avez peut-être oubliée.

GUSTAVE. — Les minéraux inflammables? Comment aurais-je pu les oublier? Je suis trop impatient de voir les diamants cristallisés.

Mme DE BEAUMONT. — Votre curiosité sera satisfaite, et j'espère que le diamant vous paraîtra digne de sa grande réputation. Mais pour une personne qui n'a aucune connaissance en Minéralogie ni en Cristallographie, rien ne doit être plus insignifiant que ce minéral. Les cristaux les plus curieux sont en général les plus petits.

CAROLINE. — La forme primitive est-elle rare?

Mme DE BEAUMONT. — On ne trouve pas souvent des cristaux exempts de modifications. En voici un parfaitement régulier (*fig.* 389) : vous en jugerez mieux avec la loupe.

GUSTAVE. — Les arêtes sont très aiguës et les facettes extrêmement brillantes.

Mme DE BEAUMONT. — Il est des cristaux rudes au toucher et mats à l'extérieur.

CAROLINE. — Celui-ci (*fig.* 390) est exactement conforme au modèle que vous nous avez montré du dodécaèdre rhomboïdal enté sur un octaèdre.

Mme DE BEAUMONT. — On y reconnaît distinctement les lames de superposition. Les figures 392, 393 vous représentent les formes du diamant les plus ordinaires.

GUSTAVE. — Plusieurs cristaux ont leurs faces extrêmement convexes.

Mme DE BEAUMONT. — Cette tendance à la convexité caractérise la cristallisation du diamant. Les angles de l'octaèdre sont tronqués quelquefois par un seul plan (*fig.* 391), et plus souvent par deux surfaces convexes étroites (*fig.* 392). Le cube est une des formes les plus rares; il est sans éclat et d'une couleur sombre. Voici un échantillon qui, regardé obliquement, laisse apercevoir le brillant des lames parallèles aux facettes primitives. Les cristaux 396 et 397 sont l'octaèdre maclé modifié par une pyramide *comprimée* sur chaque face, et le dodécaèdre également maclé, avec bisellement sur les faces.

CAROLINE. — Les angles rentrants ne sont pas visibles dans ces cristaux maclés.

Mme DE BEAUMONT. — On peut l'attribuer à la convexité des facettes. J'ai ici un diamant de forme presque sphérique.

GUSTAVE. — Est-ce bien un cristal ?

Mme DE BEAUMONT. — Non ; c'est probablement le résultat d'une cristallisation imparfaite qui produit une sorte de texture rayonnée. Les diamants arrondis ne cèdent pas au clivage, comme les autres, et leur extrême dureté ne permet pas de les tailler par les procédés ordinaires. On les réduit en *poudre de diamant,* comme les variétés cristallines qui ne sont pas d'une bonne couleur ou d'une eau assez pure.

CAROLINE. — Vous avez peu d'échantillons incolores ; ils ont, la plupart, une teinte brune ou verdâtre.

Mme DE BEAUMONT. — Les diamants sans couleur ne sont pas les plus communs, comme on pourrait le supposer en ne considérant que ceux employés spécialement dans la joaillerie ; les couleurs les plus rares sont le bleu, le rouge d'œillet, le brun foncé ; mais les diamants jaunes d'une eau bien pure sont d'une grande beauté et se vendent très cher. Je n'ai jamais vu de diamant noir ou opaque ; j'en ai un faiblement coloré en bleu. Les variétés d'un bleu foncé sont encore plus rares ; elles valent jusqu'à 30,000 livres sterling (750,000 fr.), pour peu que le volume soit considérable. Le gros diamant qui orne le sceptre de l'empereur de Russie fut acheté par l'impératrice Catherine au prix de 90,000 livres sterling (2,250,000 fr.) argent comptant, plus une rente de 4,000 livres sterling (100,000 fr.)

GUSTAVE. — Quelle somme exorbitante pour un si petit objet ! car son volume n'est sans doute considérable que par comparaison avec les diamants ordinaires.

Mme DE BEAUMONT. — Il est de la grosseur d'un œuf de pigeon, et pèse 193 carats. (Le carat anglais vaut 26 centigrammes.)

Mais c'est le raja de Mottau qui possède le plus gros diamant connu jusqu'à ce jour ; il pèse 367 carats, et fut trouvé, il y a environ 80 ans, dans l'île de Bornéo.

Le gouverneur de Batavia, qui voulait l'acheter, a offert en échange 150,000 dollars (375,000 fr.) et deux grands bricks de guerre avec tous leurs agrès, ainsi que d'autres canons, de la poudre et des boulets ; mais le raja a refusé de vendre un joyau auquel les Malais attachent une vertu surnaturelle, persuadés que la destinée de la famillé régnante dépend de la conservation de ce trésor.

CAROLINE. — Je n'avais point ouï parler de ce diamant *; est-il taillé ?

Mme DE BEAUMONT. — Je ne le crois pas ; il a, dit-on, la forme d'un œuf, avec une dentelure à sa petite extrémité.

L'art de tailler et de polir les diamants a été inconnu en Europe jusqu'au XVe siècle. Avant cette époque, on les employait comme ornements dans leur état primitif. On voit au Musée Britannique un diamant octaèdre *moulé* dans une ancienne bague d'or (réputée d'origine romaine). Les quatre diamants qui ornent l'agrafe du manteau de Charlemagne sont des diamants naturels. On conserve encore cette agrafe à Paris.

GUSTAVE. — Ces diamants avaient sans doute beaucoup de prix par leur rareté. Quant à la bague *romaine*, je ne trouve pas que le diamant brut la rende plus élégante.

Mme DE BEAUMONT. — Cette pierre a dû être recherchée dans tous les temps à cause de son extrême dureté ; car vous savez que le diamant raie toutes les substances connues, ce qui le rend, malgré son prix élevé, d'un usage moins dispendieux que l'émeril ou toute autre matière dure pour tailler et polir les pierres précieuses en général.

* Il en est parlé dans *The memoirs of the Batavia sonety*.

GUSTAVE. — N'est-il employé que par les lapidaires ?

Mme DE BEAUMONT. — Les vitriers s'en servent pour couper les verres de fenêtres ; le diamant est alors fixé dans une alvéole d'acier à laquelle on ajuste un manche de bois pareil au manche d'un pinceau. Il est digne de remarque qu'on ne peut employer à cet usage que la pointe d'un cristal naturel. Les diamants taillés ne couperaient pas le verre assez nettement ; ils l'entameraient sans doute, mais le verre ne se casserait pas suivant la raie tracée par l'instrument.

Depuis quelques années M. Lowry a introduit avec avantage l'usage du diamant dans la gravure à l'eau forte.

CAROLINE. — Je ne conçois pas le parti qu'on peut en tirer dans la gravure.

Mme DE BEAUMONT. — Il sert à tracer les fortes lignes sur la planche, après qu'elle a été suffisamment creusée par l'eau-forte.

On employait autrefois des pointes d'acier pour cet usage, mais comme elles étaient promptement émoussées en rayant le cuivre, ce moyen devenait impraticable pour graver ce qu'on appelle les *fonds*, ou même les teintes unies, comme l'azur des nuages, les plans d'architecture, la mer dans les cartes géographiques, etc.

Le diamant, au contraire, lorsqu'il est taillé en pointe conique, trace des lignes toujours égales, parce que le frottement du cuivre ne saurait l'émousser.

GUSTAVE. — Ce perfectionnement est d'une grande importance ; mais la difficulté doit être de donner au diamant la pointe convenable.

Mme DE BEAUMONT. — Oui ; c'est un talent que possèdent très peu de lapidaires. L'opération se fait au moyen d'un *tour*, et une lame mince de diamant tient lieu de ciseau.

Je n'ai pas besoin de vous dire que les horlogers font quelquefois usage du diamant pour établir l'axe d'une roue sur un support plus durable.

GUSTAVE. — Il faut maintenant nous apprendre comment on a découvert que les diamants étaient du carbone.

Mme DE BEAUMONT. — Je veux bien vous exposer le fait, mais je ne me charge pas de vous le faire comprendre. Exposé à un degré de chaleur à peine suffisant pour mettre l'argent en fusion, le diamant s'enflamme et se consume peu à peu en se combinant avec l'oxygène de l'atmosphère dans la même proportion que le charbon brûlé. Cette expérience, répétée maintes fois, a toujours donné le même résultat.

Dès l'an 1609, Boétius de Boot soupçonna que le diamant était une substance inflammable ; en 1694 et l'année suivante le grand duc de Toscane en fit brûler quelques-uns en sa présence, au moyen d'une forte lentille. Isaac Newton paraît avoir ignoré ces expériences ; il conjecturait néanmoins, d'après la grande puissance réfractive du diamant, qu'il pouvait être combustible.

Caroline. — Comment cela?

Mme de Beaumont. — Le diamant a sous ce rapport la plus grande analogie avec l'ambre, qui est, comme toutes les résines végétales, éminemment inflammable. La relation que Newton avait entrevue entre la puissance réfractive et la combustibilité des corps, le docteur Brewster l'a démontrée par ses expériences sur le soufre et le phosphore. Les recherches qu'il a faites en particulier sur les propriétés du diamant l'ont conduit à conclure « qu'il était probablement formé, comme l'am- » bre, d'une substance végétale, passée graduelle- » ment à la forme cristalline par l'action du temps » et par l'influence des formes corpusculaires *. »

La pesanteur spécifique du diamant ne s'élève pas à 3,5.

Caroline. — Est-il vrai que les diamants brillent dans l'obscurité?

Mme de Beaumont. — Je l'ignore; je n'ai jamais vu de diamant qui possédât cette propriété phosphorescente. Il existe plusieurs pierres artificielles qui, absorbant les rayons du soleil, émettent ensuite une lueur dans l'obscurité; et plusieurs ont

---

* M. Brewster parle ici non des lois ordinaires de la cristallisation, mais des causes qui déterminent la structure mécanique de certaines concrétions résineuses, telles que la gomme arabique, etc.

(Note du traducteur.)

affirmé que les diamants avaient la même vertu.

Vous pouvez observer que tous mes échantillons sont des cristaux détachés et réguliers en tout sens.

Gustave. — Ne pourriez-vous pas nous en montrer un qui fût encore engagé dans sa roche primitive?

Mme de Beaumont. — Non, on les trouve généralement disséminés dans le lit des fleuves; ceux qu'on rencontre à Golconde, engagés dans un agrégat de substances grossières, sont fort rares. J'en ai vu un dans la belle collection de M. Heuland, et je ne crois pas qu'il en existe plus de trois ou quatre en Angleterre. L'agrégat se compose de cailloux de quartz et de terre d'ocre. La méthode de chercher les diamants se trouve décrite dans les *Voyages au Brésil* de M. Mawe, ouvrage d'autant plus intéressant que l'auteur est peut-être le seul Anglais qui ait eu la faculté de voir les mines de diamant du Brésil, et qui ait pu conséquemment donner des renseignements exacts sur cette matière.

La famille du diamant n'admet point d'autre minéral; celle qui suit embrasse trois substances qui sont principalement composées de carbone.

Caroline. — Voici d'abord un fragment qu'on prendrait pour du charbon.

Mme de Beaumont. — C'est le *charbon minéral*, possédant les mêmes propriétés que le charbon obtenu par la combustion du bois. On le trouve en couches peu épaisses séparant les dépositions stratiformes des différentes espèces de charbon ; ce n'est pas une matière abondante. Quant au *graphite* ou plombagine, vous l'avez vu.

GUSTAVE. — Oui, dans les crayons ; mais pourquoi l'appelle-t-on plomb noir ?

Mme DE BEAUMONT. — Cela vient probablement de ce que dans l'origine on se servait de petits cylindres de plomb pour dessiner sur le papier ; plus tard, la plombagine ayant été employée au même usage, on a vu qu'elle laissait une trace plus sombre, et on l'a caractérisée par la dénomination de *plomb noir,* sans avoir égard à la différence de sa composition. La mine la plus abondante de ce minéral est à Borrodale, dans le Cumberland.

CAROLINE. — N'est-il employé que pour faire des crayons ?

Mme DE BEAUMONT. — Comme il résiste à un degré de chaleur très élevé, il sert à faire des creusets et des fourneaux pour la Chimie ; on le réduit en poudre pour noircir les grilles. La variété schisteuse a tout-à-fait l'éclat métallique. L'anthracite diffère de celle-là par l'apparence extérieure et par un éclat demi-métallique.

CAROLINE. — Elle a de plus la cassure conchoïde, tandis que celle du graphite est inégale et grenue. L'anthracite est remplie de fentes, et semble menacer de tomber en pièces.

Mme DE BEAUMONT. — Elle est quelquefois schisteuse, et plus rarement en colonne. Sa pesanteur spécifique est entre 1,4 et 1,8 ; celle du graphite s'élève à 2.

GUSTAVE. — En quoi ce minéral diffère-t-il du charbon que nous brûlons ?

Mme DE BEAUMONT. — Le charbon dont on fait usage journellement contient de 30 à 40 pour cent de matière bitumineuse ; de là provient l'odeur qu'il émet en brûlant. Mais l'anthracite (ou charbon éclatant) brûle sans flamme et presque sans odeur, ce qui lui a fait donner le nom de *charbon borgne* dans quelques cantons de l'Écosse.

Nous arrivons maintenant à une famille qui contient tous les minéraux qui admettent comme ingrédient *essentiel* une portion considérable de bitume, ainsi que les huiles minérales.

CAROLINE. — Les huiles minérales ! quelle apparence ont-elles ?

Mme DE BEAUMONT. — Il y en a deux espèces, le pétrole et le naphte, dont j'ai les échantillons dans des fioles.

GUSTAVE. — Quel est ce fluide limpide jaunâtre ?

Mme DE BEAUMONT. — C'est le naphte ; sentez-le.

GUSTAVE. — L'odeur n'est pas désagréable.

CAROLINE. — Elle ne ressemble à aucune odeur connue.

Mme DE BEAUMONT. — J'ai dans cette autre fiole un produit dû à une distillation de charbon qui sert à alimenter une partie des lampes de Londres, et qui diffère très peu du naphte ; cette substance se trouve

généralement coulant doucement des rochers, ou
flottant sur la surface de l'eau. Il y a dans la Perse,
sur les bords de la mer Caspienne, des cantons où
le sol est tellement imprégné de naphte, que si
l'on creuse la terre à quelques pouces de profondeur, l'approche d'une lumière suffit pour l'enflammer, et l'on ne parvient à l'éteindre qu'en
refermant l'ouverture pour empêcher le contact de
l'air. Les anciens Persans, qui adoraient le feu, regardaient cette flamme comme sacrée ; ils bâtissaient
des temples dans les endroits où la terre prenait
feu spontanément, et s'imposaient le religieux devoir de ne pas le laisser éteindre.

CAROLINE. — Existe-t-il encore quelques-uns de
ces temples ?

Mme DE BEAUMONT. — On en voit un à Badku qui
est très vaste ; mais c'est moins un temple qu'un
amas de petites cellules bâties autour d'une enceinte
découverte, et habitées chacune par un prêtre qui
veille sur le feu, constamment alimenté avec le
naphte que l'on extrait de différents puits à plus
d'une lieue à la ronde.

Quelquefois le naphte s'échappe du sein de la
terre, prend feu spontanément, et roule en tor-
rent de flamme sur la surface de la mer Caspienne.

GUSTAVE. — Ce phénomène doit présenter un
magnifique spectacle. Mais je suppose qu'il cause
autant de ravages que l'éruption d'un volcan.

Mme DE BEAUMONT. — Non ; le naphte brûlant en
plein air se dissipe promptement, et donne peu de

chaleur; mais lorsqu'on souffle dessus au moyen d'un tube (ne fût-ce qu'un roseau creux) introduit dans la terre, il produit assez de chaleur pour cuire les aliments. On le trouve aussi au Japon, et dans plusieurs contrées de l'Europe. Les Japonais et les Italiens l'emploient pour l'éclairage.

Le pétrole, appelé aussi *napthe noir*, se rencontre en Angleterre, et particulièrement dans le comté de Shrop, où il sort par filtration des flancs d'une roche calcaire.

Caroline. — En quoi cette espèce diffère-t-elle du naphte?

Mme de Beaumont. — Elle est beaucoup plus visqueuse, propriété qu'on attribue à la présence du bitume mêlé avec le naphte. Le pétrole se trouve généralement là où le charbon est abondant. Les carrières de charbon du royaume d'Ava fournissent une immense quantité de cette huile.

On voit à Rangoon, dans un espace de quatre ou cinq milles, plus de cinq cents puits creusés dans la terre, dans la pierre à sablon et dans l'argile, à une profondeur suffisante pour atteindre aux couches de charbon; c'est par ces mêmes puits que l'on retire le pétrole dans des seaux, et dès qu'un puits est épuisé, on en creuse un autre.

Gustave. — Se prête-t-il aux mêmes applications que le naphte?

Mme de Beaumont. — Non; il est trop épais pour brûler dans les lampes; on le mêle avec du sable ou de la terre, et l'on en fait des *gâteaux* pour le chauffage. Mais il est d'un grand usage en ce qu'il remplace le goudron, pour enduire les bateaux et le toit des maisons. Le pétrole de Raugoon est verdâtre, celui du Shropshire est brun, tirant sur le noir.

Il existe trois variétés de bitume ou poix minérale ; occupons-nous d'abord du bitume *élastique*, qui a très peu de dureté.

CAROLINE. — Il ressemble beaucoup à la gomme élastique de l'Inde chauffée au feu.

Mme DE BEAUMONT. — Il enlève les marques du crayon comme la gomme élastique, et, chose étonnante, il laisse lui-même une tache sur le papier.

GUSTAVE. — Les petits globules noirs de cet échantillon appartiennent-ils à la même substance ?

Mme DE BEAUMONT. — Oui ; c'est une écaille pétrifiée du Derbyshire, et l'on présume que le bitume provient de l'animal qu'a renfermé jadis le coquillage. Le bitume le plus dur se nomme *asphalte*, parce qu'il se rencontre en abondance, flottant à la surface du lac Asphaltite (aujourd'hui *Mer Morte*.) Cette espèce a l'éclat résineux ; sa cassure est parfaite, grande et conchoïde.

CAROLINE. — Ces minéraux brûlent-ils à la bougie ?

Mme DE BEAUMONT. — Oui, très promptement ; essayez de brûler ce morceau.

CAROLINE. — Comme il prend feu ! quelle flamme éclatante !

GUSTAVE. — Il semble que la chaleur le met en fusion.

Mme DE BEAUMONT. — Sans doute, et même les anciens l'employaient à l'état liquide au lieu de mortier. Les briques des murailles de Babylone étaient cimentées avec du bitume fondu par l'action du feu.

CAROLINE.—Est-il de quelque usage en Angleterre?

Mme DE BEAUMONT. — Il s'en consume parmi nous une grande quantité, pour faire le vernis noir appelé communément *vernis du Japon*.

On donnait autrefois le nom de malthe au bitume allié à une forte portion de matière terreuse. Cet alliage de terre ou de sable peut élever de beaucoup sa pesanteur spécifique, qui dépend de la pureté du minéral; celle de l'asphalte varie depuis 1, et même moins, jusqu'à 1,6. Le pétrole s'épaissit et acquiert l'apparence du bitume par son exposition à l'air.

GUSTAVE. — Toutes ces substances méritent bien d'être connues. Je ne soupçonnais pas qu'il existât de pareils objets dans la nature; mais le tiroir suivant ne contient-il pas du charbon?

Mme DE BEAUMONT. — Oui, et le charbon se divise en beaucoup de variétés, dont les principales sont le noir et le brun.

CAROLINE. — Celui dont on se sert habituellement est, selon toute apparence, le *charbon noir*.

Mme DE BEAUMONT. — Oui; on l'appelle encore *charbon schisteux*, à cause de sa texture. Vous savez qu'il se fend dans une direction avec la plus grande facilité.

Gustave. — J'en ai souvent fait la remarque ; lorsque le charbon commence à sentir l'action du feu, le plus petit effort suffit pour le mettre en pièces.

Mme DE BEAUMONT. — J'ose dire que vous avez plus d'une fois aperçu des pyrites dans le charbon ; elles produisent les explosions que vous entendez si fréquemment dans le feu.

Gustave. — Est-il vrai , comme le disent certaines personnes, que les pyrites soient aurifères ?

Mme DE BEAUMONT. — On n'a jamais trouvé de l'or dans les mines de charbon, et je vous donne pour certain qu'on n'y en trouvera jamais. Voici un échantillon de charbon commun, qui possède à sa surface les plus belles couleurs irisées.

Caroline. — C'est un fragment fort précieux ; je présume qu'il est d'une variété rare.

Mme DE BEAUMONT. — Point du tout ; si vous vous donnez la peine de *minéraliser* dans le cabinet où je tiens mon charbon , vous y rencontrerez des morceaux tout pareils.

Gustave. — Voici , je crois, un échantillon de jais.

Mme DE BEAUMONT. — Non ; c'est le *cannel-coal*, appelé dans quelques pays de l'Ecosse *charbon de perroquet*.

Caroline. — Il est très compacte et ne salit pas les doigts comme l'espèce commune.

Mme DE BEAUMONT. — Il a beaucoup de ressemblance avec le jais, mais la cassure est moins écla-

tante, et la couleur n'est pas d'un si beau noir.
Susceptible d'acquérir un très beau poli, il sert à
faire des tabatières, des écritoires et même des
colliers; mais le *jais* est d'un usage encore plus
étendu dans les ouvrages d'ornements. Dans le
département de l'Aude, en France, douze cents
hommes sont constamment occupés à tourner et à
tailler le jais en boutons, en colliers, en pendants
d'oreilles, en coupes et en grains de chapelets. On
assure qu'il se consomme annuellement, en pareils
ouvrages, environ 100,000 livres pesant de ce
minéral. Il s'en exporte considérablement pour
l'Espagne.

Le jais abonde dans les mines d'ambre de la
Prusse; les mineurs l'appellent *ambre noir*, et souvent il sert d'enveloppe à des morceaux d'ambre.
Les lits de charbon contiennent accidentellement
quelques autres minéraux très peu importants,
qui sont considérés comme des variétés du charbon noir; de ce nombre est le *charbon-suie*, ainsi
appelé à cause de sa texture.

Caroline. — En voici, je crois, un échantillon.

Mme de Beaumont. — Vous voyez qu'il est tout-
à-fait terreux dans quelques parties de sa masse, et
fortement tachant.

Le charbon que nous brûlons à Londres se tire
principalement de Newcastle, bien que d'autres
contrées de l'Angleterre en fournissent une grande
quantité. Le même *lit* qu'on exploite à Newcastle
traverse les comtés de Durham, d'York, de Derby,

jusqu'à celui de Nottingham. Le charbon abonde aussi dans le Cumberland, dans la forêt de Dean, comté de Glocester, et dans le Shropshire, sans parler des couches isolées qui se rencontrent presque partout. Le mot technique, pour désigner les mines de ce minéral, est *champ de charbon (coal-field.)*

GUSTAVE. — Y a-t-il des montagnes de charbon, ou le retire-t-on de la terre en creusant des puits?

Mme DE BEAUMONT. — Il n'existe pas des montagnes de charbon; les couches de ce minéral ont très peu d'épaisseur en comparaison des autres masses stratiformes qui séparent ou qui recouvrent les couches. Le champ de charbon du Northumberland se compose d'une série de couches superposées au nombre de 229.

CAROLINE. — Quelles dépenses, s'il faut exploiter le charbon à travers tant de matériaux inutiles!

Mme DE BEAUMONT. — Toutes les couches mêlées entre celles de charbon ne sont pas inutiles. La pierre à sablon, par exemple, s'applique à différents usages.

GUSTAVE. — Mais le charbon se trouve aussi probablement en d'autres contrées?

Mme DE BEAUMONT. — Il abonde en Allemagne, en France et dans l'Amérique du Nord; mais c'est l'Angleterre qui en fait la plus grande consommation, parce que le manque des forêts rendrait parmi nous l'usage du bois trop dispendieux.

Le *charbon brun* est un bois imprégné de bitume, dont il se rencontre en Angleterre plusieurs variétés.

CAROLINE. — Voici probablement la *variété fibreuse ;* elle montre très distinctement la texture ligniforme.

Mme DE BEAUMONT. — Oui ; cet échantillon vient de Bovey-Tracey dans le Derbyshire, où se trouve aussi la variété conchoïde ; celle-ci ne diffère de l'autre qu'en ce qu'elle est plus compacte.

GUSTAVE. — Servent-elles pour le chauffage ?

Mme DE BEAUMONT. — Oui, lorsqu'on n'a besoin que d'une chaleur modérée ; elles brûlent avec une flamme claire, en émettant une odeur bitumineuse, tout-à-fait différente de celle qu'exhale le charbon noir, et, à mon avis, beaucoup moins désagréable. La variété fibreuse se rencontre abondamment en Islande, où les habitans l'appellent *Herturbrand.* Autrefois on retirait de la terre des arbres encore entiers, imprégnés du bitume, dont les Islandais faisaient des tables et d'autres meubles grossiers. Le *charbon de marais* est un autre minéral qu'on trouve quelquefois dans les couches de la variété fibreuse, particulièrement en Bohème. Il a les propriétés du bois bitumineux, mais sa texture est plus grossière, et sa couleur à peu près noire.

CAROLINE. — N'est-ce pas dans le charbon de marais que se rencontre la mellite ?

Mme DE BEAUMONT. — Oui ; et l'ambre aussi l'accompagne parfois. Mais l'ambre appartient à la famille suivante qui contient les résines minérales. C'est une substance qui vous est bien connue.

Gustave. — Oui; mais je n'ai jamais vu de l'ambre pareil à celui-ci.

Mme de Beaumont. — L'ambre jaune transparent est le plus estimé, ce qui le rend d'un usage plus universel. Cependant la variété opaque, d'un blanc jaunâtre, est assez commune. Sa couleur approche quelquefois du rouge d'hyacinthe.

Caroline. — Avez-vous des échantillons qui contiennent des insectes?

Mme de Beaumont. — Non. On croit assez communément que l'ambre renferme quelquefois des insectes; mais le fait est que tous les échantillons de ce genre, vendus pour de l'ambre, sont une espèce de gomme qui se dissout ou s'amollit dans les liquides, et dans laquelle les insectes se sont introduits avant qu'elle ne fût endurcie.

Gustave. — L'ambre n'est donc pas lui-même une espèce de gomme?

Mme de Beaumont. — Je le crois, pour plusieurs raisons, d'origine végétale; mais on ne le trouve jamais adhérent aux arbres vivants, ni sortant par exsudation de leur écorce, comme les autres gommes.

L'ambre de Prusse est exploité dans des mines, où les arbres forment des couches stratiformes, dont une partie est décomposée et pénétrée par des pyrites, tandis que le reste est converti en jais et en ambre.

On trouve aussi des stalactites d'ambre pendant aux branches de ces arbres. Je vous ai déjà dit que l'ambre, ainsi que plusieurs espèces de gomme, avait, par ses effets de lumière, beaucoup d'analogie avec le diamant.

Caroline. — Il est donc principalement composé de carbone?

Mme de Beaumont. — Oui; il brûle avec une flamme éclatante, accompagnée d'une forte fumée, en émettant une odeur très agréable.

Je ne dirai qu'un mot d'une résine minérale découverte récemment, qu'on a appelée *Copal-fossile*, parce qu'elle ressemble à la gomme copale. Elle brûle comme l'ambre, et se trouve engagée dans l'argile bleue.

La dernière espèce est l'*asphalte résineux*, ou *rétin-asphalte*, minéral opaque qui accompagne le bois bitumineux de Bovey-Tracey.

Caroline. — Il est très luisant, mais sans beaucoup de ressemblance avec la résine.

Mme de Beaumont. — L'analyse fait voir qu'il se compose de résine et de bitume, avec environ 3 pour cent de terre. On le trouve adhérent au charbon brun en blocs irréguliers, d'une couleur brune peu foncée. La cassure est imparfaitement conchoïde et sans éclat. Tous les minéraux de cette famille se reconnaissent facilement par l'odeur aromatique qu'ils émettent durant la combustion, et par leur pesanteur spécifique, qui excède à peine celle de l'eau.

GUSTAVE. — Deviennent-ils, comme l'autre, électriques par frottement ?

Mme DE BEAUMONT. — J'ai vainement tenté l'expérience sur mes échantillons d'asphalte résineux, et de copal fossile ; il est vrai que l'ambre blanc ne devient que faiblement électrique, et que certains fragments ne le deviennent pas du tout ; telle est en particulier cette variété tout-à-fait opaque, qu'on prendrait pour du Meerschaum.

Voici maintenant les échantillons du *soufre natif*.

CAROLINE. — Je n'aurais pas cru le soufre aussi transparent : voilà des cristaux fort réguliers.

Mme DE BEAUMONT. — Ils viennent d'Espagne. Les royaumes de Murcie et d'Aragon ont des mines de soufre très abondantes.

Le cristal primitif est un octaèdre aigu, dont la base est un rhombe (*fig.* 398.)

GUSTAVE. — Les creux de cet échantillon contiennent de petits cristaux primitifs.

CAROLINE. — En voici d'autres qui présentent différentes modifications. Les uns ont des troncatures sur les arêtes opposées, les autres sur leurs pointements (*fig.* 400, 401, 402.)

Mme DE BEAUMONT. — La couleur est constamment la même, mais le degré de transparence varie ; la cassure est imparfaitement conchoïde, éclatante, ou même splendescente ; la surface des cristaux est en général brillante. Ils acquièrent par frottement l'électricité négative, comme l'ambre.

Gustave. — Trouve-t-on le soufre natif en Angleterre?

Mme DE BEAUMONT. — Non, les localités qui le fournissent sont l'Islande, la France, la Suisse, la Transylvanie et la Pologne.

L'autre espèce de soufre se rencontre seulement dans les contrées volcaniques.

Caroline. — Diffère-t-elle beaucoup, pour l'apparence, du soufre natif?

Mme DE BEAUMONT. — Oui ; il a généralement une apparence cellulaire ou corrodée, ou bien il forme de minces incrustations sur la lave.

Voici un échantillon apporté de Solfaterra, où ce minéral forme des amas très considérables ; c'est de là qu'on le tire pour en faire un objet de commerce.

Gustave. — N'est-il jamais cristallisé?

Mme DE BEAUMONT. — Il cristallise quelquefois en touffes aciculaires, extrêmement délicates. La couleur du soufre volcanique est le jaune orange foncé, quelquefois le rouge, nuance que n'affecte jamais l'autre espèce. Il est translucide ou presque opaque. Les cristaux ont la double réfraction, et sont quelquefois tout-à-fait transparents.

Ce minéral, ainsi que les deux familles précédentes, est considéré comme étant d'une origine plus récente que les substances terreuses dont se compose principalement la croûte de la terre, ou que les matières métalliques engagées dans l'intérieur. La formation du soufre est un fait qui se perpétue

encore aujourd'hui dans plusieurs régions volcaniques. Mais c'est à la Géologie qu'il appartient de
déterminer les différents âges des créations minérales.

CAROLINE. — J'aurais beaucoup de plaisir à
prendre au moins un aperçu de cette science ; elle
doit être fort intéressante, si j'en juge par l'agrément de la Minéralogie.

Mme DE BEAUMONT. — C'est une étude très atta-
chante ; mais elle n'a pas comme la Minéralogie une
marche déterminée et des limites fixes ; on ne devient pas géologiste en examinant les échantillons
d'un cabinet. Après qu'on a puisé dans les livres les
premiers éléments de la science, il faut non-seulement observer les roches et les couches des différentes contrées, mais encore comparer soigneusement celles de même espèce que présentent les
diverses localités, sans quoi les livres deviennent à
peu près inutiles.

GUSTAVE. — Pensez-vous qu'il me serait avantageux, pendant le voyage que je vais faire dans le
Cornouaille, de mettre par écrit tous les minéraux
et toutes les roches que je pourrai rencontrer ?

Mme DE BEAUMONT. — Je vous conseille de vous
en tenir, pour le moment, à l'examen des *minéraux simples*, tels que je viens de vous les montrer. La plupart des roches sont composées de
deux, trois ou même un plus grand nombre de
ces substances ; et leur nom vous est à peine connu.
Si toutefois vous êtes impatients d'aborder la Géo-

logie, vous pourrez consulter utilement les *Essais* de M. Phillips *sur la Géologie de l'Angleterre et du pays de Galles;* cet ouvrage présente une série parfaitement méthodique de faits relatifs à la Géologie. L'*Introduction à la Théorie de la terre*, par M. Cuvier, est encore un livre très scientifique, quoique dans un genre élémentaire. Voilà de quoi occuper vos loisirs pendant le voyage; et si au retour vous persistez à vouloir étudier la Géologie, je serai encore à votre service. Je pourrai vous étaler une ample collection de fragments de roches; et pour peu que mes leçons vous soient agréables, je m'estimerai trop heureuse de vous les continuer.

FIN DES ENTRETIENS SUR LA MINÉRALOGIE.

TABLE ANALYTIQUE

DES MINÉRAUX

CONTENUS DANS CET OUVRAGE.

———

CLASSE TERREUSE.

1er ORDRE. *Minéraux terreux*.

1er GENRE. (Siliceux.)

Famille du silex.

Pages.

7ᵉ GENRE. (Argent.)

FIN DE LA TABLE ANALYTIQUE.

EXTRAIT

du Catalogue de Boulland et Cie.

OEUVRES CHOISIES DE VOLTAIRE, édition de Renouard, 21 vol. in-8 et in-12, contenant ce qui suit :

THÉATRE, 9 vol. in-8, pap. vél., avec 11 fig. de Moreau,   108 fr. »

—— Le même, pap. fin, 45 fig.,   75 fr. »

—— Le même, in-12, beau pap., sans fig.,   27 fr. »

LA HENRIADE, 1 vol. in-8, pap. vél., avec 11 fig. de Moreau,   18 fr. 50 c.

—— Le même, sans fig.,   7 fr. 50 c.

—— Le même, pap. fin, avec les 11 fig., 15 fr. 50 c.

—— Le même, sans fig.,   5 fr. 50 c.

—— Le même, in-12, beau pap., sans fig.,   3 fr. »

LA PUCELLE, 1 vol. in-8, pap. vél., avec 22 fig. de Moreau,   29 fr. 50 c.

—— Le même, sans fig.,   7 fr. 50 c.

—— Le même, pap. fin, avec les 22 fig., 27 fr. 50 c.

—— Le même, sans fig.,   5 fr. 50 c.

—— Le même, in-12, beau pap.,   3 fr. »

CONTES ET SATIRES, 1 vol. in-8, pap. vél., 6 fig. de Moreau,   13 fr. 50 c.

—— Le même, sans fig.,   7 fr. 50 c.

—— Le même, papier fin, avec les 6 figures,
11 fr. 5o c.
—— Le même, pap. fin, sans fig. ,   5 fr. 5o c.
—— Le même, in-12, beau pap.,   3 fr. »
ROMANS , 2 vol. in-8, pap. vél. , avec 27 fig. de
Moreau,   42 fr. »
—— Le même, sans fig. ,   15 fr. »
—— Le même, papier fin, avec les 27 figures,
38 fr. »
—— Le même, sans fig. ,   11 fr. »
—— Le même, 2 vol. in-12, sans fig., 6 fr. »
SIÈCLE DE LOUIS XIV ET DE LOUIS XV,
3 vol. in-8, pap. vél. avec 20 figures de Mo-
reau,   42 fr. 5o c.
—— Le même, sans fig. ,   22 fr. 5o c.
—— Le même, pap. fin, avec les 20 fig. 36 fr. 5o c.
—— Le même, sans fig. ,   16 fr. 5o c.
—— Le même, 3 vol. in-12, sans fig. 9 fr. »
HISTOIRE DE CHARLES XII, 1 vol. in - 8 ,
papier vélin , avec 2 figures de Moreau ,
9 fr. 5o c.
—— Le même, sans fig. ,   7 fr. 5o c.
—— Le même, pap. fin, avec fig.,   7 fr. 5o c.
—— Le même, sans fig. ,   5 fr. 5o c.
—— Le même, in-12 , sans fig. ,   3 fr. »
HISTOIRE DE RUSSIE, 1 vol. in-8,
pap. vélin , 2 fig. de Moreau,   9 fr. 5o c.
—— Le même, sans fig. ,   7 fr. 5o c.
—— Le même, pap. fin, avec fig.,   7 fr. 5o c.
—— Le même, sans fig. ,   5 fr. 5o c.

—— Le même, in-12, sans fig.,   3 fr.

EPITRES ET POEMES, 2 vol. in-8,
  pap. vélin,   15 fr.

—— Le même, pap. fin,   11 fr.

—— Le même, in-12, 2 vol.,   6 fr.

On peut ajouter aux 21 volumes in-12 de cette Collection, les 90 figures de Moreau, au prix de 90 fr.

ENTRETIENS sur *la Physique*, *la Chimie*, *la Minéralogie*, *l'Économie politique*, *l'Anatomie et la Physiologie*, *la Géographie et l'Astronomie*, *la Botanique*, 8 ou 10 vol. in-12, ornés d'un grand nombres de planches dessinées et gravées par A. Tardieu.

Les trois premiers ouvrages paraîtront ensemble dans le mois de juin. Les Entretiens sur la Botanique, l'Économie politique, la Géographie et l'Astronomie, suivront immédiatement; ceux sur l'Anatomie et la Physiologie ne paraîtront qu'au mois de juillet, à cause du soin qu'exigent les planches nombreuses qui représentent les diverses parties du corps humain.

Chaque volume, beau papier, avec couverture imprimée, coûtera 6 ou 7 fr., en raison de la force du volume et du nombre de planches qu'il contiendra.

OEUVRES COMPLÈTES DE FLORIAN, édit. de Renouard, 20 vol. in-18, avec 31 fig.,   30 fr.

—— Les mêmes, pap. fin satiné, avec 80 nouvelles grav., par Moreau,   56 fr.

—— Les mêmes, 20 vol. in-12, papier fin satiné,
avec 80 grav.,   82 fr.

—— Les mêmes, pap. vélin,   110 fr.

On vend séparément chacun des ouvrages de cette édition.

ENCYCLOPÉDIE portative, ou Résumé universel des sciences, des lettres et des arts, en une collection de traités séparés, par une société de savans, sous les auspices de MM. de Barante, Champollion, Cuvier, C. Dupin, Eyriès, de Gerando, Letronne, Thénard, etc., sous la direction de M. Bailly.

Cette belle collection formera 80 vol. in-32, ornés de planches, de vignettes dessinées par M. Deveria, et imprimés avec un caractère neuf de M. Firmin Didot, sur pap. vél., grand raisin sat.

Le prix de chaque volume est de 3 fr. 50 c. (Le premier volume, contenant l'Astronomie, est en vente).

LES SOIRÉES RÉCRÉATIVES DE L'ENFANCE, par madame de Flammerang, 2 jolis vol. in-18, ornés de gravures, Paris, 1825,   3 fr. 50 c.

—— Les mêmes, avec fig. coloriées,   4 fr.   »

LA JEUNE MÈRE INSTITUTRICE, ou Leçons d'une mère à ses enfans, sur les défauts et les vertus de la jeunesse, et sur toutes les parties de l'éducation, 3 vol. in-18, ornés de jolies gravures. Paris, 1825,   5 fr. 50 c.

—— Les mêmes, avec figures coloriées,   6 fr. 50 c.

TABLE ALPHABÉTIQUE.

A

44

B

C

F

G

P

T

FIN DE LA TABLE ALPHABÉTIQUE.

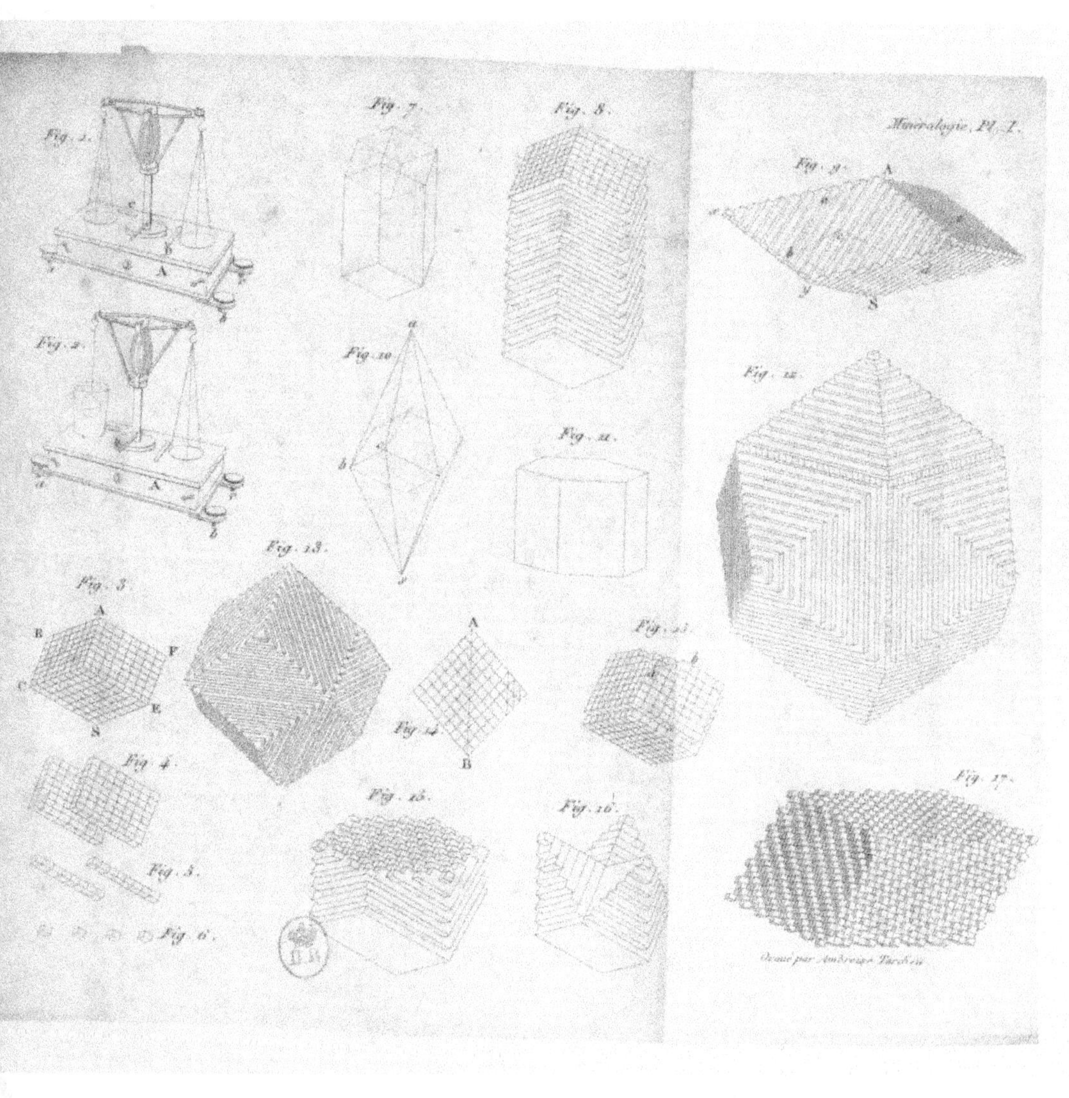

Fig. 1.
Fig. 2.
Fig. 3.
Fig. 4.
Fig. 5.
Fig. 6.
Fig. 7.
Fig. 8.
Fig. 9.
Fig. 10.
Fig. 11.
Fig. 12.
Fig. 13.
Fig. 14.
Fig. 15.
Fig. 16.
Fig. 17.
Minéralogie. Pl. I.
Dessiné par Ambroise Tardieu.

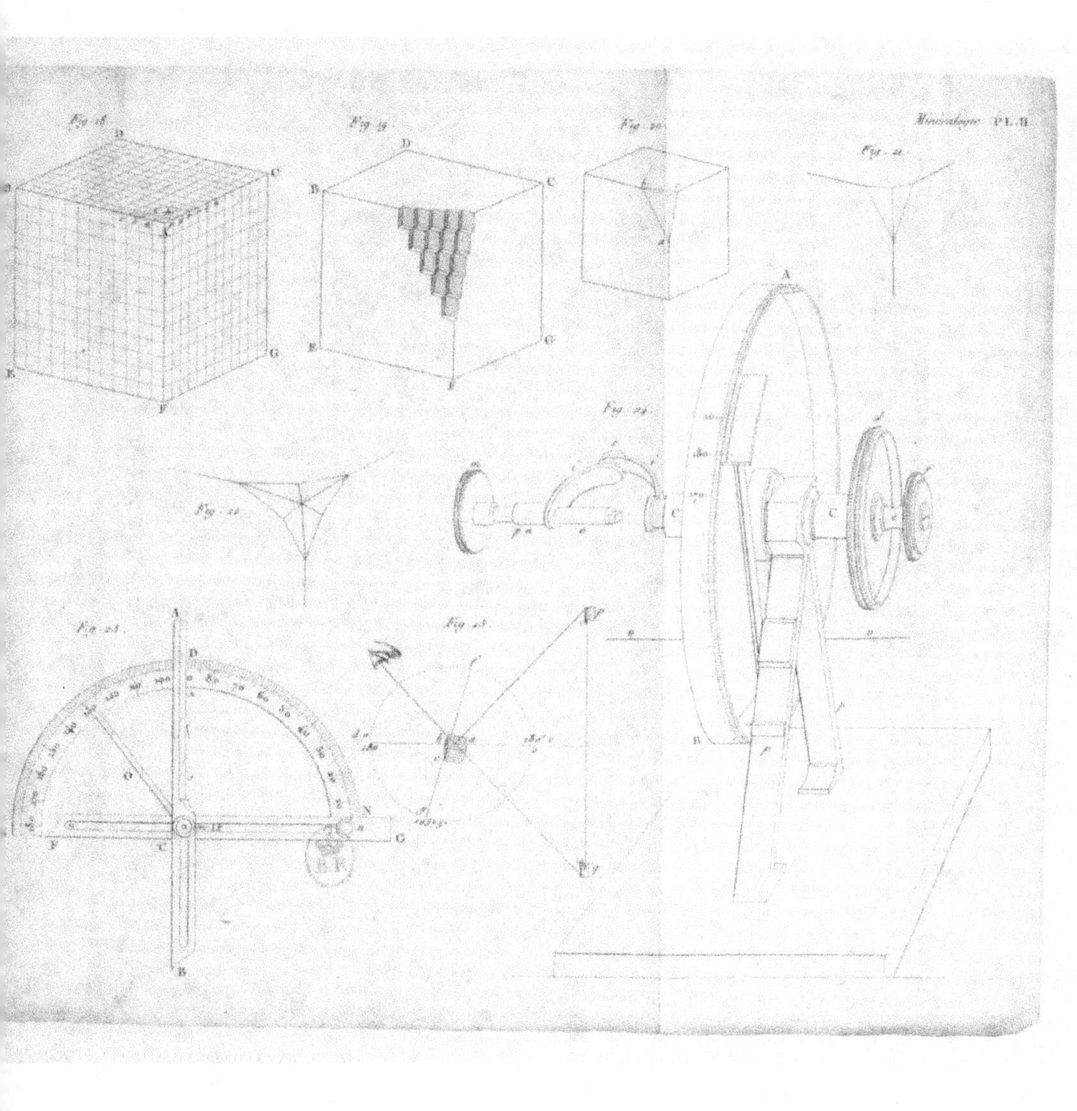

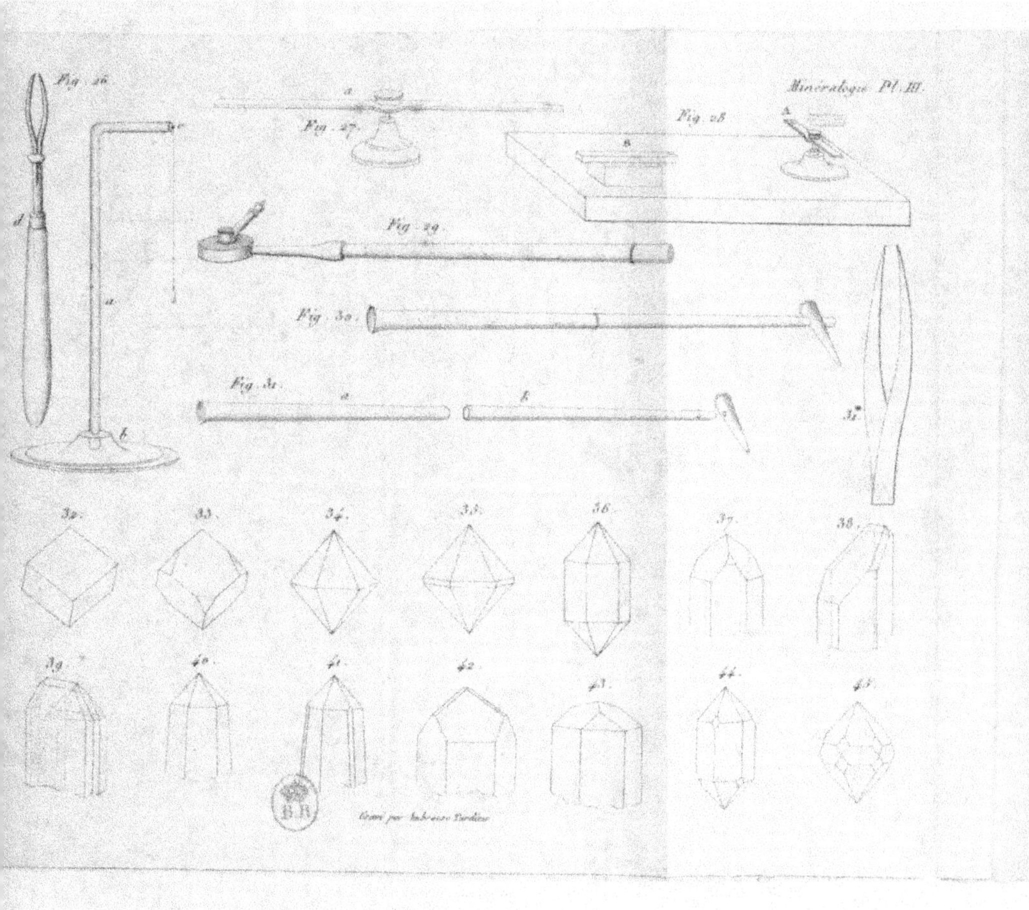
Fig. 26.
Fig. 27.
Fig. 28.
Fig. 29.
Fig. 30.
Fig. 31.
Gravé par Ambroise Tardieu

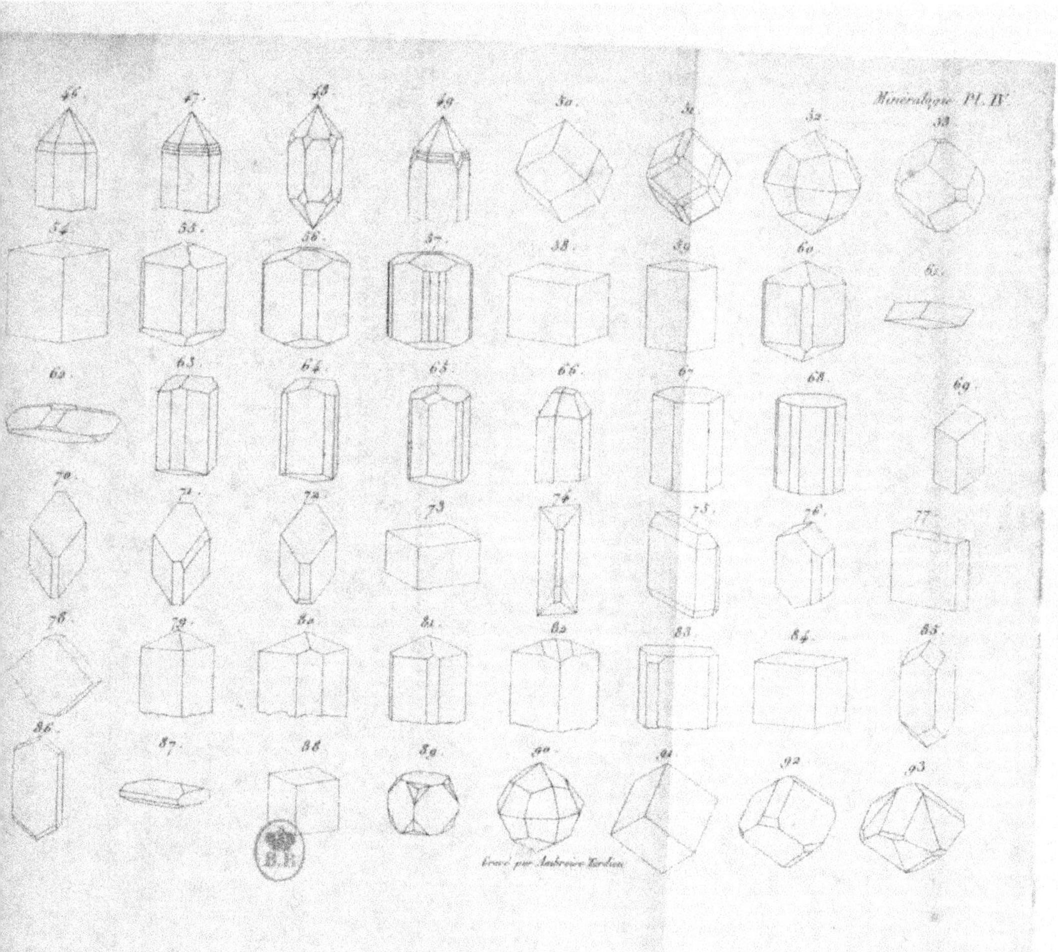
gravé par Ambroise Tardieu

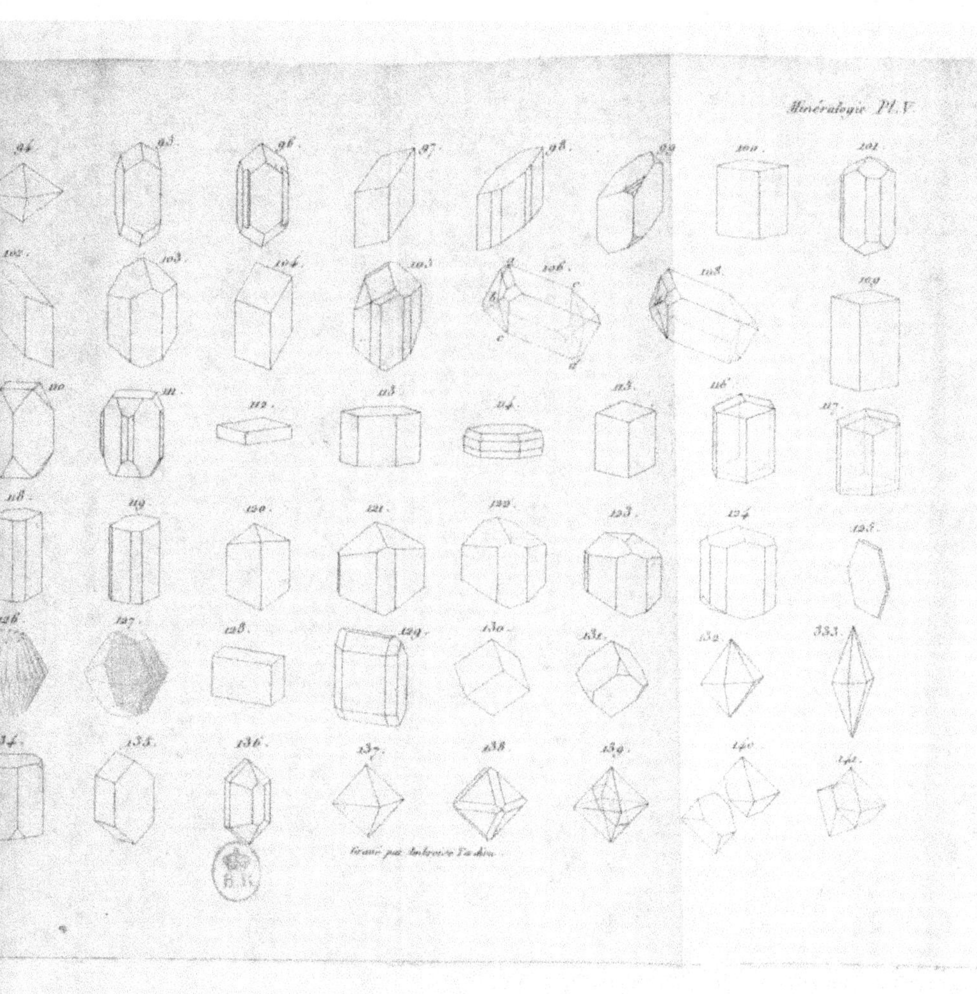
Gravé par Ambroise Tardieu.

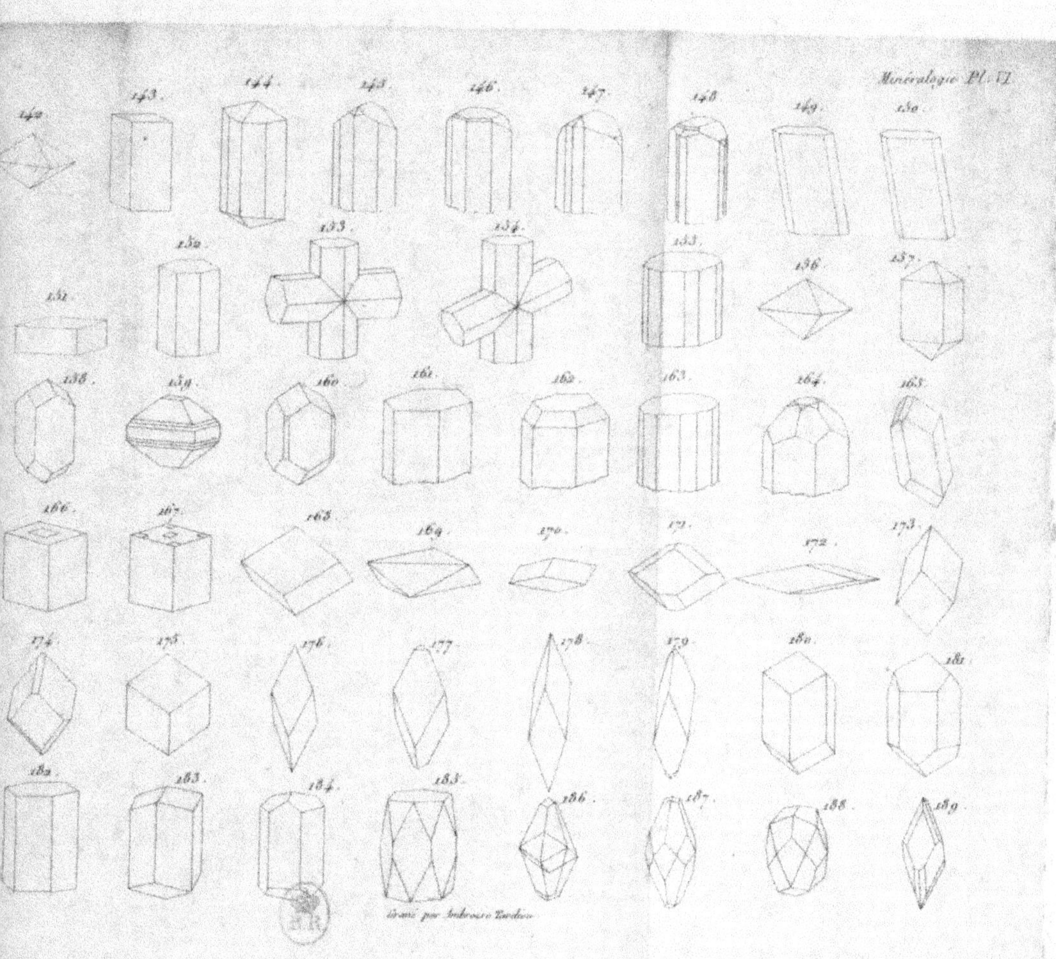

142.
143.
144.
145.
146.
147.
148.
149.
150.
151.
152.
153.
154.
155.
136.
137.
158.
159.
160.
161.
162.
163.
164.
165.
166.
167.
168.
169.
170.
171.
172.
173.
174.
175.
176.
177.
178.
179.
180.
181.
182.
183.
184.
185.
186.
187.
188.
189.
Gravé par Ambroise Tardieu.

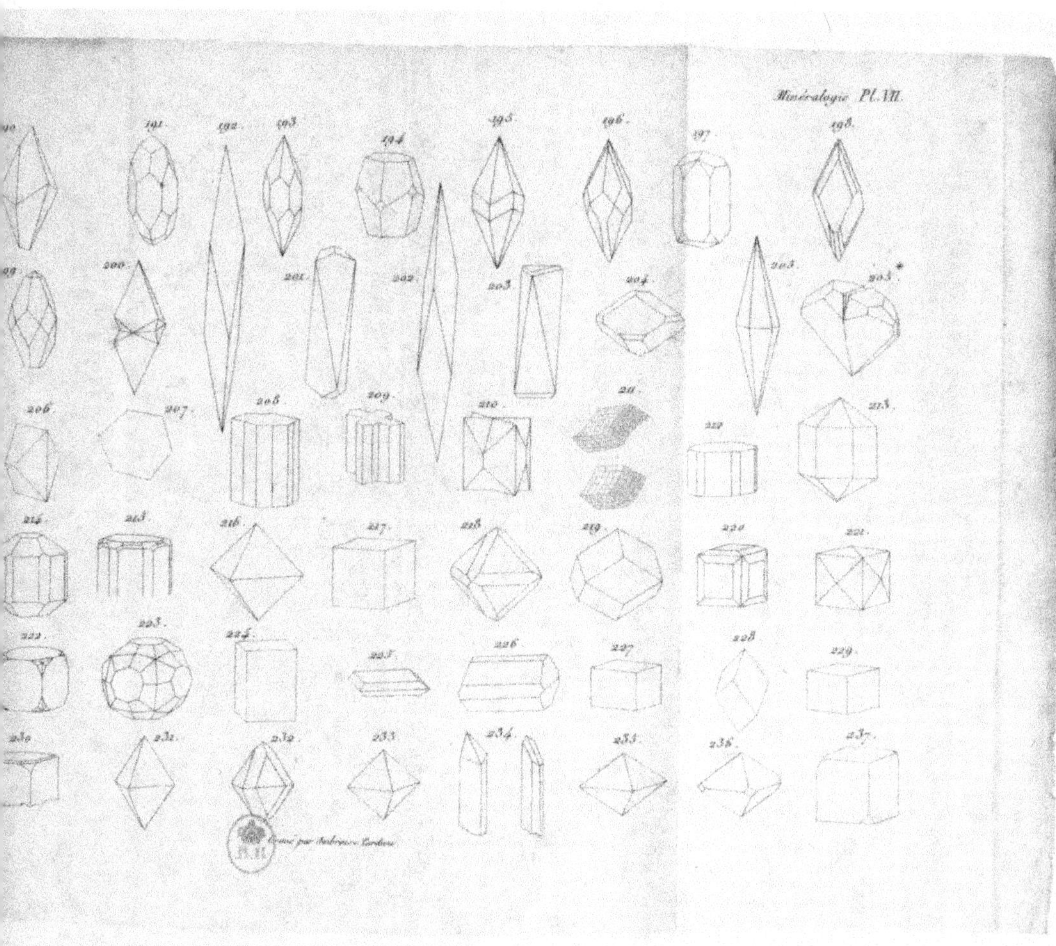
Gravé par Ambroise Tardieu.

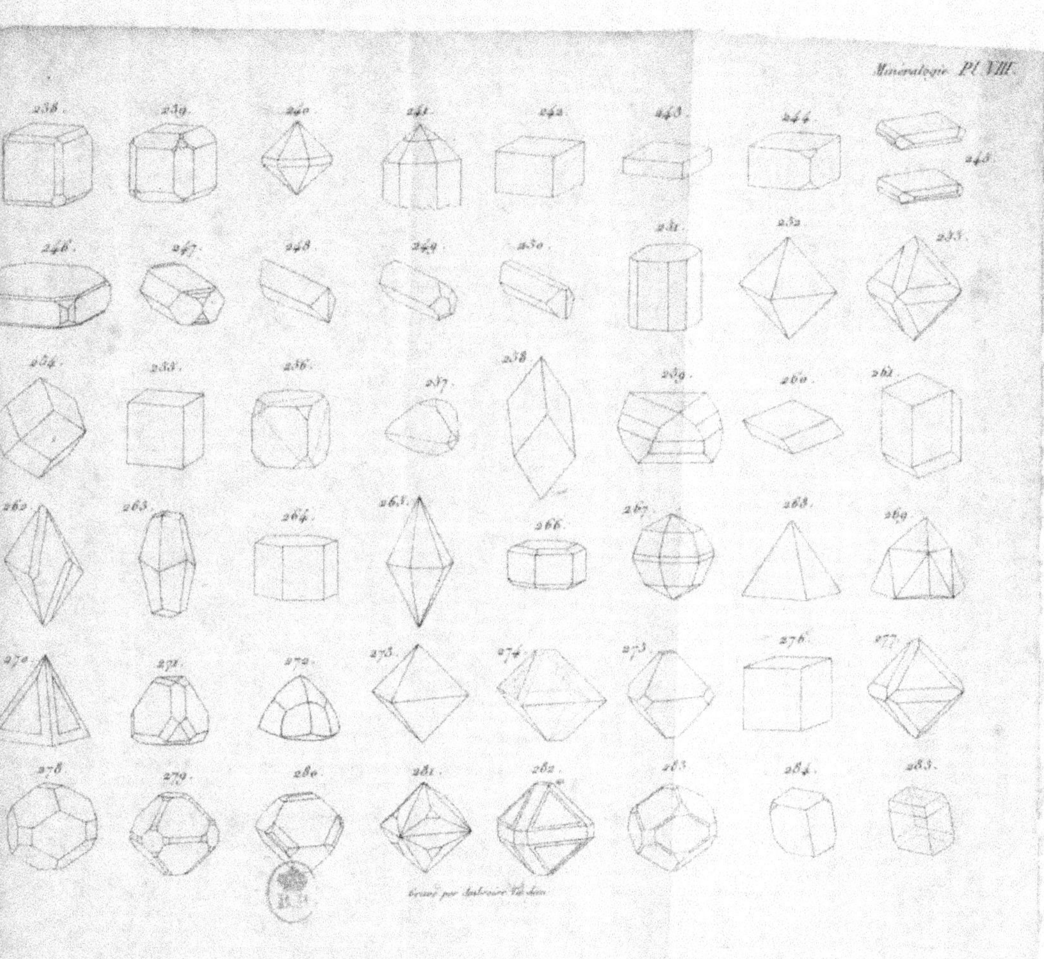

Gravé par Ambroise Tardieu.

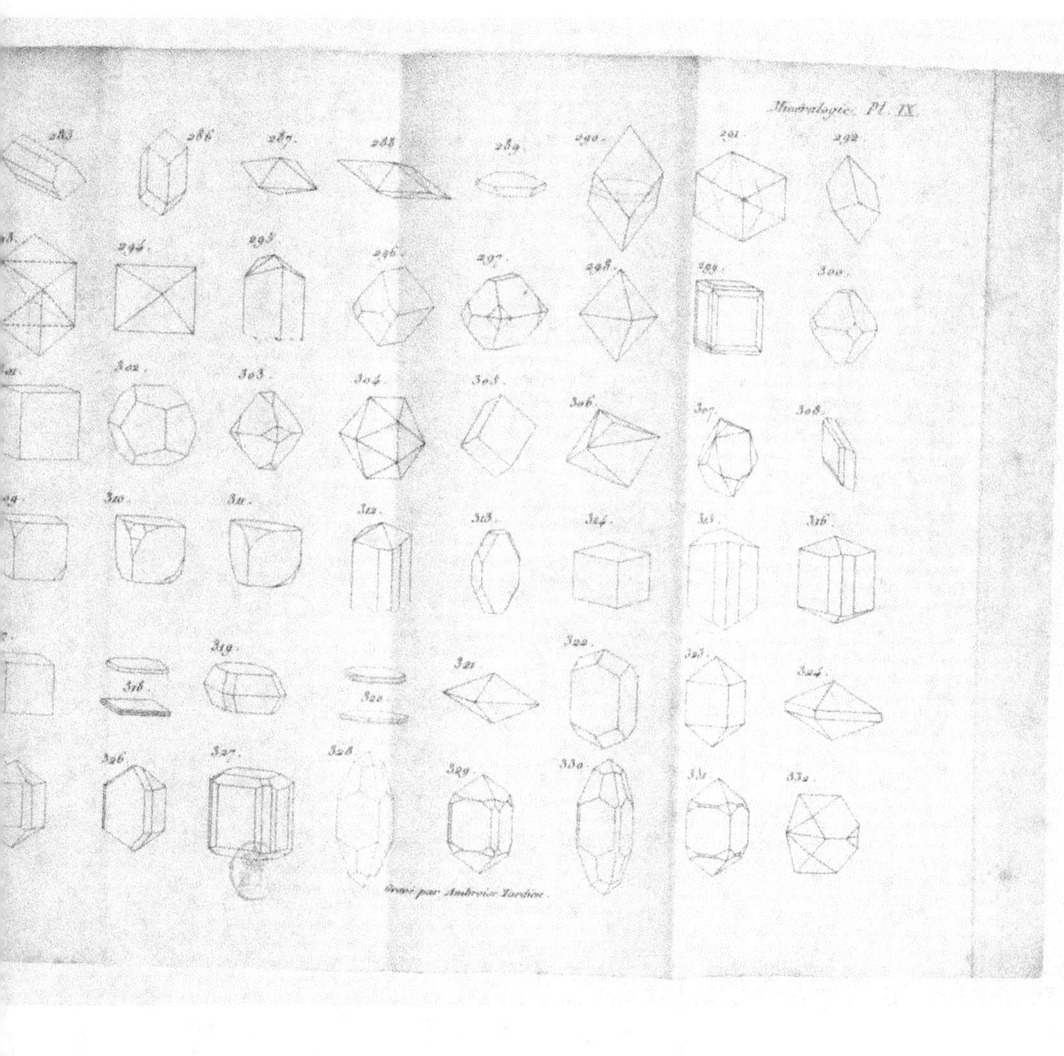

Gravé par Ambroise Tardieu.

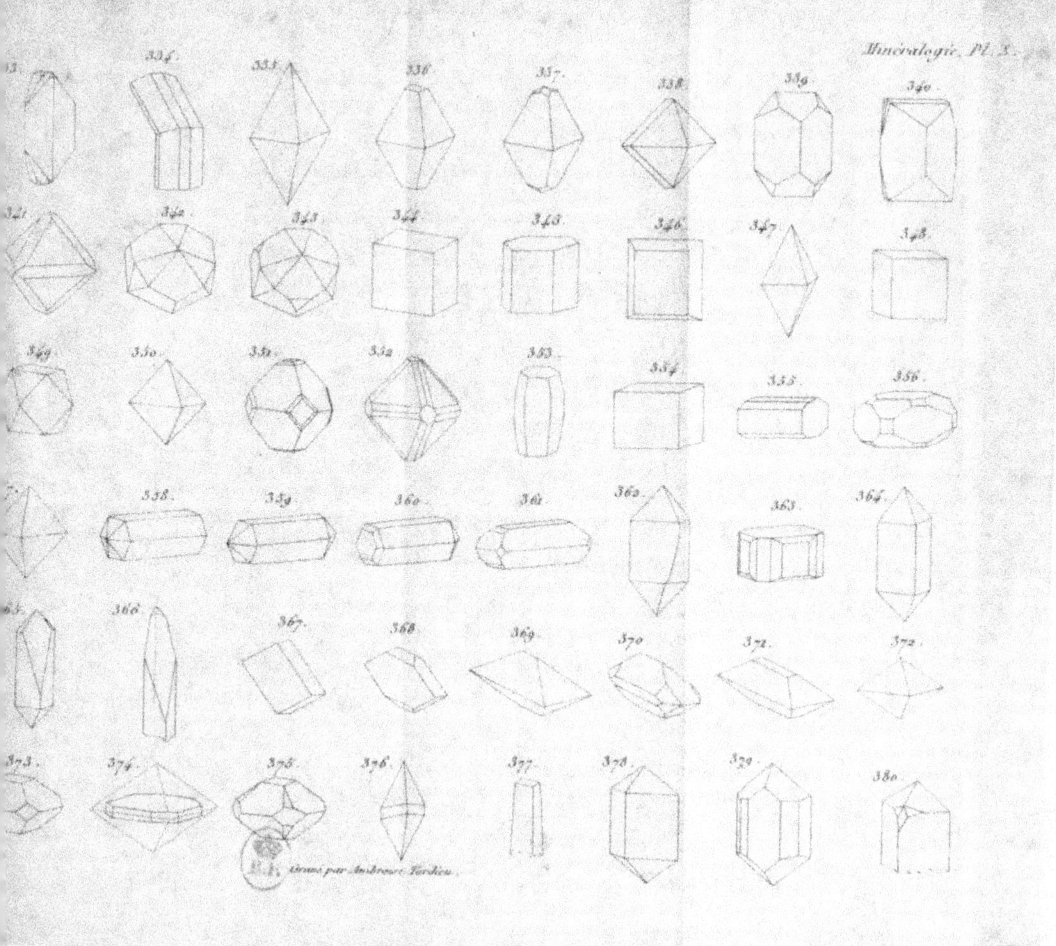

381.

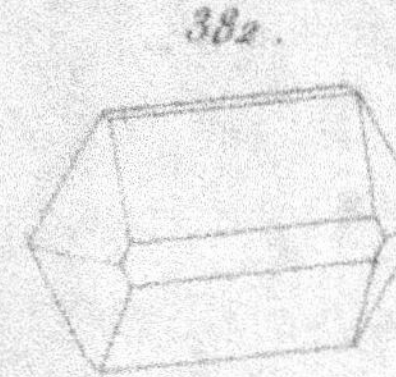

382.

383.

385.

386.

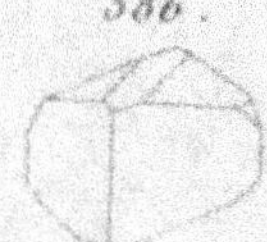

387.

388.

389.

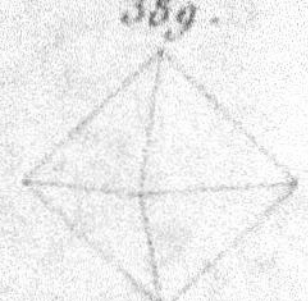

390.

391.

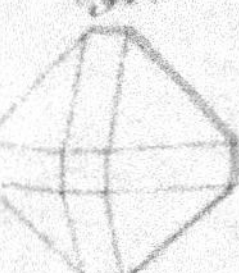

393.

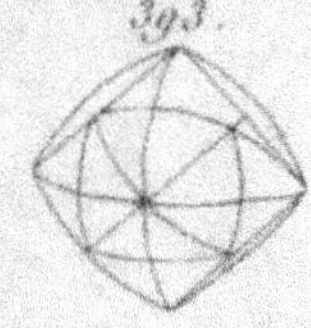

394.

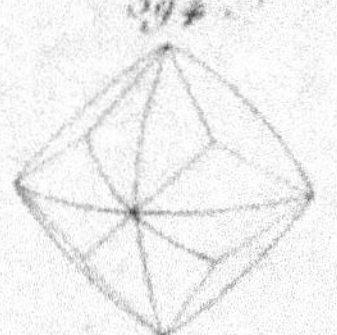

395.

397.

398.

399.

401.

402.

403.

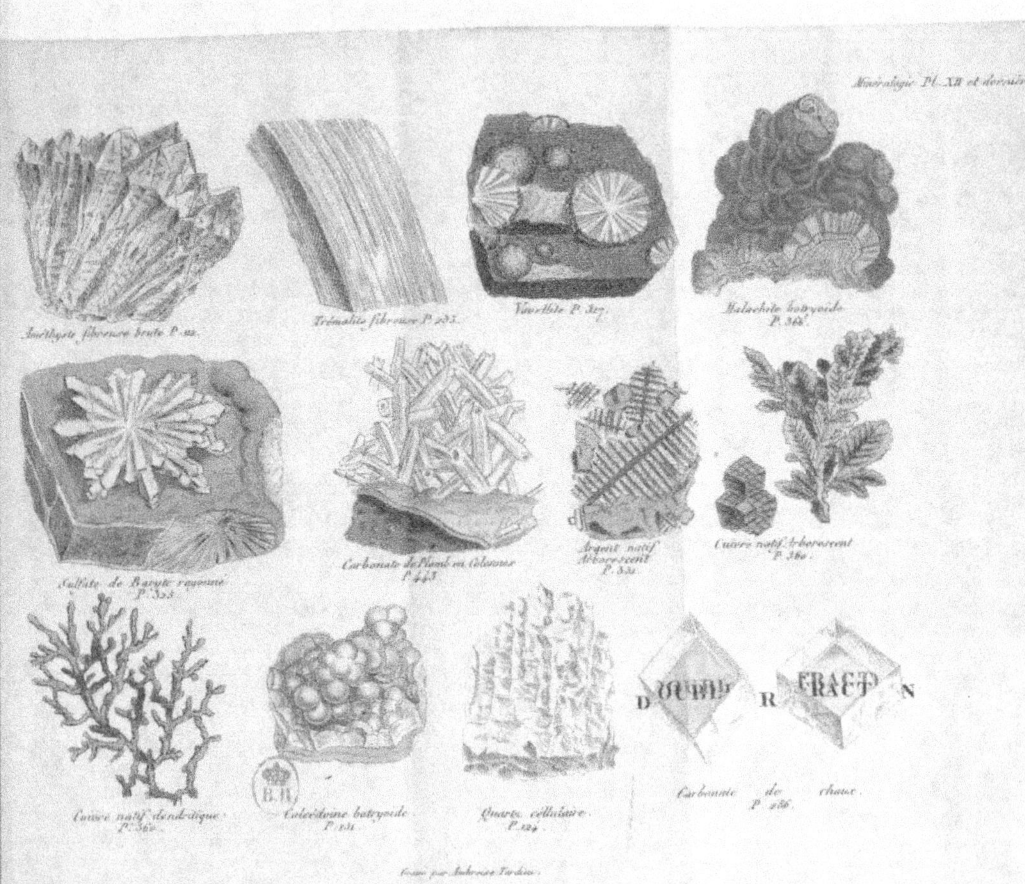

Améthyste fibreuse brute P. 112.

Trémolite fibreuse P. 295.

Wavellite P. 327.

Malachite botryoïde
P. 365.

Sulfate de Baryte rayonné
P. 303.

Carbonate de Plomb en Chevrons
P. 445.

Argent natif
Arborescent
P. 532.

Cuivre natif Arborescent
P. 560.

Cuivre natif dendritique
P. 560.

Calcédoine botryoïde
P. 131.

Quartz cellulaire
P. 124.

Carbonate de chaux.
P. 286.

Gravé par Ambroise Tardieu.